무기 바이블 1

| 지은이의 말 |

흔히 인류의 역사는 전쟁의 역사라고 말한다. 전쟁의 역사는 무기발전의 역사이니, 결국 인류의 역사와 무기발전의 역사는 떼려야 뗄 수 없는 깊은 관계에 있다고 할 수 있다.

군사변혁(RMA)의 역사도 마찬가지다. 군사변혁에 대한 저서 『MADE IN WAR 전쟁이 만든 신세계』를 쓴 미국의 맥스 부트^{Max Boot}는 "새로운 과학기술은 새로운 전술과 결합해 군사변혁을 이뤄낸다. 이 변혁의 성패가 전쟁의 승패를 결정하는 중요 요인이 되었고 전쟁의 승패는 결국 역사의 흐름을 바꿔놓았다"고 강조하고, 이어서 "새로운 기술과 새로운 전술이 결합해 전혀 새로운 차원의 전력으로 태어날 때 진정한 군사변혁이 이뤄진다"고 말했다. 이 새로운 과학기술이 구현된 것이 각종 무기체계와 장비들이다. 사기 등 정신전력도 중요하지만 무기체계가 중요한 이유가 여기에 있다.

우리나라에서는 직업군인은 물론 일반 국민 가운데에도 무기체계에 관심 있는 사람들이 많은 듯하다. 많은 대한민국 남성들이 군복무를 하면서 K-1/K-2 소총을 접하고 국산 K 시리즈 총기류에 대해 궁금증을 갖기도 한다. 해군과 공군에서 복무한 사람도 마찬가지다.

우리 공군의 최신예 F-15K는 중국·일본 전투기에 비해 어느 정도 성능을 갖고 있는가, 세종대왕함은 세계 이지스함 중에 얼마나 강한 존재인가, K-9 자주포가 세계 정상급이라는데 정말 그러한가, 전략폭격기 중에서 미군의 B-52 폭격기는 어떻게 50년 넘게 최일선을 지킬 수 있었는가,

세계 최대 러시아 타이푼급 잠수함은 얼마나 대단한 존재인가 등등… 무기체계에 대한 궁금증은 끝이 없다. 하지만 이를 속 시원하게 풀어주는 책은 드물다. 그런 의문점을 풀어주기 위해, 우리나라의 대표적 군사전문출판사인 플래닛미디어에서 이 책 『무기 바이블』을 세상에 내놓게 되었다. 이 책은 BEMIL총서 중 두 번째 책으로, 2010년 7월부터 매주 네이버캐스트 '무기의 세계' 코너에 연재한 글 중 일부를 모아 펴낸 것이다. '무기의 세계'는 매 연재 때마다 조회건수가 수십만이고, 댓글이 최대 2,500여 개가 달리는 기록을 세우기도 한 네이버캐스트의 인기 코너다. 이 코너는 필자를 비롯, 양욱 인텔엣지㈜ 대표, 김병륜 국방일보 기자, 김대영 한국국방안보포럼(KODEF) 연구위원 등이 함께 꾸려가며 있으며, 이 책 또한 네 사람의 합작품이다.

이 책은 국내외의 지상·항공·보병 무기를 망라하며, 단순히 특정 무기체계의 제원 소개에 그치지 않고 흥미로운 역사까지 함께 담고 있다. 하지만 이는 시작에 불과하다. 이번에 다루지 못한 무기체계가 너무도 많기 때문에, 앞으로도 여건이 되는대로 속편을 펴낼 것을 약속한다.

끝으로 필자의 꼬임에 빠져 바쁜 와중에 네이버캐스트 '무기의 세계' 코너 연재를 맡고 이번에 책까지 함께 내게 된 존경하는 후배이자 동지인 김병륜, 양욱, 김대영 이 세 사람에게 깊은 고마움을 표한다. 네이버캐스트 진행을 맡아 수고하신 이윤현 네이버캐스트 팀장과 홍규동 디지털조선 과장께도 깊이 감사한다. 아울러 책을 흔쾌하게 발간허주신 플래닛미디어 김세영 사장님과 직원 여러분에게도 감사의 인사를 전한다.

2012년 2월
저자들을 대표하여,
유용원

| 차례 |

지은이의 말 · 4

_ 보병무기

K 시리즈 소총 한국군 기본무기 _양욱 · · · · · · · · · 12

AK-47 현대사를 쓰는 총 _양욱 · · · · · · · · · · · · 19

M16 소총 AK-47의 라이벌 _양욱 · · · · · · · · · · 27

따발총과 M1 개런드 6·25전쟁의 개인화기 _김병륜 · · · · · 37

기관단총 근접전에서 위력적인 총 _양욱 · · · · · · · · · 44

돌격소총 현대 보병의 주력 소총 _양욱 · · · · · · · · · 52

샷건(산탄총) 강력한 힘의 상징 _양욱 · · · · · · · · · 62

비살상무기 제압무기 _양욱 · · · · · · · · · · · · · · 69

방탄조끼 현대의 갑옷 _양욱 · · · · · · · · · · · · · 74

미래 보병체계 디지털 병사 _양욱 · · · · · · · · · · · 82

_ 지상무기

챌린저 2 전차 뛰어난 방어력의 영국 전차 _김대영 · · · · · · · · 92

장갑차 수송에서 전투로 _양욱 · · · · · · · · · · · · · 102

스트라이커 장갑차 차세대 차륜형 장갑차 _김대영 · · · · · · 111

상륙돌격장갑차 상륙작전의 선봉 _김대영 · · · · · · · · 120

HMMWV 험비 미군의 아이콘 _양욱 · · · · · · · · · · · 128
다연장로켓포 넓은 지역을 단번에 초토화한다 _양욱 · · · · · · 137
토우 대전차 미사일 전차를 파괴한다 _김대영 · · · · · · · · 145
RPG-7 대전차 로켓포 _김대영 · · · · · · · · · · · · · 154
대화력전 포병 간 진검 승부 _양욱 · · · · · · · · · · · 161
흑표 한국군 차기 전차 _유용원 · · · · · · · · · · · · 168
K-1/K-1A1 전차 대한민국 지상군의 주력 전차 _김대영 · · · · 174
T-80U 전차 러시아 최신형 전차 _김대영 · · · · · · · · · 182
K-9 자주포 지상군의 수호자 _양욱 · · · · · · · · · · · 190
M-109 자주포 서방 세계 표준 자주포 _김대영 · · · · · · · 197

_ 정밀유도무기

스커드 미사일 현대전에서 어김없이 등장한다 _김대영 · · · · · · 206
토마호크 미사일 전쟁의 신호탄 _김대영 · · · · · · · · · · 214
대함 미사일 함정을 격침하는 무기 _유용원 · · · · · · · · · 221
스마트폭탄 천재가 된 폭탄 _김대영 · · · · · · · · · · · 229

_ 해상무기

니미츠급 항공모함 바다 위의 비행기지 _유용원 · · · · · · · · 240
경항공모함 작지만 매운 항공모함 _유용원 · · · · · · · · 246
아크 로열 인빈서블급 경항공모함 _유용원 · · · · · · · · 253
아이오와급 전함 전설의 전함 _김대영 · · · · · · · · 261
타이푼 전략핵잠수함 세계 최대의 원자력잠수함 _유용원 · · · · · · · · 270
연안전투함 미국의 신개념 군함 _김대영 · · · · · · · · 275
독도함 아시아 최대의 상륙함 _유용원 · · · · · · · · 282
세종대왕함 한국군 이지스함 _유용원 · · · · · · · · 289
충무공이순신급 구축함 대양해군의 초석 _김대영 · · · · · · · · 296
울산급 호위함 최초의 국산 호위함 _김대영 · · · · · · · · 305
유보트와 한국 해군 잠수함 발견하기 힘든 무기 _유용원 · · · · · · · · 314
동북아 잠수함 전력 중·일·러의 보이지 않는 전쟁 _유용원 · · · · · · · · 322

 _ 항공무기

F-35 라이트닝 II 다목적 스텔스 전투기 _김대영 · · · · · · · · 330
F/A-18E/F 슈퍼 호넷 다목적 함상 전투기 _김대영 · · · · · · · · 341
유로파이터 타이푼 유럽 차세대 전투기 _김대영 · · · · · · · · 348
B-52 폭격기 최장수 폭격기 _양욱 · · · · · · · · 355

B-2 스피릿 스텔스 폭격기 _김대영 · · · · · · · · · 362
AC-130 건십 하늘의 전함 _김대영 · · · · · · · · · 368
SR-71과 U-2 전략정찰기 _유용원 · · · · · · · · · 376
아파치 공격헬기 _양욱 · · · · · · · · · · · · · · · 382
타이거 유럽 스타일 공격헬기 _김대영 · · · · · · · 391
Mi-24 하인드 사탄의 마차 _김대영 · · · · · · · · 399
AH-1Z 바이퍼 미 해병대 차세대 공격헬기 _김대영 · · · 408
F-15K 슬램 이글 대한민국 하늘을 지킨다 _유용원 · · · 414
F-16 파이팅 팰컨 베스트셀러 전투기 _김대영 · · · · 421
T-50 첫 국산 초음속 훈련기 _유용원 · · · · · · · 431
KT-1 웅비 국산 최초 수출항공기 _김대영 · · · · · 438
피스아이 공중조기경보통제기 _김대영 · · · · · · · 447
P-3C 해상초계기의 대명사 _유용원 · · · · · · · · 453
무인전투기 조종사 없는 전투기 _유용원 · · · · · · 461
5세대 전투기 진정한 스텔스 전투기 _양욱 · · · · · 467

_보병무기

K 시리즈 소총

한국군 기본무기

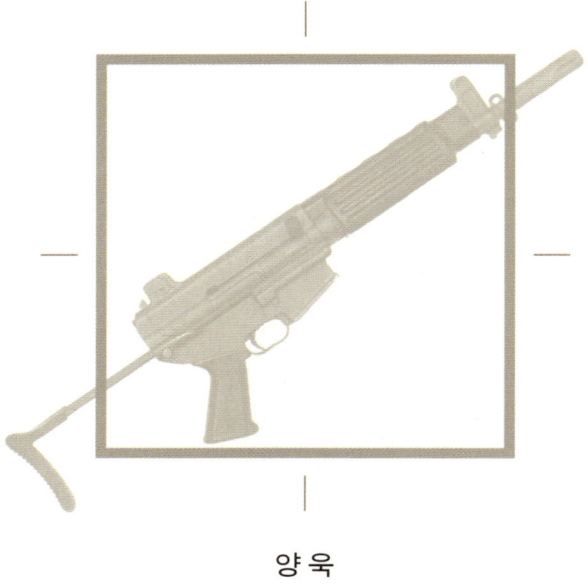

양 욱

'군인'이라고 하면 흔히 보병을 떠올린다. 아무리 단추 하나만 눌러 핵전쟁을 일으킬 수 있는 세상이라고 해도, 전쟁에서는 결국 목표지점을 점령해야 싸움을 끝낼 수 있다. 그렇게 지상에서 전투하면서 적군의 도시와 주거지를 점령하는 이들이 바로 보병이다.

보병의 생명, 소총

그렇다면 이렇게 전쟁에서 핵심이 되는 보병에게 생명과도 같은 가장 귀중한 친구는 무엇일까? 바로 소총이다(혹자는 삽이라고 말하기도 하지만). 21세기가 되었지만 여전히 보병의 기본 화기는 레이저총이 아니라 탄환을 발사하는 소총이다.

소총의 역사

초기의 보병용 총기는 머스킷Musket이라는 전장식前裝式(총구 앞으로 장전하는 방식) 개인화기였다. 머스킷은 총열에 강선도 없었고, 총구 앞으로 화약과 탄환을 넣고 부싯돌을 마찰시켜 발사하는 방식이었다. 장전하는 데 보통 1분 정도가 걸렸고, 비라도 오는 날에는 발사가 제대로 될지 도박을 걸어야 할

소총의 발전과정

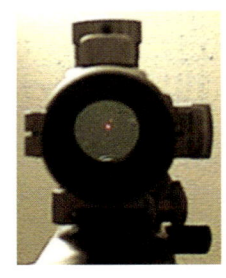
도트사이트는 조준경 안에 가상의 붉은 점이 표시되는 장비이다. 가늠자와 가늠쇠를 조준정렬하지 않고 빨간 점만 보고 쏘면 되므로, 사격대응속도가 엄청나게 빨라진다.
ⓒ🅯🅮 Falcorian at Wikipedia.org

정도였다. 그래서 오히려 화살보다도 사정거리가 짧고 명중률도 떨어졌다. 장점이라곤 궁수보다 머스킷 사수를 양성하는 것이 쉽다는 정도였다.

강선과 탄피를 채용한 소총이 등장하면서 보병화기는 명중률도 좋아지고 사정거리도 늘어나서 본격적인 살상능력을 갖추게 되었다. 하지만 초기의 소총은 대부분 볼트액션^{bolt action} 소총으로 한 발을 발사하고 나면 다음 탄환을 손으로 재장전해야 하는 불편함이 있었다.

이런 문제는 M1 개런드^{M1 Garand} 같은 반자동소총이 등장하면서 해결되었다. 그러나 더욱 혁명적인 무기는 제2차 세계대전에서 독일이 선보인 StG 44 돌격소총^{Sturmgewehr 44}이었다. StG 44 돌격소총은 기존의 소총탄보다 약하지만 권총탄보다는 강력한 탄환을 채용하여 휴대성을 높이고, 기관단총처럼 연발기능을 유지하고 살상능력을 극대화했다.

결국 StG 44의 설계는 이후 냉전의 양대 산맥인 미국과 소련의 주력 소총 M16과 AK-47에 그대로 영향을 주었다. M16과 AK-47은 1960년대 이후 지금까지도 세계시장을 양분하면서 대결을 계속하고 있다.

한편 최근에는 총기의 한계를 극복하기 위해 여러 장비를 장착한다. 야간에도 사격이 가능하도록 웨폰 라이트(총기 장착용 플래시라이트), 적외선 조사기에 야간투시경을 장착하기도 한다. 한편 빠른 조준을 돕기 위해 레이저 조준기나 도트사이트^{dot sight}도 장비한다. 게다가 세상도 좋아져서 '피카티니 레일Picatinny Rail'이라는 미군 규격에 맞는 장비 장착대도 생산되고 있다. 이런 레일 시스템을 사용하면, 마치 레고 장난감처럼 필요한 부품을 총기에 끼워 맞출 수 있다.

그러나 아무리 현대적인 소총이라도 실제 전쟁에서는 다른 무기에 비해 적군에게 그다지 치명적이지 않다. 보통 소총은 3초 내에 탄창 1개를 비워 버릴 수 있지만, 실제로 1분 내에 4개 이상의 탄창을 소모하면 대개 총열이 뜨거워져 작동하기 어려운 상태가 된다. 게다가 실전에서 보병이 휴대하는 탄환은 대개 탄창 12개 분량 정도에 불과하다. 이런 한계를 극복하기 위해 현재 많은 국가가 새로운 총기의 개발에 혼신을 기울이고 있다.

한국군의 자랑, K1A와 K2

광복 직후 국방경비대 시절, 우리 군의 주 무기는 일제가 남기고 간 38식과 99식 볼트액션 소총이었다. 그러던 것이 건군에 즈음하여 미제 M1 소총을 지급받기 시작했다. 국군은 무려 30만 정에 가까운 M1 소총을 미국으로부터 지원받았다. 그리고 베트남 전쟁을 계기로 우리 군에도 M16이 보급되기 시작했는데 1974년부터는 약 60만 정의 M16A1 한국형(콜트 603K 모델)이 국내에서 면허생산되기 시작했다. 이것이 바로 요즘 예비군 훈련장에서 찾아볼 수 있는 대한민국제 M16 소총이다.

M16의 면허생산이 끝나가자 우리 군은 국산 소총을 개발하여 K1A 기관단총과 K2 소총을 주 무장으로 구축했다. 특히 1984년부터 생산을 시작한 K2 소총은 M16 소총의 가스직동 방식Gas Direc: Action 대신에 AK-47에서 채용한 가스피스톤 방식Gas Piston System을 채용하여 야전신뢰성을 향상했다. 한마디로 K2 소총은 M16과 AK-47의 장점을 조합하여 만든 소총이다.

K1과 K2 소총은 부품의 호환성 또한 우수하여, K1의 윗총몸과 K2의 아랫총몸은 서로 결합할 수도 있다. 해외에서도 우수한 실전무기로 평가받

K1A 기관단총(위)과 레일 장착형 K1A 기관단총(아래)

고 있는 K1/K2 콤보는 현재 인도네시아, 방글라데시, 피지 등의 국가에서도 채용하고 있다. 한편 부가장비를 장착하는 추세에 맞추어 K1/K2를 개량하려는 시도가 줄을 잇고 있다. 특히 피카티니 레일 부가장비 장착대를 채용하면서 K1 기관단총은 전혀 다른 모양으로 바뀌고 있다. 한편 우리 군이 채용한 K 시리즈의 보병화기로는 K3 5.56mm 기관총, K4 40mm 고속유탄발사기, K5 9mm 자동권총, K6 12.7mm 중기관총, K7 9mm 소음기관단총 등이 있다.

개인화기의 혁명, K11 복합형 소총

21세기에 걸맞는 새로운 소총을 만들기 위해 여러 나라가 눈물 나는 노력을 해오고 있다. 특히 군사대국 미국이 보여준 노력은 안쓰러울 정도이다.

대한민국 국군의 K 시리즈 보병무기체계

미국은 무려 40년 이상 채용해온 M16을 대체하기 위하여 20년 넘게 노력해왔다. 1980년대 중반 ACR(차세대전투소총 Advanced Combat Rifle) 사업에 3억 달러, 90년대 중반 OICW(다목적 개인화기 Objective Individual Combat Weapon) 사업에 1억 달러 가량을 써가면서 상당한 시간과 예산을 소진했지만 결과물은 아직도 나오지 못했다.

그러나 정말 놀랍게도 우리나라에서 미국도 풀지 못한 OICW 차세대 소총의 해답이 나왔다. 바로 K11 복합형 소총이다. 2000년부터 개발을 시작한 K11은 2006년 10월 시제품이 제작되었다. 그리고 약 16개월의 운용시험평가 끝에 전투용 적합판정을 받고 2008년 6월에 실전배치가 결정되었다. K11은 OICW 등 미래형 소총이 달성하고자 하는 목표를 모두 달성했다. 특히 사거리 컴퓨터로 제어되는 공중폭발탄을 운용할 수 있어 적의 밀집병력이나 은폐 병력에 대하여 뛰어난 살상력을 자랑한다.

사실 소총의 가장 큰 적은 벽이나 엄폐호 같은 차폐물이다. 차폐물 뒤에 숨어 있는 적에게는 어떤 소총탄도 소용이 없다. 그러나 K11은 표적의 3~4미터 상공에서 폭발하는 20mm 공중폭발탄을 채용하여 소총의 한계를 극복하고 살상력을 증대했다. 또한 K11은 2배율의 주야조준경과 사격통제장치 등 첨단장비들을 내장하여, 밤과 낮을 지배하는 강력한 소총으로 자리 잡게 된다. 또한 이중총열구조를 채택하여, 별도의 방아쇠로 운용되는 K201 유탄발사기와는 달리 소총 자체의 방아쇠 하나로 5.56mm 소총탄과 20mm 공중폭발탄을 모두 발사할 수 있다. 게다가 미국의 차세대 소총에서 채용했던 반자동식 유탄발사기를 배제하고, 볼트액션 방식을 채용하여 부피와 중량을 줄이는 방안을 선택했다.

K11은 실전배치 결정 이후 해외 수출에도 성공했다. 우리 원전을 채택했던 아랍에미리트연방(UAE)이 K11의 첫 해외 고객이 된 것이다. 물론 이렇게 강력한 K11을 모든 병사에게 지급하는 것은 아니다. 현재 분대당 2정씩 배치된 K2/K201 유탄발사기를 교체하여 일선에 투입할 예정으로, 2010년 6월 22일에 초도생산분이 출고되어 방위사업청으로 납품되었다. 당장 아프가니스탄에 파병되는 병력에게 지급할 것이라고 하니 앞으로의 활약을 지켜보자.

AK-47
현대사를 쓰는 총

양 욱

역사를 바꾸는 총은 무엇일까? 브라우닝 M2 기관총, M16 소총, 글록 권총 등등 다양한 의견이 있겠지만 현재에도 역사를 바꾸고 있는 소총이 하나 있다. 바로 AK-47이다. 1947년 등장한 AK-47 소총은 60년이 넘은 지금까지 전 세계에서 꾸준히 사용되고 있으며, 무려 1억 정이 넘게 생산된 것으로 추정되고 있다. 냉전에서 소말리아 해적에 이르기까지 현대사의 크고 작은 분쟁이 있는 곳에는 언제나 AK-47 소총이 함께했다.

돌격소총의 등장

AK-47의 등장은 제2차 세계대전 중 독소전쟁으로 거슬러 올라간다. 1942년 말 소련군은 독일군의 최신형 돌격소총인 Mkb 42를 처음 접하고, 연발 기능을 유지하면서도 따발총보다 사거리가 긴 '돌격소총' 종류에 눈독을 들였다. 그들은 독일의 Mkb 42 돌격소총과 미군이 공급한 M1 카빈 소총을 놓고 어떤 것을 바탕으로 국산 소총을 만들지 고민했다. 1945년 수다예프Sudayev가 개발한 AS-44 소총이 시험적으로 채용되기도 했지만, 5킬로그램이 넘는 무게 때문에 결국 전군에 보급되지는 못했다.

여기서 미하일 칼라시니코프Mikhail Kalashnikov가 등장한다. 소련군 전차부대 부사관이던 칼라시니코프는 1942년 전투에서 부상을 당한 이후에 기관단총의 설계안을 상부로 올리면서 주목을 받아 총기개발자로 임명되었다. 그가 개발한 AK-1 소총은 소련군의 주력 자동소총 후보 가운데 하나로 선정되어 1946년 시험평가를 거쳤다. 내부 구조의 설계는 M1 개런드를 참고했다고 한다. 이후 AK-1의 문제점을 보완하여 등장한 것이 바로 AK-47(압토마트 칼라시니코바Avtomat Kalashnikova 47)이다. AK-47 소총은 다른 후보 총기들과 치열한 경쟁 이후에 1949년 소련군의 제식 총기로 선정되었다.

현대사의 분쟁에 빠지지 않는 총, AK-47.

이후의 모든 돌격소총에 막대한 영향을 준, 독일군의 Mkb 42 돌격소총.

AK-47 이전에 소련군이 실험 배치한 AS-44 소총. 너무 무거워서 정식으로 채용되지 못했다.

AK-47 소총은 모두 80여 개의 부품으로 구성되는데, 그중에서 가동부품은 8개에 불과하다. 이렇게 구조가 간단하다 보니 생산 단가도 저렴하고 운용하기도 용이하다는 장점이 있었다. 총기의 정확성은 애초에 소련군이 요구한 수준에 미치지 못했다. 그러나 정확성이 다소 떨어지더라도 실전에서 믿을 수 있는 총기를 당장 선정하자는 것이 소련군의 결정이었다. 이렇게 제식화가 결정된 AK-47 소총은 소련군뿐만 아니라 공산권 전체로 퍼져나가게 되었다. 심지어는 북한도 '58식 보총'이란 명칭으로 AK-47을 1958년부터 자체 생산하기 시작했다.

역사를 쓰기 시작하다

AK-47 소총을 개발한 미하일 칼라시니코프(1949년).

북한은 이미 58년부터 AK-47을 도입하여 '58식 보총'이라는 이름으로 자체 생산했다.

AK-47 소총은 공산주의 정권을 지키고 확산시키기 위한 도구로 사용되었다. 1960년대에 AK-47 소총은 제3세계 혁명의 아이콘이었다. 수많은 AK 소총이 공산게릴라들에게 공급되어 새로운 공산정권의 수립을 위해 활용되기 시작했다. 가장 대표적인 것이 베트남이었다. 북베트남군과 베트콩Vietcong은 소련과 중국에서 생산한 AK-47 소총을 지원받아 남베트남군 및 미군과 싸웠다. M16과 AK-47의 역사적인 대결이 본격적으로 시작된 것도 이때이다.

한편 AK-47은 아랍 민족주의 군사활동을 선도해왔다. 이스라엘과 싸우는 아랍 국가들은 대부분 AK-47을 사용해왔고, 이런 과정에서 이슬람 극렬분자 및 테러리스트들의 주 무장으로 AK-47이 공급되었다. 결국 1972년 뮌헨München 올림픽 참사*를 비롯하여 2008년 뭄바이Mumbai 테러**에 이르기까지 굵직한 테러사건에서 AK-47은 주역으로 등장했다. 그리고 지난 20여 년간 AK 소총은 발칸Balkan 반도와 아프리카 등지에서 인종학살의 도구로 활용되었다.

AK 소총 시리즈의 가장 큰 장점은 그 누구라도 1시간 만에 숙지할 만큼 단순한 사격법에 있다. 그래서 심지어는 '아이들조차도 쏠 수 있는 총'이라는 얘기까지 있는데, 실제로 아프리카의 소년병들은 8~9세의 나이부터 AK 소총을 들고 쏘는 법을 배운다고 한다. 게다가 간단한 구조로 별다른 정비가 없이도 어떤 환경에서든 반드시 발사할 수 있다는 장점으로 인하여, 모래먼지가 가득한 사막에서부터 금방 얼음이 어는 극지방까지 어느 지역에서도 선호하는 총기가 바로 AK-47이다.

최근 AK-47은 해적의 무기로 주목받고 있다. 얼마 전 무기징역을 선고받은 소말리아 해적 모하메드 아라이도 AK-47 소총을 석해균 선장에게 발사하면서 언론의 시선을 한몸에 받기도 했다. 한 가지 재미있는 사실은 해적들뿐만 아니라 해적을 막기 위해 배에 탑승하는 무장보안요원들도 AK 시리즈 소총을 선호한다는 것이다.

빈자와 약자의 선택, AK-47

AK-47 시리즈의 소총은 전 세계에서 약 1억 정 이상 생산된 것으로 알려지고 있다. 사유재산권이 인정되지 않던 구소련에서 만들어져 특허권의 제약 없이 전 세계에 그 설계도가 뿌려졌기 때문에, AK 소총이 어느 나라에서 얼마만큼 생산되고 있는지 정확히 알기도 어렵다. AK 소총은 그 간단한 구조로 인하여 아프가니스탄이나 파키스탄 등지에서는 심지어 대장간에서 만들기도 한다.

---

* 당시 서독의 도시 뮌헨에서 열린 하계 올림픽 기간, 1972년 9월 5일에 테러 단체인 '검은 9월단'이 이스라엘 선수단 축소에 난입하여 인질극을 벌인 사건. 이스라엘인 선수와 코치를 비롯하여 17명이 사망했다.

** 인도의 경제 중심지이면서 가장 큰 도시이기도 한 뭄바이에서 일어난 일련의 테러 공격으로 188명이 사망하고 293명이 부상한 것으로 알려졌다.

AK-47은 제3세계 혁명의 아이콘이었다. 미군은 베트남 전쟁에서 AK-47 소총의 위력을 실감한다.

AK 소총은 1970년대 이후로 이슬람 무장세력의 상징으로 떠올랐다. 사진은 2011년 5월 사망한 오사마 빈 라덴(Osama Bin Laden)의 사격 장면.

AK 소총은 전 세계 어느 곳에서도 저렴하게 살 수 있고 손쉽게 훈련할 수 있어서 '빈자와 약자의 무기'로 명성이 높다.

이렇게 중구난방으로 만들어지고 시중에 풀리다 보니 AK 소총은 그 가격도 매우 저렴한 편이다. 합법적인 시장에서는 중고가격이 500달러 내외로 거래되고 있다. 냉전 후 물량이 넘쳐나던 시기에 아프리카의 암시장에서는 AK-47을 한 정당 6달러 또는 닭 한 마리와 바꿀 수도 있을 정도였다. 이러다 보니 AK 소총은 불법 총기시장의 주요품목이 되기도 했다. 특히 총기 상인들에게는 현금처럼 통용되기도 했고, 총기의 나라 미국에서는 수많은 연쇄살인범이 선호하는 무기이기도 하다.

AK-47 소총에 사용하는 탄환은 7.62×39mm 탄으로, 통상 '7.62mm 러시안'으로 불린다. 7.62mm 러시안에는 기본형인 M43 탄환 및 M67 탄환, 중국제 철심탄환 등 다양한 종류가 있다. 특히 M67탄은 내부를 비워놓음으로써 적군이 피격했을 때 파편이 더욱 잘 퍼질 수 있도록 설계하여 살상력을 높인 것으로 유명하다. 7.62mm 러시안은 나토(NATO)에서 사용하는 7.62×51mm 탄과 비교하면 파괴력이 약하나 현재 우리 군이나 미군의

AK-47에서 사용하는 7.62x39mm 탄환

주력인 5.56×45mm 탄에 비하면 탄자의 무게도 8그램으로 2배 이상 무겁고 파괴력도 뛰어나다. 하지만 500미터의 사거리까지 정확히 사격할 수 없다는 결정적인 단점이 있다. 결국 소련군도 미군처럼 탄환의 크기와 중량을 줄인 5.45×39mm 탄을 채용하여, 새로운 탄환을 쓰는 AK-74 소총이 지금까지 러시아 등의 주력 소총으로 사용되고 있다.

한편 AK-47의 치명적인 약점으로 지적되는 것은 명중률이다. 해외 다큐멘터리 방송사 〈디스커버리채널Discovery Channel〉에서는 AK-47 소총은 보통 200미터 거리에서 사람의 몸통을 제대로 맞추기도 어렵다는 방송을 내보내기도 했지만, 이것은 사실과 다르다. AK 소총에 익숙한 사수라면 200미터에서 표적을 명중시키는 것은 어렵지 않은 일이다. AK 소총이 정밀하지 않다는 잘못된 상식은 미디어와 게임이 만들어낸 환상이다.

M16 소총

AK-47의 라이벌

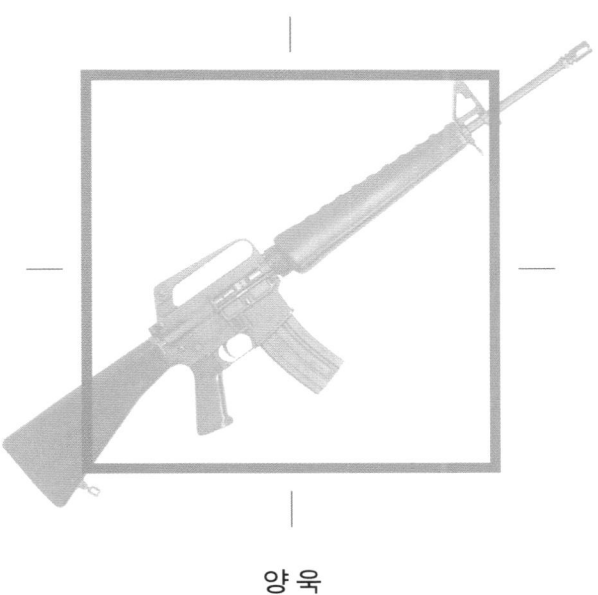

양 욱

한눈에 봐도 장난감 같은 총이 있다. 총 전체가 플라스틱으로 감싸여 무게는 3킬로그램에도 이르지 않는다. 반동도 약해서 소년이 쏠 수 있을 정도지만 그 겉모습에 속아서는 안 된다. 이 총기가 경량자동소총의 기준을 새로 만든 M16 소총이다.

새로운 총기를 찾아라!

미군은 제2차 세계대전에서 M1 개런드 소총을 채용하면서 세계 최초로 반자동소총을 보병의 제식무기로 채용했다. 미군은 한발 더 나아가 경량에 자동사격이 가능한 소총을 제식소총으로 채용하고자 여러 차례 시도했지만 매번 실패했다. 이런 실패의 결과, 미군은 6·25전쟁에서 커다란 손실을 입고 말았다. 중공군의 인해전술에 미군의 M1 개런드 소총은 적절한 해답이 아니었다. 8발짜리 탄창의 M1 개런드 소총은 능숙한 사수라도 1분에 58발을 쏘는 것이 한계였다. 아무리 열심히 적군을 맞히더라도 결국 부대는 뒤로 밀려나지 않을 수 없었다.

이것은 보병에게 어떤 총을 쥐어줄 것인가 하는 사상에서 기인했다. 미군은 전통적으로 소총에 있어서 사정거리와 정확성에 집착하는 경향이

M16 소총은 냉전 시대 서방의 자유를 지키는 상징이었다.

미군은 M1 개런드 소총(위)의 후계 기종으로 M14 소총(아래)을 채용하면서 강력한 장거리 소총에 대한 애착을 버리지 못했지만, 실전에서 문제가 드러났다.

있었다. M1 개런드도 그러했으며, M1 소총 이후에 미군이 채용한 자동소총인 M14도 마찬가지였다. M14 소총은 1957년에 제식 채용되었다. 7.62mm NATO 탄을 사용하며, 사실상 M1 개런드 소총을 자동소총으로 만들고 20발 탄창을 붙인 모델이라 할 수 있다. M14는 물론 뛰어난 소총이었지만, 긴 사정거리와 정확성을 추구한 결과 길고 무거울 수밖에 없었다. M-14는 이후 이 길이와 무게에 발목을 잡히게 된다.

비슷한 시기인 1955년, 천재적인 총기설계자인 유진 스토너Eugene Stoner가 AR-10이라는 소총을 완성했다. 7.62mm 탄을 사용하는 AR-10은 경량화에 중점을 둔 총기였다. 강화플라스틱과 항공알루미늄으로 만들어 무게는 3.3킬로그램 정도에 불과했다. 1956년 미 육군은 AR-10을 시험 평가했지만, 설계방식만큼이나 혁신적인 외관을 갖고 있던 탓에 손쉽게 받아들일 수 없었다. 그러자 1958년 AR-10을 더욱 소형화한 AR-15 소총이 만들어졌다. 500야드(약 457미터) 거리에서 강철 헬멧을 관통할 수 있는 22구경 소총을 개발해달라는 미 육군의 의뢰에 따라 개발한 것이다. AR-15는 .223

보병무기 | 29

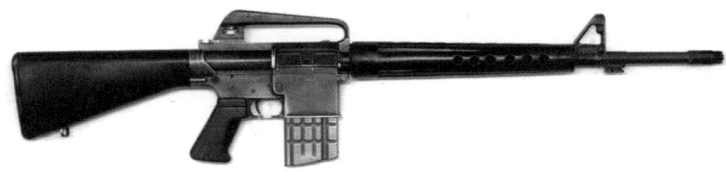

유진 스토너가 개발한 AR-10. M16의 원형이 된 소총이다.

제식 채용된 M16 소총(M16A1 모델).

레밍턴Remington이라는 소구경 경량 탄환을 채용하여 총기 무게와 사격 시 반동을 획기적으로 줄였다. 하지만 보수적인 미군 수뇌부는 AR-15를 채용하지 않았다.

AR-10에서 AR-15, 그리고 M16으로

혁신적인 총기를 개발했던 아말라이트ArmaLite 사(社)는 미군에 판매가 좌절되자, AR-15의 권리를 미국 최대의 총기제작사인 콜트Colt사에 매각했다. AR-15의 가능성을 높이 평가한 콜트사는 다양한 채널을 통해서 판촉 활동을 벌이기 시작했다. 보수적인 육군은 쉽사리 움직이지 않았지만 군 전반에서 다양한 반응이 나왔다. 1961년 미 공군 참모총장인 커티스 리메이Curtis

미국이 군사지원 및 실전테스트용으로 보낸 AR-15로 훈련 중인 남베트남군. AR-15는 베트콩 사이에서 '검은 총'으로 불리며 두려움의 대상이 되었다.

LeMay 장군은 AR-15를 기지 방어용으로 8만 정 도입하고자 했고, 1962년 미 국방부의 고등연구계획국(ARPA)에서는 1,000정의 AR-15를 구입하여 베트남에 군사지원물자로 보내 그 성능을 시험 평가했다. 베트남으로 보내진 AR-15의 실전 성과는 미군 특수부대원들에 의해 분석되고, 높은 평가를 받았다. 특히 엄청난 살상력으로 인해 이 총에 사살된 적군 병사들의 사진은 1980년대까지 군사기밀로 분류하여 공개하지 않았다고 한다.

1963년 미 국방부는 드디어 AR-15를 구매했다. 미 공군이 4군 중 가장 먼저 신형 소총을 채용하여, 1963년 말부터 AR-15는 'M16'이라는 군 제식명칭을 부여받았다. 한편 미 육군은 XM16E1이라는 개량형을 발주하여

M16은 베트남 전쟁에서부터 미군에 정식 채용되었다. 초기에는 작동 불량을 일으키는 오점을 남기기도 했다.

M16의 작동불량 문제를 조사한 결과 이를 방지하려면, '소총을 열심히 닦아야 한다'는 결론을 얻었다.

베트남 전쟁에 투입했다. 결국 이 총기는 M16A1*이라는 명칭으로 미군의 제식소총으로 채용되었다. 그런데, '획기적인 신무기'라던 M16도입은 베트남 전쟁 초기에 커다란 실패로 비쳤다. 대부분의 소총이 전투 중에 작동불량으로 많은 병사들이 목숨을 잃었기 때문이다. 이 'M16 스캔들'은 미 의회의 국정조사까지 거쳤는데, 대략 아래의 문제가 드러났다.

① M16은 실제와는 달리 청소가 필요 없는 총으로 알려졌다.
② M16을 지급하면서 총기 소제 교육이 없었고, 심지어는 예산 절감을 이유로 소제 도구도 지급하지 않았다.
③ 일선에 시험평가 시에 사용한 것과 다른 종류의 탄약을 보급하여 총기 소제의 필요성이 늘어났다.
④ 총열과 약실에 크롬 도금이 안 되어 있어 총기 내부가 오염 등에 취약했다.
⑤ 노리쇠 전진장치가 없어 실전에서 총기 고장 시 대처할 방법이 없다.

이에 따라 노리쇠 전진장치 도입 등 몇 가지 개량이 이루어졌으며, '소총을 열심히 닦아야 한다'는 결론에 따라 총기 소제 도구를 제공하고, 교육을 강화하면서 점차 문제를 마무리했다.

진화를 거듭하는 M16

원래 M16은 미군이 야심차게 개발하던 차세대 보병무기인 SPIW(특수목적 개인화기)를 채용하기 위한 과도기 소총이었다. 그러나 AR-15에서 진화한 M16은 과도기에 그치지 않고 진화를 계속했다. 노리쇠 전진장치 등 개

* **M16A1 제원**
  제작사 : 콜트, 해링턴 & 리처드슨, GM 하이드라매틱 디비전
  전장 : 100.6cm
  총열 : 길이 50.8cm / 6조 우선
  중량 : 2.97kg (탄창 제외)
  사용탄환 : 5.56×45mm 탄
  최대사거리 : 2,653m
  유효사거리 : 460m
  발사율 : 분당 최대 750발, 지속발사 시 분당 12~15발

우리나라는 M16을 베트남 전쟁 때부터 채용했다. 사진은 베트남 전쟁에서 어린이를 구출하는 백마부대 장병의 모습.

우리나라는 M16을 60만 정이나 면허생산하여 사용했다. 현재도 M16은 예비군의 주력 화기로 쓰인다. 사진은 M203 유탄발사기를 장착한 모습.

선사항을 반영한 M16A1이 베트남 전쟁에서는 이미 주력 소총이 되었다. M16의 길이를 줄인 XM177 시리즈가 등장하여 베트남 전쟁에서 특수부대원에게 애용되었다. 이외에도 M203 유탄발사기를 장착한 모델이 인기를 끌기도 했다. 우리 군도 베트남 전쟁 파병을 통하여 2만 7,000정의 M16을 공여 받았을 뿐만 아니라, 1974년부터는 아예 면허생산을 시작하여 무려 60만 정에 가까운 M16 소총을 생산했다.

한편 M16의 도입으로 북대서양조약기구 North Atlantic Treaty Organization; NATO 회원국을 포함한 서방국가들은 5.56×45mm 탄환을 제식 채용하게 되었고, 각국에서 M16과 유사한 개념의 경량자동소총을 개발했다. 그리하여 5.56mm 탄을 나토(NATO) 표준탄환으로 채택했는데, 미군의 M193 탄환이 아니라 벨기에에서 개발한 SS109 탄환이 선정되었다. 살상력이 높은 신형 탄환은 미국에서도 M855란 이름으로 채용되었고, 이 신형 탄환을 발사할 수 있는 M16이 등장했다. 바로 M16A2이다. 미 해병대는 1982년 M855 탄과 M16A2를 도입하여 전군에서 가장 최초로 A2 모델을 도입했다. 물론

M16A2. 나토 표준의 SS109 탄환에 맞추어 진화한 모델이다. 총열 덮개가 둥글고 길이가 약간 길어진 점이 외관에서 눈에 띈다.

M16A4. 총몸에서 과거 M16의 상징인 운반손잡이가 사라진 점이 큰 변화다. 대신 레일이 달려, 다양한 액세서리를 결합할 수 있도록 진화했다.

육군도 M16A2를 제식 채용하여 파나마^Panama 전쟁이나 제1차 걸프전에서 주력 소총으로 사용했다.

M16A2는 총기의 발사방식에서 자동기능을 제거한 대신 3발씩 발사가 가능한 3점사 기능을 채용하여, 전투 시 탄환낭비를 막고자 했다. 3점사 기능은 긴급한 상황에서 자동으로 발사할 수 없다는 단점 때문에 많은 원성을 사기도 했다. 이에 따라 점사 기능을 제거하고 원래대로 안전-반자동-자동 방식으로 발사되는 M16A3 모델이 나왔고, 미 해군의 SEAL팀이나 기지보안병력 등이 채용하기도 했다.

M16의 전설은 21세기에도 계속된다

한편 피카티니 레일이라는 총기결속기구가 등장하면서 M16은 또다시 진화한다. 바로 M16A4의 등장이다. M16A4는 A2와 동일하지만, 그 유명한 운반손잡이가 제거되는 총몸을 가지고 있다는 차이가 있다. 여기에 M5 레일 총열 덮개가 결합하여 M16A4 모듈식 보병무기체계로 진화했다. 한편 2010년부터는 미 육군에서 M16A2를 대신하여 M4 카빈이 주력 소총으로 자리 잡고 있다. 그러나 이 M4 카빈도 결국 M16의 파생형이다. 약 80%의 부품이 M16A2와 호환될 정도다. M16의 전설은 21세기에도 계속되고 있다.

따발총과 M1 개런드

6·25전쟁의 개인화기

김병륜

대당 1,000억 원이 넘는 고성능 전투기가 수백 킬로미터를 단숨에 날아가 발당 수억 원이 넘는 미사일로 표적을 정확히 파괴할 수 있는 21세기에도, 수십만 원짜리 소총으로 무장한 보병은 여전히 전쟁에서 꼭 필요한 존재로 대접받는다. 표적을 파괴하는 것은 첨단무기만으로도 가능하지만, 목표 지역을 완전히 장악하는 일은 여전히 보병의 영역으로 남아 있기 때문이다.

1950년 6월 25일 북한의 기습적인 남침으로 시작한 6·25전쟁은 그 어떤 전쟁보다 보병의 비중이 큰 전쟁 중 하나였다. 도로 사정이 좋지 않고 산이 많은 한반도의 지형적 특성은 그만큼 보병이 활약할만한 공간을 많이 만들어 주었기 때문이다.

따발총? 다발총? PPSh-41!

6·25전쟁에 참전한 국군 노병들의 회고담에서부터 30여 년 전 수많은 시청자들을 흑백 브라운관 TV 앞에 불러 모았던 드라마 〈전우〉에 이르기까지, 북한군 보병의 휴대무기를 묘사할 때 빠지지 않고 등장하는 총이 속칭 '따발총'이다.

따발총의 정체는 다름 아닌 PPSh-41라는 구소련제 기관단총Submachine Gun이다. PPSh-41은 다른 소련 무기와 마찬가지로 비교적 간단한 구조로 대량생산에 용이해, 제2차 세계대전 중 수백 만 정이 생산된 소련군의 베스트셀러 기관단총이었다. 드라마나 영화에서는 북한군 보병의 주력 무기처럼 흔하게 등장하지만 실제로 북한군 보병의 주력 총기는 아니었다. 6·25

구소련의 PPSh-41 기관단총. 6·25전쟁 당시 북한군 보병사단은 흔히 '따발총'이라 불리는 이 기관단총을 2,100여 정씩 보유했다. 현재 국내의 각종 안보 기념관에 20정 이상 남아 있다.

전쟁 발발 당시 기준으로 약 1만 명 내외로 구성된 북한군 보병사단에서 권총만 휴대한 장교들이 1,300여 명이었고, 보병소총은 5,900여 명, 기병소총은 2,150여 명, 따발총은 2,100여 명의 병력이 휴대했다. 이처럼 보유 비율이 높지 않았음에도 따발총이 주력 소총보다 더 널리 알려진 이유는 무척이나 인상적인 무기였기 때문이다. 당시는 물론이고 현재에도 PPSh-41처럼 탄창에 무려 71발의 총알이 들어가는 소총이나 기관단총은 흔하지 않다. 71발은 짧은 교전에서는 탄창 교환 없이도 전투를 수행할 수 있는 수량이다.

또한 북한군에는 사단 자동총중대 등 장교를 제외한 중대 전투원 전원이 PPSh-41로 무장한 별도의 부대가 존재했다는 점도 주목할 만하다. 연대 정찰소대 등 일선에서 작전하는 부대일수록 PPSh-41의 무장 비율이 높았던 점도 국군 노병들의 머릿속에 PPSh-41의 기억이 강하게 남은 이유 중의 하나일 것이다. 전쟁 당시 국군 공식 문서에는 여러 발을 연속해서 쏠 수 있다는 의미로 '다발총多發銃'이라고 표기한 경우도 많다. 하지만 따발총의 '따발'은 '다발多發'에서 나온 말이 아니라 PPSh-41 기관단총에서 총알이 들어 있는 원형의 드럼 탄창 모양에서 유래했다는 주장도 있다. 머리에 짐을 얹을 때 사용하는 '또아리'의 함경도 사투리가 '따발'인데, 둥글게 생긴 드럼 탄창이 따발처럼 보여서 '따발총'이라는 별명이 붙었다는 것이다.

북한군의 주력 소총, M1891/30 모신-나강

너무도 유명한 따발총 때문에 상대적으로 덜 알려져 있지만 실제 6·25전쟁 당시 북한군의 주력 소총은 M1891/30 모신-나강Mosin-Nagant이었다. 6·25전쟁 당시 북한군 흑백 사진 속에서, 총검을 달면 사람 어깨 높이만큼이나 길어 보이는 소총이 바로 M1891/30이다. 제식명에서 짐작할 수 있듯이 M1891은 제정 러시아 시절인 1891년에 개발된 소총이다. 러시아군 장교 세르게이 모신Sergei Mosin이 개발한 소총에 벨기에의 총기 설계자 레옹 나강

제정 러시아 시절인 1891년에 개발된 M1891 모신-나강 소총은 제1·2차 세계대전까지 소련군의 주력 소총이었고, 6·25전쟁 당시에도 북한군의 주력 소총이었다.

Léon Nagant이 제안한 장전 방식을 결합한 이 소총은 간단한 구조를 가지고 있어 잔고장이 없고 신뢰성이 높은 것으로 정평이 나있다.

러시아를 계승한 소련은 1930년 M1891 보병총의 총열 길이를 80.2센티미터에서 73센티미터로 줄이고, 조준기를 신형으로 교체했다. 이 개량형이 바로 M1891/30이다. M1891은 이밖에도 여러 가지 개량형 모델이 많지만 작동방식이 볼트액션식이라는 점에서 공통점이 있다. 볼트액션식 소총이란 사격을 한 후 손으로 장전손잡이를 당겨 노리쇠를 움직여 탄피를 배출해야만 다음 탄환을 쏠 수 있는 구조의 총을 의미한다. 북한군이나 제2차 세계대전 당시 소련군이 PPSh-41 같은 기관단총을 대량으로 운용한 이유도 바로 주력 소총인 M1891이 연속 반자동사격이 불가능했기 때문이다.

국군의 주력 소총, M1 개런드

"처음 지급 받은 M1 소총을 들어 보니 너무 무거웠어요. 이걸 가지고 다니면서 어떻게 싸우나 싶은 생각이 들었습니다."

이 같은 M1 개런드 소총의 무거운 무게에 대한 불만은 6·25전쟁에 참전한 국군 노병들에게 흔히 들을 수 있다. 하지만 무게가 4.3킬로그램인 M1개런

제2차 세계대전 당시 미군의 제식소총이자, 6·25전쟁 당시 국군의 주력 소총이었던 M1 개런드 소총. 소총 밑에 탄환 8발이 묶인 클립 3개가 보인다. ⓒ①② Curiosandrelics at Wikipedia.org

드 소총이 당시 다른 나라의 주력 소총에 비해 특별히 더 무거운 것은 아니었다. 4킬로그램이 넘는 소총이 흔하던 시절이었기 때문이다. M1개런드 소총은 미국 스프링필드Springfield 병기창의 민간인 기술 책임자인 존 캔티우스 개런드John Cantius Garand에 의해 1936년 개발되었다. M1 개런드 소총은 군에서 주력으로 사용한 제식소총 중 최초의 반자동소총이라는 점에서 소총 역사에서 특기할만한 존재다. 제2차 세계대전 시기 다른 나라에도 반자동소총은 있었지만 M1개런드처럼 제식소총으로 대량 보급한 사례는 거의 없다.

제2차 세계대전 당시 일본의 99식 소총, 소련의 M1891 모신-나강 소총 등은 모두 볼트액션 방식이었다. 이 방식의 소총은 탄환 1발을 사격한 후 노리쇠를 수동으로 후퇴시켜 탄피를 제거해야 한다. 하지만 M1 같은 반자동식 소총은 사격 후 자동으로 탄피를 배출하여 방아쇠만 당기면 다음 탄환을 사격할 수 있다. 6·25전쟁 당시 북한군의 주력 소총도 볼트액션식 M1891/30이었다는 점을 고려하면 반자동식인 M1개런드는 나름 그 시기에는 고성능의 소총이었던 셈이다. 1949년 7월 당시 우리 군이 보유한 M1 개런드 소총의 총량은 4만 2,636정이었다. 6·25전쟁 중 한국군의 병력 규모가 꾸준히 늘어났지만 미군이 47만여 정을 추가로 제공, 전쟁 내내 국군 주력 소총의 자리를 지켰다.

가벼움의 미학, 카빈 소총

카빈 소총은 1930년대 후반 전투부대 요원이 아닌 전투 지원·전투 근무 지원 부대에 주로 지급할 목적으로 개발되었다. 카빈의 무게는 2.49킬로그램이고 길이도 90.37센티미터로 M1개런드 소총보다 20센티미터 정도 짧다. 이런 짧은 길이와 무게 덕에 휴대성이 좋아 큰 인기를 끌었다. 카빈 소총의 '카빈carbine'은 원래 특정 소총을 지칭하는 고유명사가 아니라 길이가 상대적으로 짧은 기병용 소총을 의미하는 보통명사다. 19세기와 20세기 초반에는 소총을 보병총과 기병총(카빈)으로 구별해서 제작하는 것이 보통이었다. 애당초 보병총과 기병총을 별도로 제작하기도 했고 혹은 동일한 구조의 발사장치를 가진 소총을 길이만 다르게 제작해 구분하는 경우도 흔했다. 20세기 이후부터 전장에서 말을 타는 기병이 점차 사라졌지만 일반 소총보다 길이가 상대적으로 짧은 총은 여전히 기병총이라고 부른다. 굳이 분류하자면 M1개런드 소총은 보병총, 카빈은 기병총인 셈이다.

흔히 '카빈 소총'으로만 부르지만 원래 미국의 카빈 소총은 M1·M1A1·M2·M3 등 네 종류가 있다. M1 카빈이 표준형으로 반자동식이다. M1A1은 개머리판이 접히는 접철식인 점이 다르고, M2는 연발사격이 가능한 자동소총이다. 카빈과 M1개런드 소총은 구경(7.62mm)은 동일하지만 화력 차이는 컸다. M1 개런드 소총용 탄환의 탄피 길이는 63밀리미터지만 카빈 소

우리나라에서 흔히 '카빈 소총'이라고 부르는, 미군 기병용 소총의 대표적 모델인 M1 반자동소총

총용은 33밀리미터에 불과하다. 총구 에너지도 뚜렷하게 차이가 나서 카빈용 탄환이 1,074줄(J)로 M1개런드 소총탄 3,663줄의 3분의 1에 불과해 전형적인 소총보다는 기관단총에 가까운 특성을 지녔다. 카빈은 '가벼움의 미학'을 가진 총이었지만 탄환 자체의 에너지가 M1 개런드 소총의 3분의 1에 불과하므로 사거리도 짧고 관통력도 떨어지는 것이 약점이다.

기관단총
근접전에서 위력적인 총

양 욱

'기관단총'은 '기관총'과 어떻게 다를까? 기관총機關銃은 영어로는 'machine gun'이라고 부른다. 기계장치에 의하여 방아쇠를 당기면 총알이 연속으로 나가는 총을 말한다. 반면 기관단총機關短銃은 영어로 'submachine gun'이라고 부르는데, 기관총과 비슷한 구조이지만 조금 더 작은 총을 뜻한다. 기관총처럼 기계장치에 의해 연발발사가 가능하지만 'Sub-'라는 말이 붙어있는 만큼 매우 작고 간편하게 사용할 수 있는 총을 말한다.

기관단총의 제왕이라 불리는 MP5 기관단총. 〈출처: Heckler & Koch〉

　기관총과 기관단총은 용어는 비슷해도 그 역할은 전혀 다르다. 기관총은 보통 강력한 탄환을 사용하며, 경輕기관총이라 해도 통상 무게가 10킬로그램 정도에 이른다. 정밀한 사격보다는 막강한 연발사격능력을 바탕으로 적을 제압하는 것이 기관총의 용도이다. 반면 기관단총은 보통 권총탄을 사용하며, 3~4킬로그램의 가벼운 무게로 근접한 거리에서 교전하는 것이 용도이다.

기관단총의 역사

제1차 세계대전 이전만 해도 개인이 휴대하는 무기는 권총과 소총 정도였다. 하지만 당시의 소총은 한 발을 쏘고 다시 장전하는 단발소총이었고, 전체 길이도 길어서 휴대가 불편했다. 권총은 편리했지만, 총열도 짧고 사정거리는 기껏해야 50미터도 되지 못하는 것이 대부분이었다. 한편 연발로 소총탄을 쏠 수 있는 기관총이 등장했지만. 워낙 크고 무거워서 개인이 운용하기는 힘들었다. 그래서 나온 아이디어가 있다. 권총에 개머리판을 장착하고 총신을 늘려서 연발로 사격하는 총기를 만든다는 구상이었다. 하지만 근본적으로 반자동 사격을 위해서 개발된 권총을 가지고 연발화기를 만드

베레타 모델 1918

는 것에는 한계가 있었다. 개발자들은 사고를 전환했다. 권총탄을 쏘는 기관총을 만들자는 것이다. 그리하여 소총과 비슷하거나 짧지만 권총탄을 연발로 발사할 수 있는 초소형 기관총, 즉 기관단총이 탄생했다.

초기의 기관단총으로는 이탈리아의 베레타Beretta 모델 1918, 독일의 MP18, 미국의 톰슨Thompson 기관단총을 들 수 있다. 이탈리아에서 1918년에 개발한 베레타 모델 1918은 탄창을 위에서 삽입하는 형태로 무게는 3.3킬로그램에 전체 길이는 1미터 정도로 9mm 탄환을 발사하는 휴대용 연발화기였다. 베레타 모델 1918은 이전에 있던 빌라르페로사Villar-Perosa라는 총을 기반으로 개발된 것이다. 빌라르페로사는 권총탄을 연발로 발사할 수 있는 총이었으나, 개인 휴대용 화기는 아니었다.

독일의 MP18도 역시 1918년에 제식화된 기관단총이다. MP18은 무려 3만 5,000정 이상 생산되어 전선에서 맹활약을 하면서 기관단총의 위력을 실전에서 최초로 보여준 총이다. MP18의 활약은 엄청났다. MP18을 든 독일 병사들이 참호에 뛰어들어 연발발사로 탄환을 흩뿌리자 연합군 병사들은 추풍낙엽처럼 쓰러졌다. MP18에게 호된 홍역을 치른 연합국은 제1차 세계대전에서 독일이 패망하자 베르사유 조약Treaty of Versailles을 통해 독일이 경량자동화기를 개발하지 못하도록 했다.

제1차 세계대전 직후에 발매된 톰슨 기관단총은 미국이 자랑하는 대표

MP18 기관단총

적인 기관단총이었다. 그러나 전쟁이 끝난 후에 물건이 나오는 통에 군대는 커다란 고객이 되지 못했다. 이후 톰슨 기관단총을 경찰용으로 판매하지만 큰 성공을 거두지 못했다. 오히려 톰슨은 민간시장에서 선호했는데, 특히 금주법 시행 이후에 마피아나 은행강도의 무기로 호평을 받았다. '공공의 적 1호'인 존 딜린저John Dillinger(1903~1934)가 톰슨 기관단총을 애용했던 것으로 유명하다.

제2차 세계대전에서 맹활약한 기관단총

제1차 세계대전 이후에 다양한 총기가 개발되었다. 특히 보병이 개인적으로 휴대할 수 있는 연발화기에 대한 연구가 진행되었는데, 소총탄을 연발로 발사하는 자동소총의 개발은 여전히 기술적인 장벽에 부딪혔다. 그 대신 이미 능력이 입증된 기관단총 개발을 꾸준히 추진한 결과, 제2차 세계대전에서 기관단총은 보병들의 기본화기로 자리 잡게 되었다.

대표적인 기관단총 중 하나가 바로 MP40 슈마이서Schmeisser다. MP40은 간단한 구조로 인하여 생산하기 쉽고, 아프리카 전선 같은 척박한 곳에서도 고장률이 낮은 편이었다. 9mm 권총탄을 사용하여 유효사거리는 100미터에 불과했고, 소총에 비해 파괴력이나 정확도가 현저히 떨어졌지만, 치열한

독일군의 트레이드마크가 된 MP40 슈마이서 기관단총

톰슨 기관단총을 든 존 딜린저

시가전을 벌인 독소전쟁 등에서 매우 유효한 무기로 평가받았다.

한편 MP40보다 더욱 높은 명성을 날렸던 총기가 있다. 우리에게 '따발총'이라고 알려진 PPSh-41 기관단총이다. MP40처럼 프레스 제작으로 생산된 PPSh-41은 평균생산시간이 7.3시간 정도로 짧았고, 전쟁 말기까지 무려 600만 정이나 생산되었다. 특히 7.62×25mm 토카레프^{Tokarev} 권총탄을 사용하는 PPSh-41은 사정거리가 150미터에 이르러 독일군의 MP40보다 우수했다. 독일군은 심지어 노획한 PPSh-41을 MP717로 부르고 제식용으로 채용하기까지 했다.

생산성이 높은 기관단총은 따로 있다. 영국이 개발한 스텐^{STEN} 기관단총

일명 따발총이라 불리는 구소련의 PPSh-41 기관단총.

스텐 기관단총을 쏘는 윈스턴 처칠

이다. 독일의 공격으로 한창 수세에 몰려있을 때 생산을 시작한 스텐 기관단총은 당시 생산시설과 자원이 극도로 부족했던 영국의 상황을 반영한 '빈자의 기관단총'이었다. 생산단가가 낮고 만들기 쉬운 기관단총으로 설계되어 생산하는데 걸리는 시간은 평균 5시간에 불과했으며 모두 450만 정이 생산되었다. 파이프를 붙여 만든 것 같은 외양으로 '배관공의 악몽'이란 별명까지 얻었다. 한편 미군은 제2차 세계대전 이전부터 톰슨 기관단총을 배치하기 시작했으나, 전쟁이 발발하자 좀 더 단순한 형태의 M3 기관단총을 보급했다. M3는 생긴 모습 때문에 '기름총 Grease Gun'이라는 별명을 가지게 되었으며, 부족한 톰슨을 대체하여 주력 기관단총의 자리를 차지했다.

세계대전 후의 기관단총

제2차 세계대전 이후 다양한 기관단총이 등장했다. 가장 대표적인 기관단총으로는 MP5와 우지Uzi, MAC10 등이 있다. 1950년에 등장한 우지 기관단총은 1954년부터 이스라엘군 특수부대의 무장으로 채용되었으며, 이후에는 전 이스라엘군의 무장으로 채용되었다. 특히 1956년 제2차 중동전쟁(수에즈 위기)에서 커다란 활약을 한 우지 기관단총은 이후 세계의 군과 경찰이 애용하는 기관단총이 되었다. 하지만 계속되는 현대적 화기의 물결 앞에서 우지는 더 이상 현역을 지키지 못하고 있다.

한편 기관단총으로 현대사를 장식한 또 다른 총은 바로 MAC10 기관단총이다. 전체 길이가 30센티미터 남짓인 이 초소형 기관단총은 기관단총이라기보다는 권총에 가깝다. 작은 크기지만 막강한 화력을 갖춘 이 기관단총은 군용으로는 성공하지 못했고, 오히려 어둠의 세계에서 각광 받는 총기가 되어 갱스터나 첩보조직에게 환영받았다.

마지막으로 기관단총의 제왕이라고 불리는 MP5를 빼놓을 수 없다. 1966년 등장한 MP5는 현재 세계에서 가장 많이 쓰이고 있는 기관단총이다. MP5는 폐쇄노리쇠 작동방식 덕분에 정밀한 사격이 가능하여, 군과 경찰에서 가장 사랑 받는 기관단총이다. 특히 1980년 이란Iran 대사관 인질구출작전*(작전명 님로드Nimrod)에서 영국 특수부대 SAS가 MP5를 사용하는 장면이 〈BBC〉 방송으로 전 세계로 퍼지면서, MP5는 특수부대의 상징과도 같은 총기가 되었다.

---

* 1980년 4월 30일, 일단의 테러리스트가 영국 런던 주재 이란 대사관을 강제 점거하고 직원 등 26명을 인질로 억류했다. 영국 정부는 처음에는 협상을 시도했으나, 인질 1명이 살해당하자 무력 진압을 결정한다. 결국 SAS가 님로드 작전으로 억류된 인질을 구출했다.

우지 기관단총은 1960~1970년대 가장 인기가 높은 기관단총이었다. 사진은 레이건 대통령 암살 시도 이후 우지를 들고 상황을 통제중인 대통령 경호관의 모습.

MP5 기관단총은 대테러부대나 경찰특공대 등 특수임무를 맡은 부대에서 애용한다. ⓒ 양욱

기관단총의 미래

현재 기관단총의 미래는 밝지 않다. 이미 자동소총과 돌격소총이 보편화되면서 기관단총은 보병제식무기로서의 위상이 사라진 지 오래이다. 기관단총은 대부분 9mm 권총탄을 사용하여 사거리가 짧으며, 살상력도 낮은 편이다. 특히 방탄조끼가 보편화된 현대 전장에서 기관단총은 더 이상 범용화기로서 역할을 하기 어려운 실정이다. MP5 같은 기관단총은 대테러임무와 같은 특정 상황에서 쓸 수 있다는 특수성 때문에 아직도 현역을 지키고 있지만, 점점 역사의 뒤안길로 사라지고 있다. 오히려 카빈이 기관단총으로 분류되기도 하며 그 명맥을 이어가고 있다. 세계 대부분의 특수부대들이 MP5를 버리고 M4 CQBR(짧은 총열을 채용한 M4 소총)을 채용하는 추세는 기관단총의 시대가 저물고 있다는 반증이다.

돌격소총

현대 보병의 주력 소총

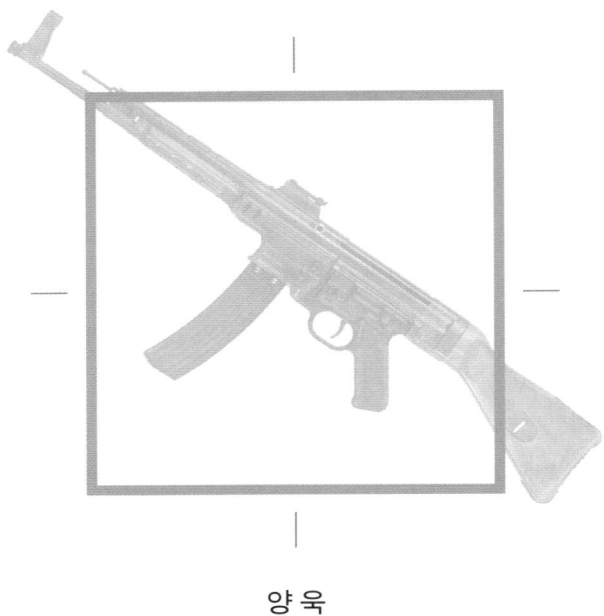

양 욱

세상에 총기를 구분하는 방법은 다양하다. 일반적으로 총은 소총, 저격총, 기관단총, 기관총과 같이 크게 네 종류로 분류할 수 있다. 그 가운데 유독 독특한 존재가 하나 있는데, 바로 돌격소총이다. 제2차 세계대전까지 대부분의 군용 소총은 크고 무거웠다. 5킬로그램에 육박하는 무게에 직경 7밀리미터 내외의 탄환을 사용하는데다가 대부분 수동으로 한 발씩 장전해야 했으며, 자동으로 장전하더라도 기껏 한 발씩 밖에 발사할 수 없었다. 한편 연

돌격소총(Strumgewehr)의 원조인 StG 44.

사로 엄청난 화력을 제공하는 기관총은 너무나 두거워서 혼자서는 운용할 수 없었다. 휴대가 가능한 경기관총이라고 해도 10킬로그램에 이를 정도였다. 결국 '개인이 휴대할 수 있는 기관총'이라는 콘셉트로 기관단총이 등장했다. 기관단총은 3~4킬로그램의 가벼운 무게로 휴대하기 편리했지만, 권총탄을 사용하여 사거리가 100미터에도 이르지 못한다는 한계가 있었다. 결국 연발사격능력과 사정거리의 한계를 절충할 수 있는 보병용 개인화기가 필요했다.

기관단총처럼 편리하지만 더 강한 총이 필요하다

이런 필요성을 절묘하게 해결한 총기가 제2차 세계대전의 전란 속에 독일에서 등장했다. 당시 독일군의 보병 전투는 기관총을 중심으로 구사되고 있어 볼트액션 방식의 소총을 오히려 보조화기로 사용했는데, 그만큼 한계가 있을 수밖에 없었다. 특히 소총은 너무 길어서 장갑차 등에서 활용할 수 없었기에 기관단총을 지급했지만, 독일군은 사정거리의 한계를 절실히 느꼈다.

연사 능력의 필요성을 절실히 느낀 독일군 수뇌부는 새로운 보병화기 개발을 요구했다. 이에 따라 최초로 개발된 것이 게베어 41$^{Gewehr 41}$ 반자동 소총이었다. 볼트액션처럼 수동으로 장전하지 않고도 소총탄을 발사할 수

StG 44는 기관단총과 같은 연사 성능에 전투에 적절한 사정거리를 갖춘 획기적인 보병화기였다. ⓒⓕⓞ Deutsches Bundesarchiv

있었다는 장점이 있었지만, 막상 실전에서는 고장이 끊이지 않았다. 한편 경기관총이나 자동소총의 개발도 동시에 추진했다. 그러나 8×57mm 소총탄의 강력한 반동 때문에 제어가 어려웠을 뿐만 아니라, 무게 역시 만만치 않았다.

최초의 돌격소총 StG 44, 이를 계승한 AK-47

결국 독일은 기존의 틀 밖에서 생각했다. 소총탄은 너무 강하고, 권총탄은 너무 약하다면, 그 중간의 탄환을 새로 만들면 될 터였다. 총기회사들은 이미 1930년대부터 이런 탄환을 개발하고 제안했지만, 독일 육군이 반대했었다. 1941년 육군은 드디어 새로운 탄환의 개발을 승인했다. 생산에 용이하도록 기존 8mm 소총탄을 바탕으로 길이를 줄인, 새로운 탄환이 등장했다. 새로운 탄환을 바탕으로 새로운 총기도 개발되었다. Mkb 42, 즉 자동카빈Maschinenkarabiner 모델 42가 개발되었으나, 히틀러가 모든 신무기의 개발을 중지시키자, 이 계획은 사장되는 듯했다. 하지만 독일군은 의지를 굽히지 않고 기관단총 개발 명목으로 더욱 개량된 MP43을 개발했다. 이런 독일군의 의지에 히틀러도 생각을 바꾸어 드디어 신병기인 StG 44, 즉 돌격소총

StG 44의 우수한 성능에 착안한 소련은 1947년 AK-47을 개발하여 보병 주력 화기로 채용했다.

Strumgewehr 모델 44가 등장하게 되었다.

StG 44는 당대의 우수한 병기에서 그치지 않고 소총의 미래를 보여주는 새로운 표준으로 자리 잡았다. 특히 StG 44는 소련에서 AK-47이 등장하는 직접적인 계기가 되었다. AK-47은 단순한 구조와 간편한 사용방법으로 보병전투의 향방을 바꿔놓았다. 돌격소총이 드디어 보병의 제식무기로 본격적으로 등장하게 되었다.

소구경 소총탄을 채용한 M16

한편 소련과 대항하던 서방의 경우에는 상황이 달랐다. 강력한 소총탄을 사용하는 자동소총이 주류였다. 미국은 M14 소총을, 영국은 FN FAL 소총을, 독일은 G3 소총을 각기 채용했다. 이들 소총은 모두 7.62×51mm NATO 탄환을 사용하여 사정거리는 500~600미터에 이르렀다. 하지만 무게는 보통 4~5킬로그램이었고, 탄환 역시 무거워 20발 들이 탄창을 사용했다.

긴 사정거리를 자랑하는 서구의 자동소총과 다루기 편리한 소련의 돌격소총은 1960년대에 들어서야 본격적인 대결을 펼치게 된다. AK-47의 베트콩과 치열한 실전을 벌인 미군은 자신들의 주력 보병화기인 M14가 전투에 적합하지 않다는 사실을 깨달았다. 미군에게도 돌격소총이 필요했다. 그

5.56mm 소구경 탄환을 채용한 M16 소총.

러나 미국은 독일이나 소련과는 다른 방법을 취했다. 소총탄의 길이를 줄인 탄환을 채용하는 대신에, 아예 작은 크기의 탄환을 새롭게 설계했다. 5.56× 45mm 탄환이다. 그리고 총기로는 미래지향적인 외관에 플라스틱 총열 덮개와 개머리판을 채용한 획기적인 돌격소총이 등장했다. 바로 M16이었다.

M16이 등장함에 따라 개인의 전투력도 현저히 달라졌다. 과거 7.62mm 탄환과 M14 소총을 사용하던 시절에는 전투 시 탄환 휴대량이 180발에 불과했지만, 경량의 5.56mm 탄환과 M16 소총을 채용하면서 휴대량은 240발까지 증가했다. 한편 탄환이 작아지면서 사거리는 400미터 정도로 줄어들었지만, 보병에게는 충분한 교전거리였다. 미국의 소구경 탄환 채용은 거꾸로 소련에게 영향을 주었다. 소련은 7.62×39mm 탄환을 사용하던 AK-47을 개조하여 소구경 탄환 5.45×39mm을 사용하는 신형 AK-74를 선보였다. 이렇게 소구경 고속탄환을 사용하는 추세에 따라 현대적인 돌격소총의 특징이 완성되었다.

M16의 등장 이후 전 세계적으로 돌격소총이 보병무기의 표준으로 서서히 자리 잡아 가기 시작했다. 특히 5.56mm 탄환이 나토(NATO) 표준으로 선정되면서 다양한 소총이 등장했다. HK33, FN FNC, SIG SG540 등 M16에 필적할 만한 우수한 소총들이 개발되었다. 대한민국의 K1과 K2 역시 이런 맥락에서 등장한 것이다.

1980년대 이후 5.56mm 돌격소총은 7.62mm 자동소총을 대신하여 세계 각국의 보병 주력 소총으로 자리 잡는다. 사진 맨 위로부터 벨기에의 FN FNC, 독일의 HK33, 스위스의 SG550, 이탈리아의 베레타 AR70/90, 이스라엘의 갈릴 AR 돌격소총이다.

불펍식 소총의 등장

한편 전혀 새로운 설계방식의 돌격소총도 등장했다. '불펍Bullpub'이라고 불리는 형태의 돌격소총이 등장한 것이다. 불펍이란 급탄과 격발 등의 동작이 방아쇠 뒤쪽의 개머리판 부분에서 이루어지는 방식을 말한다. 이런 불펍 방식은 총기의 작동부를 개머리판에 수납하여 재래식 총기와는 달리 낭비되는 공간이 없고, 이에 따라 같은 총열 길이에도 총의 전체 길이가 짧으며 무

돌격소총이 본격적으로 채용되면서 유럽에서는 불펍 방식의 소총이 등장하게 되었다. 사진은 위로부터 오스트리아의 슈타이어 AUG, 프랑스의 FAMAS F1, 영국의 L85A1이다.

게 또한 줄어들었다.

불펍 소총은 이미 1948년 영국에서 시험용으로 개발한 바 있었지만, 1976년 오스트리아의 슈타이어Steyr AUG(다목적 육군 소총)가 등장하면서 본격적으로 실전배치되었다. 이후 프랑스가 FAMAS를, 영국이 SA80(L85A1/2) 소총을 채용하면서 본격적인 불펍 소총의 시대가 열렸다. 이렇게 다양한 돌격소총이 등장하면서 1980년대부터 세계 각국의 주력 소총 자리를 돌격소총이 점령해나갔다.

규격화와 레일 시스템의 적용

한편 1990년대에 들어서면서 돌격소총은 또 다른 변화를 맞이한다. 미군의 M16/M4 소총에 피카티니 레일 시스템을 채용하면서, '레일 시스템'이 차세대 소총의 표준으로 자리 잡기에 이른 것이다. 레일 시스템은 표준규격으로 총기의 결합장치를 만들어, 조준경·레이저 조준기·전술용 조명장치 등 다양한 부품을 장착할 수 있는 규격장비를 말한다. 손쉽게 말해 레고 블럭처럼 원하는 대로 필요한 부품을 붙일 수 있는 것이다. 레일 시스템의 채용에 따라 심지어는 유탄발사기나 산탄총까지도 총기에 자유자재로 붙일 수 있게 되었다.

피카티니 레일에 더하여 총기 자체도 모듈식으로 바뀌어, 총기의 형태를 자유자재로 바꿀 수 있게 되었다. 대표적인 것이 FN SCAR^{Special Operations Forces Combat Assault Rifle}이다. SCAR의 경우에는 5.56mm 돌격소총과 7.62mm 자동소총으로 교체가 가능하며, 총열 또한 10인치·14.5인치·18인치로 교체가 가능하다.

조준경·레이저 표적 지시기·전술 조명장비 등 각종 부가장비를 붙인 현대의 돌격소총.

현대 돌격소총은 강화플라스틱 재료를 본격적으로 사용하여 무게를 줄이면서, 다양한 부가장비 장착이 가능하도록 레일 시스템을 장착하고 있다. 사진은 위로부터 FN SCAR, 부쉬마스터 ACR, CZ 805 BREN, F2000T 돌격소총이다.

　　소재면에서도 합성수지(즉 플라스틱)와 같은 재료를 더욱 많은 부분에 적용하여 돌격소총을 가볍게 만들 뿐만 아니라 내구성도 높였다. 지금은 슈타이어 AUG에서부터 G36, FN F2000, FN SCAR, CZ 805에 이르기까지 다양한 총기가 플라스틱 소재를 채용함과 동시에 피카트니 레일을 본격적으로 사용하고 있다.

우리나라에서도 피카티니 레일을 채용한 K-2C 소총이 등장했다. 〈출처: S&T 대우〉

한국의 돌격소총은?

우리나라의 경우 아직 K-1/K-2를 주력화기로 사용하고 있다. 세계적으로도 인정받는 우수한 돌격소총임에는 틀림없으나, 피카티니 레일의 채용, 모듈러 성능의 활용 등에서 개선의 여지가 남아있다. 최근에는 피카티니 레일 시스템을 채용한 K-2C가 등장했으니 21세기를 즈도하는 새로운 돌격소총의 등장을 기대할 만하다.

샷건(산탄총)

강력한 힘의 상징

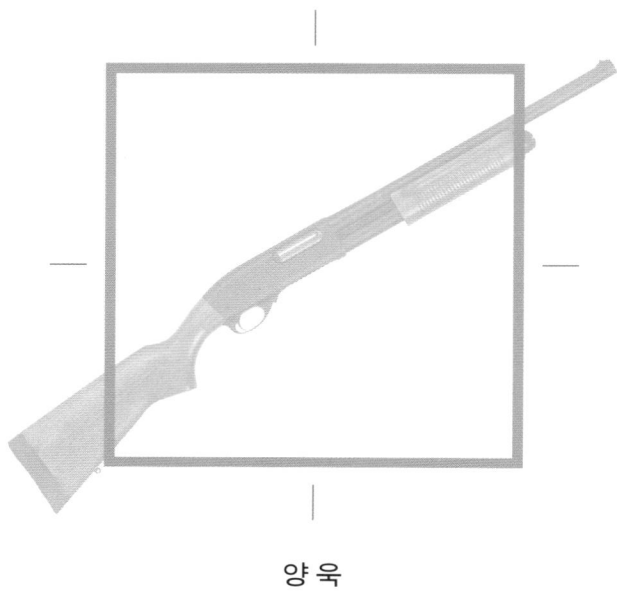

양 욱

샷건shotgun, 즉 산탄총은 탄환이 흩어지도록 발사하는 총기를 말한다. 보통 총을 쏘면 정확히 목표물에 명중해야 하는 것인데 왜 탄환이 흩어지는 것일까? 그 이유를 알아보기 위해서는 총기의 역사를 살짝 훑어볼 필요가 있다.

샷건의 역사

보통 총기의 역사에서 가장 먼저 언급하는 것이 머스킷musket이다. 머스킷은 총열 앞으로 장약과 탄환을 넣는 방식이어서 장전에 시간을 많이 소요했고 명중률도 형편없었다. 15세기에는 이런 머스킷으로 사냥을 하려는 사람들도 있었지만, 이는 여간 어려운 게 아니었다. 멈춰 있는 표적을 맞히기도 어려운 머스킷으로, 날아다니는 새나 뛰어다니는 들짐승을 잡는 것은 아주 운이 좋거나 사격술이 최고 경지에 이른 사람에게만 가능한 일이었다. 날아다니는 새를 총으로 잡는 사격수를 가리켜 '스나이퍼Sniper'라고 일컫게 된 유래만 봐도 그러하다. 오늘날에는 '저격수'라는 뜻으로 알려진 '스나이퍼'라는 용어는 도요새를 뜻하는 '스나이프Snipe'에서 유래했다. 18세기 후반 인도의 영국군 장교들 사이에서 스나이프 사냥이 유행했는데, 몸집이 작고 빠른 스나이프는 일반적인 사격술로는 잡기가 어려웠다. 그래서 이 새를 잡을 수

샷건의 대명사인 펌프액션 방식의 레밍턴 모델 870. 경찰과 군에서 널리 사용해왔다.

군용 산탄총의 역사를 본격적으로 쓴 펌프액션 방식의 윈체스터 M1897 '트렌치건'.

있는 능숙한 사냥꾼을 '스나이퍼'로 부르게 되었고, 이후 이 말이 저격수를 의미하는 것으로 굳어졌다.

하지만 인간에게 불가능은 없는 법. 여러 발의 작은 탄환을 넣어 발사하면 탄환들이 흩어지면서 날아가는 새도 비교적 쉽게 잡을 수 있다는 것을 알게 되었다. 이렇게 작은 탄환을 '샷shot' 또는 '벅샷buckshot'이라고 불렀고, 이런 샷을 발사하는 총을 '파울러fowler'라고 불렀다. 즉 파울러는 새를 잡기 위한 용도로만 만들어진 총기였다.

한편 파울러보다 총열이 짧은 '블런더버스Blunderbuss', 즉 '나팔총'이 등장했다. 나팔총은 총구 부분이 나팔처럼 벌어져서 넓게 산탄을 퍼뜨릴 수 있어서 근거리에서는 가장 강력한 무기로 평가받았다. 이에 따라 해적이나 수병이 애용하는 총기가 되었다. 이런 파울러와 블런더버스는 이후 '샷건', 즉 산탄총이라는 이름으로 불리게 되었다.

샷건의 종류

샷건은 작동방식에 따라 크게 펌프액션, 브레이크액션, 레버액션, 자동(반자동) 등으로 나뉜다. 그 내용은 간단히 표로 정리해보면 다음과 같다.

분류	작동방식	해당 총기
펌프액션 (Pump-Action) / 수동식	총열 아래 장전손잡이를 앞뒤로 당겨 탄환을 장전하는 방식	대부분의 군경용 산탄총 (레밍턴 870)
브레이크액션 (Break-Action) / 중절식	총기의 중간을 꺾어서 탄환을 장전하는 방식	쌍열 엽총
레버액션 (Lever Action)	총열 손잡이 부분의 레버를 아래위로 올리고 내리면서 탄환을 장전하는 방식	구형 엽총 (윈체스터 M1887)
반자동 (Semi-automatic)	탄환 발사 시 가스 반동을 활용하여 차탄을 자동으로 장전시켜주는 방식	일부 군경용 총기 및 엽총 (비넬리 M1, SPAS-12 등)

스스로 탄환을 장전하는 반자동 산탄총도 실전에서 매우 유용하다. 사진은 M1014 샷건으로 훈련 중인 미 해병대원의 모습.

클레이나 수렵 등에 애용되는 쌍열의 산탄총. 가운데를 꺾어서 탄환을 장전하는 중절식 브레이크액션 방식이다. ⓒ Commander Zulu at Wikipedia.org

물론 이런 네 가지 분류가 모두는 아니다. 단발방식이나 볼트액션의 엽총도 있고, 펌프액션과 반자동이 혼합된 비넬리 M3 같은 모델도 있다.

자위 무기에서 공격무기로

샷건이 생활도구로 자리 잡은 나라가 있다. 바로 미국이다. 식민지 개척 시절부터 샷건은 모든 개척민에게 없어서는 안 될 생존수단이었다. 먹을 것이 풍족하지 않던 신세계에서 샷건은 수많은 사냥감을 식량으로 만드는 수단이자, 더 나아가 토착민의 기습으로부터 자신을 지키는 수단이 되었다. 샷건은 사격술에 익숙지 않은 사람도 손쉽게 사용할 수 있었다. 미국의 독립전쟁에서 조지 워싱턴 George Washington 장군은 머스킷에 3~6발의 벅샷을 넣어서 영국군에게 쏘게 했는데, 탄환을 1발씩 장전하여 쏘는 것보다는 여러 발을 넣어 한꺼번에 쏘는 것이 목표물에 적중할 확률이 높기 때문이었다. 이러한 장전방식은 '벅 앤 볼 Buck and Ball'이라고 불렸다.

사거리는 짧았지만 본격적인 군용소총이 개발되기 전까지 산탄총은 군대에서 폭넓게 사용되었다. 특히 윈체스터 M1897 같은 펌프액션 샷건이 등장하면서 군대의 근거리 전투능력은 비약적으로 향상되었다. 이런 전투용 산탄총이 본격적인 활약을 펼친 것은 제1차 세계대전 때였다. '트렌치건 Trench Gun'이라고 불린 펌프액션 산탄총은 짧은 크기 덕분에 참호 안에서도 조준하면서 기동하기 편리했고, 근거리에서 살상 효과가 뛰어났다. 미군 병사들은 원거리에서 효과적이지만 근거리에서 쓸모없는 스프링필드 볼트액션 소총보다 트렌치건을 더욱 선호했다.

제2차 세계대전에서도 샷건은 활약을 계속했다. 남태평양의 밀림에서 미 해병대는 샷건으로 일본군을 섬멸해나갔다. 한편 샷건은 대공포 사수의 훈련용으로도 사용되었는데, 사수들은 이동하는 트럭에서 역시 이동하는 클레이 표적을 맞추면서 사격구역을 예측하는 훈련을 했다. 자동소총이 발전하면서

레버액션식 샷건인 윈체스터 M1887. 레버를 아래위로 움직여 장전한다.

대우정밀(현 S&T대우)에서 생산했던 완전 자동 산탄총 USAS-12.

샷건은 더 이상 보병의 주력 무기로 선호되지 않으나, 뛰어난 살상능력으로 근접전이나 기지 경비와 같은 임무 등에 아직도 활용되고 있다.

대테러임무에서 다시 각광받는 샷건

한편 1970년대부터 시작된 대테러임무의 열풍으로 인하여 샷건은 다시 군으로부터 각광받고 있다. 그 범위는 대테러임무라는 분야로 매우 한정되었지만, 용도는 확장되었다. 더 이상 사람만을 쏘는 것이 아니라, 잠긴 출입문을 개방하거나 최루탄이나 섬광탄을 발사하는데도 샷건을 활용하는 것이다.

우리 군은 아쉽게도 샷건과는 인연이 깊지 않은 편이다. 707 특임대나 UDT/SEAL 특임대, 경찰특공대, 해양경찰특공대 등 대테러부대가 출입문 개방 등의 용도로만 샷건을 운용하고 있다. 우리 군에서 산탄총을 본격적으

샷건은 대테러임무에서 출입문 개방 등에 자주 활용된다.

로 운용하고 있는 요원들은 공군에 있다. 바로 '배트맨'이다. BAT$^{Bird\ Alert\ Team}$는 산탄총을 사용하여 새들을 쫓아내면서 공군기지의 버드 스트라이크 사고를 방지하고 있다.

한편 산탄총은 '라이엇건$^{Riot\ gun}$'이라고 불리면서 시위진압 등에 사용된다. 강철제 벅샷 대신에 고무탄을 넣은 비살상탄환을 활용하면 최소한 사망의 위험은 지극히 감소하는데, 이외에도 최근에는 빈백 라운드$^{Bean\ bag\ round(콩주머니\ 탄환)}$나 바톤 라운드$^{Batton\ round(몽둥이\ 탄환)}$ 등과 같은 에너지성 비살상무기를 더 애용한다. 여기에 더하여 전기충격기를 산탄 형태로 만들어 발사할 수 있도록 고안한 제품까지 나오고 있다.

비살상무기
제압무기

양 욱

'싸우지 않고 승리한다'는 것은 모든 전사들의 희망이다. 전쟁이 없는 것이 가장 이상이겠지만 일단 전쟁을 시작한 이후에는 인명의 피해 없이 승리하는 것이 가장 이상적이다. 기술이 발달하고 인간 개개인의 가치와 존엄이 강조되는 오늘날, 단 한 명의 생명이 희생되는 것도 인류애적인 측면뿐만 아니라 정치적인 면에서도 커다란 문제가 된다.

생명을 앗지 않는 무기

그래서 무기 중에도 이런 목적에 맞는 것이 있다. 바로 '비살상무기'다. 비살상무기란 재래식 무기에 비하여 사람을 살상할 가능성이 낮거나 없는 무기를 말한다. 비살상무기가 가장 많이 쓰이는 것은 바로 경찰, 그 중에서도 시위진압의 영역이다. 특히 이 경우에는 수많은 사람을 동시에 제압하거나 해산시키는 목적으로 사용한다.

전기충격침을 발사하는 테이저

비살상무기 가운데 가장 유명한 것은 '테이저Taser'다. 테이저는 상대방을 감전시키는 전기충격기의 일종인데, 다만 일반의 전기충격기와는 다른 것은 바늘이 달린 전극침을 발사하여 조금 떨어진 거리(통상 6미터)의 상대방도 제압할 수 있다는 점이다.

한편 테이저는 발전을 거듭하여, 최근에는 탄환 형태로 산탄총에서 발사되는 제품도 사용한다. 그러나 테이저는 사람에게 극심한 전류를 흘려보

테이저는 전극침을 발사하여 전류로 상대를 제압하는 무기다. 왼쪽은 근거리용, 오른쪽은 원거리용이다. 〈출처: Taser International〉

넘으로써 마약중독자 등에게 심장마비를 일으키는 사례가 종종 있어 각국에서 논란이 되고 있다.

페퍼스프레이 및 가스총

또 다른 대표적인 비살상무기는 바로 '페퍼스프레이Pepper spray'다. 페퍼스프레이는 사람의 호흡기에 접촉하면 강한 자극으로 상대방을 무력화시키는 무기이다. 이런 페퍼스프레이에서 발전한 것이 가스분사기, 즉 가스총이다. 가스총은 보통 센 바람이 불면 방향이 틀어지거나 사정거리가 2~3미터 내에 불과한 것이 단점인데, 최근에는 강력한 제트가스를 분사하는 제품도 등장했다.

고무탄, 바톤라운드, 페인트볼

한편 21세기 무기답지는 않지만 효율적인 비살상무기도 많다. 대표적인 것이 고무탄이다. 고무탄은 산탄총 등에서 발사하는 형태도 있고 혹은 수류탄처럼 던지는 경우도 있다. 하지만 고무탄은 다수의 시위자를 제압하기 위해

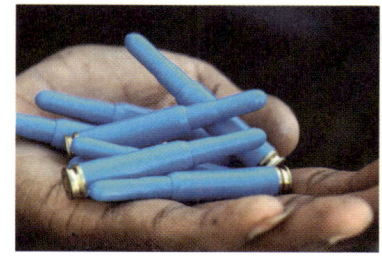 

고무탄환. 좌측은 일반적 탄환 형태이고 우측은 산탄 형태이다.

만든 것으로 정확히 제어되지 않은 산탄들을 흩뿌리는 형식이어서, 사람의 눈 등에 맞을 경우 치명적인 결과를 가져온다.

그래서 적당한 에너지를 정확히 대상에 맞추는 에너지 무기가 등장했다. 이것이 바로 바톤 라운드Batton round다. 바톤 라운드는 말 그대로 경찰봉처럼 사람에게 충격을 가하는 탄환이라는 뜻이다. 바톤 라운드는 통상 산탄총이나 유탄발사기 등에서 사용되고 있다. 한편 페인트볼 총기도 비살상무기로 사용한다. 페인트 대신에 최루액을 넣은 탄환(일명 '페퍼볼')이나 악취가 풍기는 탄환 등을 넣어 사용한다.

광역 제압용 비살상무기

21세기에 들면서 다른 양상의 비살상무기들이 등장하고 있는데, 가장 대표적인 것이 바로 미 공군에서 개발한 ADS, 능동방어시스템Active Denial System이다. ADS는 밀리미터파*의 전파를 인체에 발사하여 뜨거움을 느낀 대상을 해당 장소로부터 몰아내는 역할을 한다. 마치 전자레인지가 음식물을 데우듯이, ADS는 사람의 피부를 뜨겁게 자극한다. 그러나 수분을 빼앗으며 음식을 구워내는 전자레인지의 마이크로 파장과는 달리, ADS의 밀리미터 파장은 세포 단위만을 자극하여 인체에 심각한 피해는 없다고 한다.

ADS 말고도 또 다른 광역제압장비가 있다. 바로 LRADLong Range Acoustic Device이다. LRAD는 소리로 군중을 해산시키는 장비로, 우리나라에서는 보통 '음향대포'라고 부른다. 원래 이 장비는 해군 함선에 장착하여 이동 중인 선박에 대한 명령을 전달하기 위해 개발되었다. 약 100미터 이내의 사람들

---

* 파장이 1~10mm, 주파수가 3만~30만 MHz인 전자기파. 빛에 가까운 성질을 가지고 있으며, 초다중(超多重) 통신 또는 레이더 따위에 쓴다.

넓은 지역을 제압하는 비살상무기인 ADS(왼쪽)와 LRAD(오른쪽)
〈왼쪽 사진: US Army / 오른쪽 사진: ⓒ🅯🅾 FlyingCoyote at Wikipedia.org〉

이 이 소리를 들으면 고통으로 인해 벗어날 수밖에 없게 된다.

비살상무기의 미래

비살상무기는 사람을 죽이지는 않지만 죽도록 아프게 만든다. 인간을 죽이지 않는 무기라는 점에서 놀랍게 인도적인 무기지만, 여전히 인간의 고통을 사용한다는 점이 역시 비살상무기의 한계이다. 그래서 비살상무기라는 말 대신 해외에서는 '통증 가해 무기', '복종 무기' 등의 이름으로도 불린다. 이제는 21세기이다. 상대방에게 고통을 가하지 않으면서도 상대를 무력화하는 진정한 의미의 비살상무기가 나올 법도 하다. 그런 과학의 발전을 기대해보자.

방탄조끼

현대의 갑옷

양 욱

전쟁터에서 병사가 가장 두려워하는 것은 무엇일까? 무엇보다도 큰 공포는 빗발치는 총알에 맞아 죽는 것일 터이다. 그러나 실제 최근의 이라크와 아프가니스탄 전쟁의 결과, 전사자 가운데 총상이 사망원인이었던 경우는 12~13% 수준에 불과하다고 한다. 그러나 총에 맞는 데에 대한 공포는 전투력을 충분히 감소시키고도 남는다. 물론 여기에는 해결책이 있다. 바로 방탄조끼다.

세계 최초의 실전 방탄조끼는 조선에서 발명

방탄조끼는 그야말로 현대판 갑옷이다. 막는 대상이 적의 화살이나 창검 대신에 적군의 소총 탄환이나 폭탄 파편으로 바뀌었을 뿐이다. 물론 쇠나 구리로 만든 미늘 대신에 방탄재질의 섬유나 플라스틱, 또는 세라믹 등이 사용되고 있다.

여기서 한 가지 놀라운 사실은 세계 최초의 실전 방탄조끼는 우리 조상들이 만들었다는 것이다. 바로 '면제배갑綿製背甲'이다. 조선 말기 병인양요丙寅洋擾에서 서양 총기의 위력에 경악한 흥선대원군은 총탄을 방어할 수 있는 갑옷의 개발을 명한다. 개발과정에서 면갑(면 재질의 갑옷)과 철갑(철 재질의 갑옷) 등 다양한 실험을 수행했는데, 특히 면갑에서 면포를 열두 겹 겹치면 총알이 뚫지 못하는 것을 확인했다. 이렇게 만든 면제배갑은 조선군에게 보급되기 시작하여 신미양요辛未洋擾 때는 실전에 사용되었는데, 방탄조끼를 실전에서 사용한 것은 이때가 세계 최초였다. 비록 면제배갑은 전투력에 도움은 안 되었던 것으로 평가되나, 신무기를 개발하려는 노력과 의지 측면에서는 의미가 크다.

조선 말기 흥선대원군의 명으로 개발한 면제배갑 〈출처: 국방일보〉

1920년대 방탄조끼 실험 장면

제1·2차 세계대전을 거치면서 여러 가지 방탄조끼가 개발되었지만 이들은 강철이나 면 소재를 바탕으로 제작한 것으로, 엄청난 무게와 약한 방호력으로 널리 보급되지 못했다. 6·25전쟁에서 미군은 강화플라스틱과 알루미늄 조각을 나일론 소재와 결합한 M1951 조끼를 선보이기도 했는데, 이것 역시 총알을 직접 막는 방탄조끼라기보다는 도비탄(목표물에 맞고 튕긴 탄환)이나 폭탄의 파편을 막는 수준에 불과했다.

케블라·다이니마 등의 신소재 혁명

그러나 1970년대부터 매우 질기고 탄성이 뛰어난 첨단섬유 소재가 개발되

 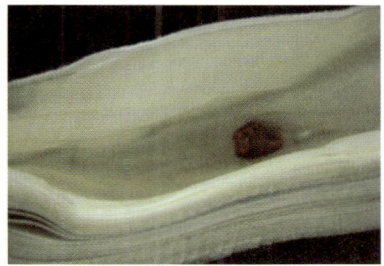

방탄조끼는 방탄 섬유를 수십 겹 겹쳐서 만든다. 방탄조끼의 단면(오른쪽)과 방탄조끼에 부딪혀 멈춘 탄환(왼쪽) ⓒ Inteledge Inc.

면서 방탄조끼는 혁명적으로 변화하기 시작했다. 가장 대표적인 것이 '케블라Kevlar'와 '다이니마Dyneema'이다. 1972년 듀폰이 선보인 케블라는 아라미드 섬유의 일종으로 강도와 탄성률이 높은 것이 특징이다. 특히 케블라는 강철과 같은 굵기의 섬유로 만들었을 때 강철보다 5배나 강도가 높아 방탄소재로는 적격이었다.

한편 다이니마는 1979년 네덜란드의 DSM사가 개발한 폴리에틸렌 계열의 섬유로 세상에서 가장 강하면서도 가벼운 섬유로 인정받고 있는데, 1990년대가 되어서야 양산을 시작했다. 현재까지 아라미드 섬유 계열의 방탄소재로는 케블라(듀폰), 트와론(테이진), 헤라크론(코롱) 등이, 초고분자량 폴리에틸렌 섬유계열로는 다이니마(DSM/토요보), 스펙트라(하니웰) 등이 사용되고 있다.

방탄조끼의 기준

이렇게 신소재의 채용으로 더욱 가벼워진 방탄조끼는 1970년대 말이 되어서는 널리 사용되기 시작했다. 미국에서는 경찰관들 사이에 방탄조끼의 수요가 늘어나면서, 다양한 모델이 출시되었다. 특히 세컨드 챈스Second Chance라는 방탄조끼 회사는 사장이 직접 방탄조끼를 입고 자기 가슴에 총을 쏘는 시연을 벌이면서 많은 인기를 끌기도 했다. 그러나 워낙 잡다한 회사와 제품이 난립하자 미국 법무부에서 방탄조끼에 대한 기준을 설정한다.

권총탄을 막을 수 있는 방탄조끼가 소총탄도 막을 수 있는지 보장이 없고, 한 발을 막을 수 있는 조끼도 여러 발을 맞으면 어떻게 될지 알 수 없기 때문이다. 그리고 제조 직후에는 성능이 좋으나 시간이 지나면 소재가 변하면서 방어력이 떨어지는 경우도 있을 수 있다. 생명에 직결되는 물건이니만큼 방탄조끼에 기준이 필요한 것은 당연하다.

그래서 제정된 것이 바로 사법연구소 National Institute of Justice;NIJ 의 'NIJ 방탄기준'이다. NIJ 기준에서는 최소한 탄환 6발에 대한 방탄능력을 6년 이상 유지하도록 요구하고 있다. 그 기준은 여러 레벨로 나뉘는데, 대략적인 기준을 단순히 요약하면 아래 표와 같다.

NIJ 방탄 레벨의 요약표

방탄종류	방호력
레벨 IIA	9mm 권총탄에 대한 방호력 (9mm 파라블럼, .40 S&W)
레벨 II	.357 매그넘 권총탄에 대한 방호력 (.357 매그넘, 9mm 파라블럼)
레벨 IIIA	.44 매그넘 권총탄에 대한 방호력 (.44 매그넘, .357 시그)
레벨 III	7.62mm 소총탄에 대한 방호력 (7.52mm NATO/M80)
레벨 IV	철갑탄에 대한 방호력 (M2 AP)

방탄조끼의 구조

이제 겨우 사람이 입을 만한 방탄조끼가 나왔는데, 위에서 보는 것처럼 그 구분이 매우 복잡하다. 보통 경찰관이 제복 속에 입는 은닉형 방탄조끼의 경우 레벨 ⅡA나 레벨 Ⅱ를 입는다. 레벨 ⅢA부터는 외부에 껴입는 형태이다. 군용 방탄조끼는 레벨 ⅢA 정도가 된다.

레벨 ⅢA까지는 보통 부드러운 방탄섬유를 사용하지만 레벨 Ⅲ부터는 단단한 판 형태다. 방탄판의 경우에는 보통 폴리에틸렌 계열을 사용하거나 세라믹 복합소재를 사용하며, 전신이 아니라 심장을 중심으로 한 주요부분만을 가리는 형태가 된다. 그래서 보통 레벨 Ⅲ 이상의 방탄조끼는 외피, 소프트패널(방탄 섬유), 하드플레이트(방탄판) 등으로 구성된다.

경우에 따라서는 소프트패널 없이 하드플레이트만을 입고 다니는 경우도 있다. 사막 등 기후가 건조한 지역에서는 최대한 간편하게 방탄조끼를

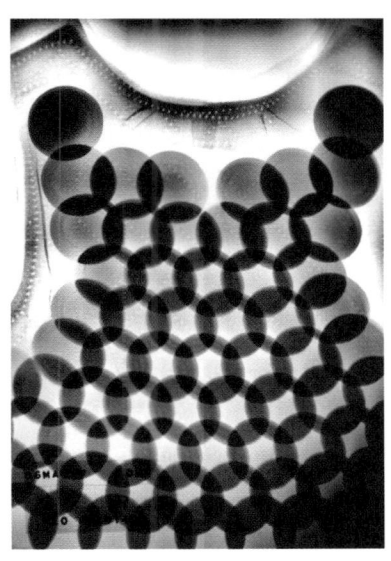

(왼쪽) 미군의 신형 방탄조끼(IOTV). 7.62mm 소총탄을 막을 수 있는 하드플레이트를 전후방에 장착한다. (오른쪽) 화제의 방탄조끼 '드래곤 스킨'의 엑스레이 사진

입고 다니게 되는데, 그래서 실제 전장에 투입되는 특수부대원들은 플레이트 캐리어(방탄조끼의 일종)에 하드플레이트만을 넣어 다니는 경우가 꽤 많다.

한편 최근에 주목할 만한 방탄조끼로는 피나클 아머Pinnacle Armor에서 만든 '드래곤 스킨Dragon Skin'이라는 제품이 있다. 드래곤 스킨은 하드플레이트를 2인치 직경의 디스크로 만들어서 전신을 보호하도록 만든 제품이다. 드래곤 스킨은 획기적인 제품으로 언론의 각광을 받았지만, NIJ 레벨 Ⅲ의 6년 유효기간 인증을 마치지 못하여 현재 인증제품목록에서 제외된 상태이다.

발전을 거듭하는 방탄조끼

한편 방탄조끼는 단순히 그 방탄소재뿐만 아니라 외피에서도 크게 발전했다. 방탄조끼는 요즘 탄창이나 수통 등 다양한 군장을 수납할 수 있도록 만들어지고 있는데, 그 덕분에 무게가 엄청나게 증가한다는 단점이 생겼다.

미군의 IOTV 방탄조끼는 단번에 분해되는 것이 특징이다. 이를 교육 받는 병사의 모습.

특히 문제는 착용자가 물속에 빠지거나 전복 차량 내부에 갇혔을 때 방탄조끼를 벗기 어렵다는 점이었다. 이런 사실에 주목하여 최근에는 줄만 한 번 당기면 방탄조끼가 조각조각 분해되어 저절로 벗겨지는 제품들이 등장하고 있다. 한때 이런 제품은 특수부대만을 위한 고가의 제품으로 생산되다가, 이제는 IOTV Improved Outer Tactical Vest 같은 보급형 제품이 미 육군 전체에 지급되고 있다.

미래 보병체계

디지털 병사

양 욱

당신이 전쟁의 일선에 선 소총분대원이라고 가정해보자. 상황은 혼란스럽기 이를 데 없다. 지형은 어떤지 적은 어디에 얼마나 있는지 알 수 없다. 그럼에도 어디선가 총성과 폭발음이 연이어 들리고 주위로는 파편이 튄다. 일단 살고 봐야겠기에 차폐물 뒤로 몸을 숨기지만 다른 분대원에게 등이 떠밀려 어딘지는 몰라도 계속 움직이게 된다. 뭔가 명령이 떨어진 것 같은데 분대장이 뭐라고 소리치는지 잘 들리지도 않는다. 상황이 이러니 소대장이나 중대장이 내린 지시를 소총분대원이 알 리가 만무하다. 자~ 전쟁터에 온 걸 환영한다.

최강의 군대는 강한 보병에서

어떤 전쟁이든 최종적으로 적지를 점령하는 것은 보병이다. 보병이 적의 근거지를 모두 점령할 수 없다면 전쟁은 끝나지 않는다. 그렇다면 보병이 강한 군대를 만들기 위해서는 어떻게 해야 할까? 무엇보다도 보병 개개인의 전투력, 즉 정신과 육체능력을 강화해야 한다. 그렇다고 인위적으로 사람을 바꿀 수는 없다. 영화 〈인크레더블 헐크The Incredible Hulk〉(2008)를 보면 주인공인 브루스 배너Bruce Banner는 초인적 체력을 갖춘 '슈퍼 솔져'를 만드는 과정에서 녹색 괴물로 변신한다. 영화 〈유니버셜 솔져Universal Soldier〉(1992)에서는 전사자를 부활시켜 초인적인 사이보그로 만들어버린다. 미래에는 이런 괴물 같은 병사들이 존재하게 될까? 물론 아니다.

긴박한 전투 중에 게임을 하는 듯한 병사가 보인다. 디지털 군장인 랜드워리어 시스템을 실험하는 광경이다.

인간은 '호모 파베르Homo Faber', 즉 '도구를 만드는 사람'이라고 불린다. 즉 인류는 도구를 써서 체력과 정신의 측면에서 한계를 극복해왔다. 물론 미래라고 해서 보병의 역할이 크게 달라질 건 없다. 여전히 소총을 들고 방탄복을 입고 헬멧을 쓰고 적과 싸운다. 그러나 개념은 같아도 장비들은 엄청난 진화를 거듭했다. 국방연구자들은 최근 갖가지 발상을 현실화한 장비를 바탕으로 '미래병사'의 개념을 그리고 있다.

미래의 병사는 네트워크 병사

이런 연구를 통해 그릴 미래의 병사는 초인超人도 사이보그Cyborg도 아니다. 적을 알고 나를 알면 백전불패라 했던가? 적과 아군의 위치와 전력을 잘 파악하고 아군이 조금씩 힘을 모아 적에게 승리를 거둔다. 이것이 바로 '네트워크 중심전Network Centric Warfare' 개념이다. 네트워크 중심전이란 '전장의 여러 전투 요소를 연결하여 전장 상황을 공유하고 통합적, 효율적 전투력을 만들어 내는 것'이다. 일단 네트워크가 형성되면 단말이 증가하면 할수록 그 위력이 강해진다는 메트카프의 법칙Metcalf's Law을 전쟁에 적용한 개념이다.

미군은 이미 네트워크 중심전을 위해 전투기나 전차 또는 기타 차량을 GIGGlobal Information Grid라는 정보네트워크에 연동하여 운용하고 있다. 그리고 이제 병사까지도 GIG에 통합하고 있다. 그 대표적인 예가 바로 '랜드워리어Land Warrior' 시스템이다. 랜드워리어는 미래의 보병이 휴대할 '디지털 군장'이다. 이런 디지털 군장을 착용함으로써 미래병사는 네트워크 중심전을 수행하는 요소로 포함된다. 이렇게 단말의 수가 비약적으로 증가하면 네트워크는 더욱 강력해지는 것이다.

전장의 SNS

랜드워리어는 쉽게 말하자면 '전장의 SNS Social Network Service'다. 네트워크 안에 있는 사람들이라면 서로 보는 것을 같이 보고 아는 것을 같이 안다. 병사와 부대 간에 음성, 문자, 사진 등을 공유한다. 병사와 병사를 네트워크로 연결하여 최대한의 성과를 내는 것이다. 자세히 보면 랜드워리어는 소위 말하는 웨어러블 컴퓨터 Wearable Computer, 즉 옷처럼 입고 다니는 컴퓨터 군장이다. 컴퓨터라면 일단 당연히 본체와 모니터, 키보드, 마우스 등으로 구성된다. 랜드워리어는 여기에 더하여 GPS 장치와 무선통신장치를 결합한다. 이런 '입는 컴퓨터'에 새로운 소총과 비디오 조준경 등을 결합하여 미래의 병사를 구축하려고 했다.

하지만 랜드워리어에 문제가 없었던 것은 아니다. 일단 부피가 크고 무게가 7킬로그램이 넘어 아무도 사용하려고 하지 않았다. 그래서 무려 15년 동안 약 1,000억 원을 투입한 개발사업 자체가 취소되었다. 하지만 미군은 쓸모 있는 장비만을 모아서 랜드워리어를 부활시켰다. 미 육군의 정예부대인 스트라이커 여단은 절반 정도 무게를 줄인 3.6킬로그램짜리 군장을 실전배치하여 성공적으로 사용하고 있다.

랜드워리어를 사용하면 더 이상 지휘관의 무전명령을 기다릴 필요가 없다. 필요하면 헬멧장착시현기(HMD)를 꺼내 어떤 명령이 올라왔는지 보면 그만이기 때문이다. 무전통신망에서 '현 위치가 어디냐', '어디로 공격하느냐'는 질문은 사라지고, 보병들은 더욱 빠르고 효율적으로 움직이게 된다.

랜드워리어는 2006년부터 실전에 투입되어 눈부시게 활약했다. 랜드워리어를 최초로 채용한 중대는 겨우 한 달 만에 여단이 설정한 주요 목표물의 58%를 잡아들였다. 병사 개개인의 능력이 그만큼 향상한 것이다. 처음에 무게나 사용법을 두고 불평하던 병사들도 이제는 랜드워리어 시스템이 없이는 작전을 나가는 것을 꺼릴 정도가 되었다고 한다.

파워슈트의 등장

영화 〈아이언맨Iron Man〉을 보면, 파워슈트를 입은 민간인이 놀라운 힘을 과시하면서 싸운다. 로보트 태권V가 따로 없는 이런 파워슈트는 본질을 보면 전투를 위한 병기이다. 랜드워리어를 통해 지각능력이 뛰어난 미래의 병사를 만들었으니, 이제 문제는 체력이다. 결국 차세대 병사에게 필요한 것은 '아이언맨 슈트'다.

물론 영화 속의 이야기만이 아니다. 실제로 세계 각국에서는 아이언맨 슈트가 개발되고 있다. 특히 〈아이언맨〉에 등장하는 스타크 인더스트리의 모델인 록히드마틴Lockheed Martin은 최근에 '헐크Human Universal Load Carrier; HULC'라는 로봇을 판촉하기 시작했다. HULC는 동력형 외골격장치로 쉽게 말해서 착용형 로봇Wearable Robot이다. 랜드워리어로 '입는 컴퓨터'가 등장했으니 '입는 로봇'이 등장했다고 해서 놀랄 일은 아닐 것이다.

HULC는 일단 하체 기능만 구현한 착용형 로봇이다. HULC는 엄청난 무게의 군장을 짊어지고 먼 거리를 걸어야 하는 보병의 기본적인 요구사항을 만족시켜준다. HULC를 착용하면 병사는 어떤 지형에서라도 90킬로그램의 군장을 별다른 무리 없이 착용할 수 있다. 또한 HULC는 리튬이온 배터리 4개를 채용하여 무려 48시간 동안 작동이 가능하고, 전력을 모두 소모한 후에도 하중을 지지해주는 역할을 한다. 무엇보다도 HULC 자체 무게가 배터리를 포함해도 24킬로그램에 불과하다는 점도 매력 포인트이다. 임무에 투입될 때 미군 병사가 휴대하는 완전군장이 60킬로그램에 이른다고 하니 그 채용 여부를 기대해 볼만하다.

병사의 다리에 붙어 있는 것처럼 보이는 것이 동력형 외골격장치다. 이 장치를 착용하면 무거운 군장을 짊어지고도 가볍게 이동할 수 있다. 〈출처: Lockheed Martin〉

헬멧장착시현기(HMD)를 착용한 미군 병사의 모습 〈출처: US Army〉

우리도 미래병사를 준비한다

우리나라도 차기보병 준비에 여념이 없다. 국방과학연구소(ADD)는 육군사관학교 화랑대연구소 및 삼성탈레스와 공동으로 '미래병사체계'를 개발하고 있다. ADD의 미래병사체계는 미국의 랜드워리어에 해당한다. 한편 로봇도 거의 완성단계이다. 한국생산기술연구원은 민군실용로봇사업단을 발족하고 최근 착용식 군사용 로봇인 '하이퍼Hydraulic Powered Exoskeleton Robot; HyPER'를 개발했다. 유압식 액추에이터가 핵심인 하이퍼는 120킬로그램의 짐을 짊어지고 걸을 수 있다고 한다. 세계 어느 나라보다도 빠른 템포로 무기체계를 개발하고 있는 우리나라이니만큼 머지않아 '로보캅'이나 '터미네이터'도 울고 갈 만한 강력한 미래병사체계를 선보일 것을 기대해본다.

_지상무기

챌린저 2 전차

뛰어난 방어력의 영국 전차

김대영

제1차 세계대전이 한창이던 1916년 9월, 지루한 참호전을 끝낼 신무기가 전장에 등장한다. 강력한 화력을 지니고 공격은 물론 방어와 이동도 가능한 무기, 바로 '전차Tank'였다. 영국이 개발한 전차는 제2차 세계대전을 거치며 지상전의 왕자로 자리 잡았다. 그러나 전차 종가인 영국의 전차는 챌린저Challenger 2 전차가 마지막이 될 예정이다. 지난 2009년 2월 영국을 대표하는 방위산업체인 BAE 시스템스BAE Systems사는 영국 뉴캐슬Newcastle에 위치한, 영국 유일의 전차 생산공장을 폐쇄하기로 결정했다. 90여 년의 역사를 자랑했던 영국의 전차는 이제 역사의 뒤안길로 사라지게 되었다.

수출형 전차가 주력 전차로 둔갑?

1960년대 말 영국은 운용 중인 치프텐Chieftain 전차를 대신할 신형 전차 개발에 착수했다. MBT-80으로 명명된 신형 전차는 독일도 개발에 참여해, 양국의 차세대 전차로 사용할 예정이었다. 그러나 영국과 독일은 견해 차이로 1977년 개발 계획을 취소했다. 이 기간 동안 영국의 대표적인 전차 생산 업체인 로열 오드넌스Royal Ordnance사(현 BAE 시스템스)는, 이란의 요구로 치프텐 전차의 방어력을 향상한 신형 전차를 개발하고 있었다. 페르시아어로 사자

챌린저 1 전차. 주포로는 L11A5 120mm 강선포, 장갑으로는 초밤장갑을 채택했다.

를 뜻하는 셔Shir 1/2 전차는 1,300여 대를 생산할 예정이었다. 그러나 개발을 완료하고 생산을 시작할 무렵, 이란 국내에서 이슬람 혁명이 발생했다. 전차를 주문한 이란의 팔레비Pahlevi 왕조는 국외로 도피하고, 셔 1/2 전차의 이란 수출은 결국 좌절되었다. 로열 오드넌스사는 파산 위기에 몰렸고, 많은 노동자가 길거리로 쫓겨날 상황이었다. 이 상황을 해결하기 위해 영국 정부는 셔 2 전차를 기반으로 한 신형 전차를 개발하기로 결정하고, 이후 챌린저 1 전차가 탄생한다.

복합장갑의 대명사 초밤장갑

1986년부터 영국 육군에 배치된 챌린저 1 전차는, 치프텐 전차에 사용한 L11A5 120mm 강선포를 채용했고, 사격통제장치가 강화되었다. 또한 영국 전차 중 최초로 복합장갑을 사용해, 이전의 영국 전차와는 차별되는 방어력을 자랑했다. 챌린저 1 전차에 사용한 복합장갑은 초밤장갑으로 불린다. 초밤장갑은 지난 1976년 영국 초밤Chobham 지역에 위치한 영국 전차 연구소에서 개발한 전차 장갑이다. 서방세계 최초의 복합장갑으로 그 기술이 미국과 독일에 이전되어, M1 에이브람스Abrams 전차와 레오파르트Leopard 2

챌린저 1은 '초밤장갑'이라는 복합장갑을 사용했다.
〈출처: BAE Systems〉

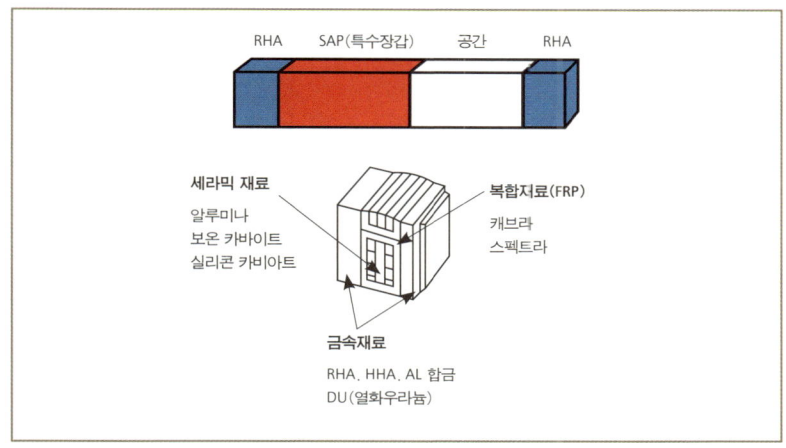

복합장갑 내부 구조.

전차에 전차 장갑으로 사용되었다. 그러나 개발국인 영국에서는 차기 전차 개발이 늦어지면서 챌린저 1 전차에 최초로 적용하게 된다.

복합장갑, 전차 장갑의 혁명

이전까지의 전차는 단일 장갑을 전차 장갑으로 사용했다. 비교적 높은 강도를 지닌 균일압연강을 경사구조 형식으로 장착해 전차의 방호력을 높였다. 그러나 대전차 무기가 발달함에 따라 방어력 향상을 위해 전차 장갑이 두꺼워졌고, 늘어난 무게로 인해 전차의 기동성은 떨어지게 되었다. 특히 대전차고폭탄High-Explosive Anti Tank; HEAT의 등장으로 전차의 생존성을 위해서는 새로운 장갑이 필요했다. 복합장갑은 장갑 강판 내부에 텅스텐 합금보다 단단한 강도를 지닌 열화우라늄, 세라믹, 기타 재질을 삽입해, 대전차 고폭탄을 방어할 수 있도록 설계되었다. 또한 가장 강력한 관통력을 갖는 날개안정식 분리철갑탄Armor-Piercing, Fin-Stabilized Discarding Sabot; APFSDS도 상당히 무력화할 수 있다.

챌린저 2의 주포 발사 모습. 주포는 L30A1 120mm 강선포이다. 활강포를 쓰지 않은 것은 점착탄(HESH)의 활용을 고려해서다.

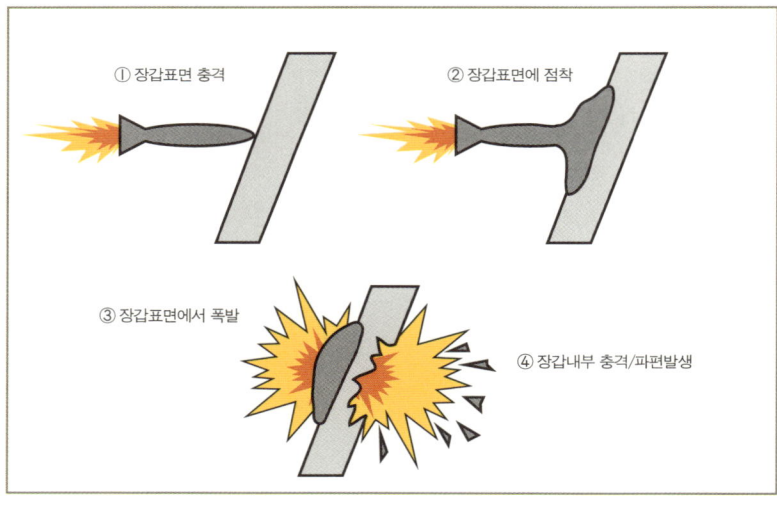

점착탄(HESH)의 동작 원리. 구식 전차나 두꺼운 방호벽을 가진 진지, 참호 등의 파괴에 효율적이다.

120mm 강선포를 고집한 영국

1980년대 등장한 서방세계의 신형 전차들은 120mm 활강포를 주포로 사용했으며 구소련의 경우에는 125mm 활강포를 주포로 사용했다. 그러나 챌린저 전차는 특이하게도 120mm 강선포를 주포로 장착했다. 120mm 활강포가 당시 신형 전차의 주포로 환영을 받았던 이유는, 관통력이 강력한 날개안정식 분리철갑탄을 운용하는데 용이하다는 점 때문이었다. 반면 강선포는 날개안정식 분리철갑탄 사용 시 강선에 의한 회전으로 탄이 안정에 방해가 되는 단점이 있다. 그러나 영국군은 국내에서 개발한 점착탄High Explosive Squash Head;HESH의 운용을 중요하게 생각하여 강선포를 채택한 것이다. 점착탄(HESH)은 전차의 장갑 표면에 점착한 후 폭발하여 폭발 충격파로 전차 장갑 뒤편, 즉 전차 내부에 피해를 줄 수 있는 전차 포탄이다.

점착탄은 단일 장갑을 가진 이전 세대의 전차에게는 큰 효과가 있었지만, 복합장갑을 장착한 신형 전차에는 그 효과가 미미하다. 영국군은 이후

챌린저 1을 대폭 개량한 챌린저 2 전차. 〈출처: 영국군〉

챌린저 2는 포탑 부분이 재설계되어, 주포 부분을 보면 챌린저 1과 외관상 구분할 수 있다.

챌린저 2 전차는 2세대 초밤장갑을 장착하여 방어력을 한층 강화했다. 최고 속도는 시속 59킬로미터, 최대 항속거리는 450킬로미터로 알려졌는데, 동급 전차 대비 기동성은 약간 떨어진다는 평이다.

챌린저 2 전차의 주포를 120mm 활강포로 교체하는 개량사업을 진행했지만, 예산상의 문제로 결국 포기하고 만다.

성능을 강화한 챌린저 2 전차

1998년에는 기존의 챌린저 1 전차를 대폭 개량한 챌린저 2 전차가 영국 육군에 배치된다. 영국 국방성은 1990년대 초 챌린저 2 전차와 미국의 M1 에이브람스 전차, 독일의 레오파르트 2 전차가 참여한 가운데 영국 육군의 차기 전차를 선정했다. 1991년 6월 챌린저 2 전차가 영국 육군의 차기 전차로 선정되었다. 챌린저 2 전차는 포탑이 재설계되어, 챌린저 전차와는 다른 모습이 되었다. 전차 장갑은 2세대 초밤장갑을 장착하여 방어력을 한층 강화했고, 적외선과 레이더 등의 탐지율을 저하시키는 스텔스 설계를 도입했다. 또한 전차장용 조준경을 새로 장착하여, 헌터킬러 기능 Hunter-Killer Capacity*을 갖게 되었다. 주포는 L30A1 120mm 강선포를 탑재하여, 관통력을 강화한 신형 APFSDS탄을 사용할 수 있다. 그러나 기동성은 이전의 챌린저와 동일한 성능을 가지고 있다. 챌린저 2 전차는 1993년부터 2002년까지 총 400여 대가 생산되었다.

실전에서 맹활약한 챌린저 전차

챌린저 1 전차는 영국 육군의 차기 전차로, 영국군의 기대를 한 몸에 받았다. 그러나 1987년 나토(NATO) 회원국들이 참여한 캐나다 육군배 전차 사격 대회에서 참가국 중 최하위 성적을 거두어, 당시 영국 언론이 이 사실을

---

* 전차에 탑승한 포수가 사격 간 전차장이 새로운 표적을 획득하여 조준하면, 사격이 끝난 즉시 주포를 전환하여 신속한 사격이 가능토록 한 기능.

챌린저 1은 1991년 걸프전에서 놀라운 전과를 거두었다.

챌린저 2는 이라크 전쟁에서 맹활약했으며, 특히 강력한 방어력을 입증했다.

대서특필하기도 했다. 이후 문제가 된 사격통제장치를 개량한 챌린저 1 전차는 1991년 걸프전에서 놀라운 전과를 기록한다.

5킬로미터 떨어진 이라크군 전차와 장갑차를 정확히 공격했고, 단 한 대의 손실 없이 이라크군 전차와 장갑차 300여 대를 파괴했다. 개량된 챌린저 2 전차는 2003년 이라크 전쟁에서 맹활약을 했다. 개전 초기 10여 대의 이라크군 T-55 전차를 파괴했다. 챌린저 2 전차의 강력한 방어력도 이라크 전쟁을 통해 검증되었다. 작전 중이던 챌린저 2 전차 한 대는 70여 발의 RPG-7 대전차 로켓포를 맞고도 살아남았고, 승무원들도 무사했다. 그러나 2006년 신형인 RPG-29 대전차 로켓포에 전면을 관통당해 챌린저의 장갑도 무적이 아님이 드러났다.

장갑차

수송에서 전투로

양 욱

제1차 세계대전 때 처음 등장한 영국군의 마크^{Mark} I은 무려 8명의 승무원을 태우고 전투를 벌일 수 있는 전장의 강철괴물이었다. 병력이 탑승한다는 의미에서 세계 최초의 전차는 동시에 장갑차이기도 했다. 제1차 세계대전 종전 무렵에는 본격적인 장갑차인 마크 IX가 등장했다.

전차와 함께 전쟁의 판도를 바꾸다

세월이 흘러 제2차 세계대전 때의 장갑차는 전차와 함께 전쟁의 판도를 바꾸어 놓았다. 빠른 속도로 유럽을 유린한 독일군의 전격전Blitzkrieg을 가능하게 한 것은, 전차뿐만 아니라 장갑차의 힘도 컸다. 빠른 속력과 적절한 방호능력으로 보병을 운송할 수 있는 장갑차가 있었기에, 전차도 제 위력을 발휘할 수 있었던 것이다. 그런 대표적인 예가 독일 하노마그Hanomag의 Sd.Kfz. 251 중형장

최초의 장갑차 마크 IX. 30명까지 탑승이 가능했다.

독일의 Sd.Kfz. 251 장갑 보병수송차 ⓒ①ⓞ Erich Borchert (Deutsches Bundesarchiv)

갑 보병수송차였다.

　냉전시절에는 미국의 M113이 '전장의 택시'로 이름을 날렸다. 우리 육군에서도 운용한 바 있는 M113은 전 세계적으로 8만 대 이상 생산되면서 명실 공히 자유세계의 병력수송장갑차Armoured Personnel Carrier;APC로 위치를 굳혔다. 특히 엄청난 숫자를 자랑하는 소련의 기갑전력에 대항하여, M113은 토우(TOW) 대전차 미사일 등의 무장을 장착하면서 전투장갑차로 활용되기도 했다. 또한 전차가 부족했던 베트남 전쟁에서는 ACAV키트를 장착한 M113들이 정글지역에서 전차 없이 단독작전을 펼치기도 했다.

수송에서 전투로, 병력수송장갑차에서 보병전투장갑차로

장갑차의 기본적인 역할은 병사를 적의 포화로부터 안전하게 전장으로 실어 나르는 것이다. 전차만 앞장서면 모든 전선이 무너질 것 같지만 실제 전쟁에서는 그렇지 않았다. 전차가 목표를 탈취하더라도 보병의 협동작전 없이는 목표의 계속적인 확보가 어렵기 때문이었다. 그래서 초기의 장갑차는

구소련 BMP-1 보병전투장갑차

미국 브래들리 보병전투장갑차

보병수송용이었고, 보병은 하차한 상태에서만 전투가 가능했다. 그러나 독일의 전격전의 경험을 토대로 보병이 전차에 탑승한 상태에서 전투해야 적을 제압하기에 유리하다는 것을 깨달았다. 그래서 '탑승전투'라는 전술개념에 따라 보병전투장갑차Infantry Fighting Vehicle;IFV가 등장했다.

본격적인 보병전투장갑차를 최초로 등장시킨 것은 소련이었다. 1967년 소련이 BMP-1를 등장시키자 서방은 경악했다. BMP-1은 겨우 13톤의 무게에 2미터도 되지 않는 높이의 작고 낮은 형상에다가 약한 장갑을 갖추었지만 화력만큼은 엄청났다. 특히 주무장으로 73mm 활강포와 AT-3 새거Sagger 대전차 미사일을 장착하여 전차와 대적할 수 있는 능력을 보유했다. 이런 'BMP 충격' 이후 전 세계의 장갑차는 병력수송장갑차의 개념에서 보병전투장갑차로 진화했다. 미국의 브래들리Bradley, 독일의 마더Marder/퓨마Puma, 영국의 워리어Worrior, 스웨덴의 CV90 등 성공적인 개발사례가 전 세계에서 목격되었다.

이제 보병전투장갑차는 대다수의 적 장갑차량이나 심지어는 전차와도 교전하면서 전차의 역할까지 수행하기도 한다. 제1차 걸프전에서 미군의 브래들리 장갑차는 에이브람스 전차보다도 더 많은 적 장갑차량을 파괴했다.

우리 육군의 장갑차 역사

우리 군은 6·25전쟁 발발 당시 전차는 없었지만, M8 그레이하운드 장갑차와 M2/M3 반궤도 장갑차를 보유하고 있었다. 특히 37mm 기관포를 탑재한 M8 장갑차는 도저히 적수가 될 수 없는 북한의 막강한 T34 전차에 맞서 지연전을 벌이는 등 맹활약을 했다.

이후 우리 군은 미국의 대외군사원조로 M113을 400여 대 가량 인수하여 운용한 바 있고, 이밖에도 도심 및 기지방어작전을 위하여 KM900 장갑차를 운용해왔다. 그러나 율곡사업에 의해 대우중공업(현 두산 DST)에서 개발한 국산장갑차 K200이 등장하면서 M113은 퇴역을 맞았다.

K200은 보병전투장갑차라는 전 세계적인 추세에 따라 개발된 '한국군에 의한, 한국군을 위한, 독자무기체계'였다. K200은 80년대 후반부터 실전 배치되기 시작하여, 이제는 전군에 보급되어 있다.

K200은 말레이시아에 111대를 수출하는 등 국내에서 개발한 대형무기체계로는 최초로 대규모의 해외수출실적을 기록하기도 했다. 그러나 K200은 '한국형 보병전투장갑차 Korea Infantry Fighting Vehicle'라고 불리긴 해도, 포탑 등 무장체계가 약한 편이어서 오히려 병력수송장갑차(APC)에 가까웠다.

그러나 이런 결과는 제한된 예산으로 충분한 대수를 확보하기 위한 고육지책이었다. 강력한 포탑을 장착하면, 그만큼 배치할 수 있는 대수가 줄어들기 때문에, 당시 국방당국자들로서는 절대다수의 적 기갑전력에 대응하기 위하여 수량 확보에 초점을 두었다는 말이다.

M8 그레이하운드 장갑차

M113 장갑차

K200 한국형 보병전투장갑차. 국산 장갑차 시대를 열었으나, 전투장갑차라고 불리기에는 아쉬움이 있었다. 〈출처: 두산 DST〉

21세기 한국군의 보병전투장갑차

최근에 들어 우리 군은 자주국방과 선진국방을 위한 노력으로 무기체계의 혁신을 거듭하고 있다. 이런 혁신은 장갑차 분야에서도 등장했다. 바로 K21 차기보병전투장갑차 Next Infantry Fighting Vehicle 다. K21은 2009년 6월 29일 국방 과학연구소(ADD) 종합시험장에서 지축을 흔들면서 등장했다. K21은 전투 중량 25톤급에 탑승인원은 12명으로, 승무원 3명과 보병분대원 9명이 탑승할 수 있다. K21은 여러 면에서 K2 흑표 전차에 비하여 손색없는 차세대 명품무기로 주목받았다. 기존의 K200 KIFV와 비교하면 기동성, 화력, 방호 능력이 삼위일체로 진화한 셈이다.

K21이 눈에 띄는 것은 웬만한 동급 장갑차들도 주눅이 들 만한 화력이다. K21은 분당 300발의 발사되는 40mm 자동포와 '사격 후 망각' 방식의 3세대 대전차유도무기를 갖추게 된다. 이로써 적 장갑차와 전차는 물론이고 근접신관을 갖춘 복합기능탄을 사용하면 적의 헬리콥터까지 파괴할 수 있는 화력을 보유한 셈이다. K21은 최대 시속 70킬로미터의 거침없는 기동력으로 전차와 동등한 주행능력과 지형극복능력을 갖춘 것으로 알려지고 있다. 또한 수상부양장치를 장착하여 급속도하작전이 가능하도록 설계되었다.

이외에도 K-21은 주야간 정밀조준장치, 위협자동탐지 적외선 센서, 피아탐지장치 등을 장착하여 적을 먼저 보고 먼저 쏠 수 있는 능력을 갖추었다. 또한 IT화 되고 있는 전장의 현실을 반영하여 차량 간 정보체계, C4I 연동의 디지털 통신체계를 갖추는 등 네트워크 중심전 Network Centric Warfare 능력도 갖추고 있다. K21은 성능 만큼이나 가격도 전차에 맞먹는다. 그러나 K21은 무기체계 도입의 초기인 만큼 여러 가지 문제점이 존재하고 있다. 도하 사고를 비롯하여 최근에는 설계 결함까지 거론되고 있는 실정이다. 해외 수출에 대한 관심이 집중되는 시점에서 문제점이 빠른 시일 내에 해결되기를 기대해본다.

K21은 수상부양이 가능하게 설계되었다. 〈출처: 국방부〉

K21 한국군 차기보병전투장갑차. 〈출처: 두산 DST〉

한편 해외파병이 잦아지면서 우리 군에서는 차륜형 장갑차에 대한 소요도 증가하고 있다. 이미 우리 군은 바라쿠다 장갑차를 도입했지만, 해외파병과 동시에 후방 부대의 기동성 강화를 위해서도 차륜형 장갑차의 필요성은 절실하다. 이에 따라 로템, 두산 DST, 삼성테크윈 등에서는 새로운 차륜형 장갑차를 제시하면서 우리 군 기갑전력의 미래를 제시하고 있다.

스트라이커 장갑차

차세대 차륜형 장갑차

김대영

'스트라이커 여단'은 미 육군이 세계 곳곳의 분쟁지역에 신속하게 파견해 전쟁 임무를 수행할 수 있도록 2000년부터 신설한 일종의 신속기동여단이다. 유사시 세계 어떤 지역으로든 96시간 안에 수송기로 배치가 가능하다는 것이 가장 큰 장점이다. 이 부대의 가장 큰 특징으로는 가볍고 단단한 스트라이커 장갑차를 들 수 있다. 스트라이커 장갑차는 미 육군과 해병대에서 운용하는 M1A1 전차나 미 육군의 브래들리 장갑차보다 가벼워 C-130 수송기에 싣고 수송이 가능하다. 또한, 최대 시속 98킬로미터로 달릴 수 있어 신속한 작전이 가능하다. 스트라이커 장갑차는 2003년 6월 해외에서는 처음으로 한국에서 훈련을 했다. 같은 해 10월부터는 이라크 전쟁에 최초로 참전했고, 현재는 전 세계에서 활약 중이다.

장갑차의 양대 산맥, 차륜식과 궤도식

장갑차는 일반적으로 차륜식과 궤도식, 두 종류로 나뉜다. 차륜식 또는 장륜식 장갑차는 일반적인 자동차형 바퀴를 사용하는 방식이며, 궤도식 장갑차는 전차와 마찬가지로 무한궤도(캐터필러)를 사용한다. 차륜식은 전체적으로 무게가 가벼우며 도로 주행 속도가 빠른 것이 장점이지만, 도로가 아닌 곳에서는 주행하기가 힘들다. 궤도식은 무게가 무겁고 도로 주행 속도는 느리지만, 험한 지형에서도 기동이 가능하다. 그러나 최근에는 차륜식 장갑차의 현수장치Suspension가 발전하면서, 궤도식 장갑차와 기동성에서 별 차이가 없어졌다.

궤도식 장갑차는 전차와 마찬가지로 무한궤도(캐터필러)를 사용한다.
〈출처: US Army〉

차륜식 장갑차는 일반적인 자동차형 바퀴를 사용하는 방식이며, 장륜식 장갑차라고도 부르기도 한다. 〈출처: USMC〉

스트라이커 장갑차의 탄생

유럽 각국과 구소련 육군에서는 차륜식 장갑차와 궤도식 장갑차를 모두 사용했지만, 미 육군은 예외였다. 특수 목적의 장갑차를 제외하고는 대부분이 궤도식 장갑차였다. 그러나 1999년 미 육군의 새로운 첨병이 될 잠정여단전투팀Interim Brigade Combat Team의 창설과 함께 새로운 장갑차를 필요로 했다. 3년여의 경쟁을 통해 미 육군은 2000년 11월 제너럴 다이내믹스General Dynamics와 제너럴 모터스General Motors;GM 컨소시엄의 LAV III 차륜식 장갑차를 선정했다. 2002년부터 양산에 들어간 장갑차는, 2002년 12월 미 육군으로부터 '스트라이커Stryker'라는 제식 명칭을 부여받았다. 여기서 스트라이커란 이름은 제2차 세계대전과 베트남 전쟁에 참전하여 격렬한 전투 끝에 전사한 두 명의 병사(Stuart S. Stryker, Robert F. Stryker)를 기리기 위한 것이다. 이후 잠정여단전투팀은 스트라이커 장갑차의 배치와 함께 스트라이커여단전투팀Stryker Brigade Combat Team으로 명칭이 바뀐다. 그러나 일반적으로 '스트라이커여단'으로 호칭한다.

신속기동여단을 위한 장갑차로 선정된 LAV Ⅲ 장갑차가 개량을 거쳐 '스크라이커'라는 명칭으로 2002년부터 양산되었다. 스트라이커 장갑차 배치와 함께 부대 이름도 '스트라이커 여단'이 된다.
〈출처: US Army〉

스트라이커 장갑차의 기본형 - 보병수송차

스트라이커 장갑차는 기존의 LAV III 차륜식 장갑차를 모체로, 미 육군의 요구사항에 맞게 개량되었다. 스트라이커 장갑차는 크게 보병수송차Infantry Carrier Vehicle와 기동포 체계Mobile Gun System로 나눈다. 보병수송차에는 차장과 조종수를 포함한 2명의 운용병과 9명의 보병이 탑승한다. 포탑은 콩스베르그Kongsberg사가 제작한 M151 프로텍터 원격조종포탑Remote Weapon Station;RWS을 채택했다. 원격조종포탑의 마운트에는 12.7mm M2 기관포나 MK19 40mm 자동유탄발사기를 장착한다. 또한, 포탑에는 4기의 M6 연막탄발사기를 장착한다. 보병수송차는 기본적으로 14.5mm 기관포와 152mm 포탄의 파편도 방호한다. 핵무기 및 생화학 무기에 대한 방호능력도 갖추고 있다. 증가 장갑이나 철망형 장갑Slat Armor을 장착하면, RPG-7 대전차 로켓포나 급조폭발물과 지뢰도 방호가 가능하다. 스트라이커 장갑차의 기본이라고 할 수 있는 보병수송차는 일곱 가지 형식의 계열 차량을 가지고 있다.

스트라이커 장갑차 계열 차량들 〈출처: Inteledge Inc.〉

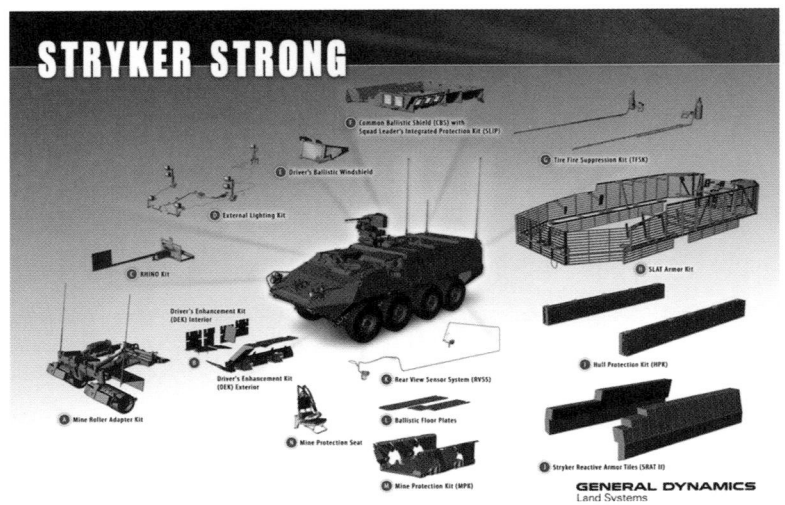

증가장갑이나 철망형 장갑을 추가 장착하면, RPG-7 등도 방호가 가능하다. 〈출처: GDLS〉

스트라이커 장갑차의 화력강화형 - 기동포 체계

보병수송차와 함께 스트라이커 장갑차의 핵심 중 하나가 기동포 체계이다. 기동포 체계는 스트라이커 장갑차에 제너럴 다이내믹스사가 개발한 오버헤드 건Overhead Gun을 포탑으로 장착한 것이다. 일반적인 포탑과 달리 오버헤드 건은 낮은 노출 면적으로 인해 매복 공격 시 유리하며 장갑차의 중량도 감소시켜 준다. 그러나 단점도 있다.

일반적인 포탑과 달리 시계가 매우 좁은 편이라 장애물이 많은 지형에서는 불리하다. 포탑에는 M68A1E4 105mm 강선포와 12.7mm M2 기관포가 탑재되며, 포탄의 장전은 자동으로 이루어진다. 사격통제장비는 열영상 장치와 레이저 거리 측정기 등으로 구성되어 있다. 기동포 체계는 T-55/T-62와 같은 2세대 전차에 유효한 것으로 알려졌다.

기동포 체계는 스트라이커 장갑차에 오버헤드 건을 장착한 것으로, T-55/T-62 등 2세대 전차에 유효한 것으로 알려져 있다.

네트워크 중심전의 허브, 스트라이커 장갑차

스트라이커 장갑차는 세계 최초로 네트워크 중심전Network Centric Warfare 개념을 도입한 장갑차로, 각 차량에는 여단전투정보체계Force XXI Battle Command Brigade and Below;FBCB2를 탑재하고 있다. 무선 전술 인터넷인 여단전투정보체계는 지휘부와 스트라이커 장갑차를 네트워크로 연결하며, 차량에는 여단전투정보체계의 단말기를 탑재하고 있다. 단말기는 작전 지역의 디지털 맵을 제공하며, 문자 메시지 전달 기능도 있다.

적을 알고 나를 알면 백전불패라 했던가? 스트라이커 장갑차에 탑승한 병력들은 적과 아군의 위치를 실시간으로 표시하는 단말기를 통해, 전장

스트라이커 장갑차는 최초로 네트워크 중심전 개념을 도입한 장갑차이다.

랜드워리어를 착용한 병사의 모습. 스트라이커 장갑차 안에서 각종 정보를 업로드·다운로드 할 수 있다.

의 상황을 한눈에 파악할 수 있다. 이러한 장점을 가진 여단전투정보체계는 2003년 이라크전에서 미·영 지상군 승리에 일등 공신 역할을 했다. 또한, 스트라이커 장갑차는 미 육군의 미래 보병체계인 랜드워리어Land Warrior의 인터넷 허브 역할도 한다. 랜드워리어를 착용한 병사는 스트라이커 장갑차 안에서 작전에 필요한 각종 정보를 다운로드하거나 업로드할 수 있다.

상륙돌격장갑차

상륙작전의 선봉

김대영

해상으로 이동하여 적 해안에 기습 상륙하는 것을 상륙작전이라고 한다. 상륙작전의 특징은 성공할 경우 전쟁의 양상을 유리하게 이끌 수 있다는 점이다. 제2차 세계대전의 노르망디 상륙작전과 6·25전쟁의 인천 상륙작전이 대표적인 사례다. 하지만 상륙작전은 일반 작전과 달리 해상과 육상에서 특수한 훈련을 필요로 한다. 이러한 특수한 훈련을 받는 부대가 해병대이다. 해병대는 상륙작전 임무에 맞게 타군에는 없는 특수한 장갑차를 운용하는데, 바로 상

상륙작전의 주역인 상륙돌격장갑차의 훈련 장면.

륙돌격장갑차이다. 상륙돌격장갑차는 바다에서 해병대원을 태우고 적이 점령한 해안가로 상륙하는 수륙양용장갑차로, 미국이 개발한 AAV-7A1이 대표적이다. AAV-7A1은 1,700여 대가 생산되어, 10여 개 국가의 해병대에서 운용하고 있다.

궤도형 상륙차량 LVT-1

상륙돌격장갑차가 탄생하기 이전에 상륙작전에 사용하던 상륙주정上陸舟艇은 몇 가지 문제를 가지고 있었다. 병력이나 장비를 수송하는 데는 상당히 유용했지만, 파도와 해안의 조건에 따라 접안 능력이 부족할 때가 많았다. 또한 출구 램프가 전방에 설치되어 있어, 해안가에 상륙한 병력이 적의 공격에 무방비로 노출되었다. 결국 상륙작전 도중 많은 인명피해가 발생했다. 제2차 세계대전 당시 상륙작전을 위한 신형 장비 개발에 몰두하던 미 해병대는, 수륙양용트랙터 '엘리게이터Alligator(악어)'에 큰 관심을 갖게 된다. 엘리게이터는 1935년 미국의 유명한 발명가였던 도널드 로블링Donald Roebling이 개발했다. 미국 플로리다Florida의 습지대에서 구난용으로 개발된 이 장비는,

상륙돌격장갑차 탄생 이전 사용되던 상륙주정. 〈출처: US Army〉

과달카날 상륙작전에 처음 출전한 LVT-1.

뛰어난 수륙양용 성능으로 인해 '악어'라는 별명이 붙었다. 1941년 엘리게이터는 군의 요구사항을 갖춘 궤도형 상륙차량Landing Vehicle Tracked, LVT-1으로 탄생하게 된다.

태평양 전쟁에서 맹활약한 LVT

LVT-1은 태평양 전쟁 최초의 상륙작전인 과달카날 상륙작전에 처음 등장하여 함정에서 해안까지 보급품을 수송하는 용도로 사용되었다. 이 결과에

타라와 전투에서 격파된 LVT. 〈출처:US Navy〉

LVT-5 〈출처: USMC〉

만족한 미군은 LVT-1의 성능 개량에 들어갔다. 이후 화력을 강화한 LVT-1A1과 현수장치와 엔진을 보강한 최초의 병력수송용 LVT-2가 등장한다. 하지만 개량형도 이어지는 전투에서 취약점이 발견된다. 특히 1943년 11월 타라와Tarawa 전투에서 빈약한 장갑으로 인해 상당수의 LVT가 격파 당했다. 또한 LVT는 탑승한 병력이 곧바로 하차할 문 같은 램프가 없었다. 해안가에 도착한 해병대원들은 차체 밖으로 뛰어내려야 했다. 이 과정에서 많은 해병대원이 적의 공격에 쓰러졌다. 이에 따라 타라와 전투 이후 차체 후방에 램프가 달리고, 육상 이동 속도가 향상된 LVT-3가 탄생하게 된다.

상륙돌격장갑차의 원형 LVT-7

LVT-3은 제2차 세계대전 종전까지 태평양 전쟁에서 크고 작은 활약을 펼쳤다. 6·25전쟁 당시 인천상륙작전에서는 LVT-3를 개량한 LVT-3C가 투

LVT-7. 육상과 해상에서 이전의 LVT와 달리 향상된 기동성을 발휘했다. 〈출처: USMC〉

LVT-7A1은 해상에서 13.2킬로미터, 육상에서는 72.4킬로미터의 최대 속도를 자랑한다. 〈출처: 대한민국 해군〉

입되어 작전을 성공적으로 이끌었다. 이후 미 해병대는 3명의 승무원과 34명의 해병대원이 탑승하는 LVT-5를 개발해 운용했다. 베트남 전쟁에서 운용된 LVT-5는, 40톤에 달하는 전투중량으로 인해 기동성과 정비에 문제가 많았다. 또한 병력 출입구인 램프가 차체 전방에 설치되어 있어, 하차하는 해병대원들이 적의 공격에 바로 노출되는 문제점이 있었다. 결국 1972년 오늘날의 상륙돌격장갑차의 원형이라 할 수 있는 LVT-7이 탄생하게 된다. LVT-7은 이전의 LVT와 달리 해상에서 궤도가 아닌 워터제트$^{Water Jet}$ 추진 장치를 사용했다. 이 결과 해상에서의 속도가 이전의 LVT에 비해 매우 빨랐다. 육상과 해상에서 제자리 360도 회전이 가능했고, 차체를 알루미늄 구조물로 제작해 전투중량도 가벼웠다.

전쟁의 양상을 바꾼 상륙돌격장갑차

1980년대 초 미 해병대는 LVT-7을 개량한 LVT-7A1을 배치했다. 그런데 이 시기 미 해병대는 해안가에 상륙해 단순히 교두보를 확보하는 기존 상륙 작전의 틀을 깨고, 상륙 후 바로 내륙의 목표까지 진격하는 개념으로 상륙 작전을 발전시키고 있었다. 이러한 개념에 따라 LVT-7A1은 적의 장갑차를 상대할 수 있도록 40mm 고속 유탄발사기를 장착했고, 차체 전면에 선수익을 부착해 해상 운행을 용이하게 했다. 또한 측면에 증가장갑 EAAK^{Enhanced Applique Armor Kit}를 부착해, 14.5mm 기관포와 152mm 포탄 파편에도 방호가 가능해졌다. 이렇게 개량된 LVT-7A1은 1985년 기존의 LVT라는 이름을 버리고 상륙돌격장갑차^{Assault Amphibious Vehicle; AAV}로 바꾸었다. AAV-7A1은 걸프전을 시작으로 다양한 전쟁에 투입되었다. 특히 이라크전에서는 쿠웨이트 국경에서부터 이라크의 수도 바그다드^{Baghdad}까지 1,000킬로미터가 넘는 거리를 행군하며, 전쟁을 미군의 승리로 이끄는데 중추적인 역할을 담당했다.

AAV7-A1은 이라크전에서 1,000킬로미터가 넘는 거리를 행군하며 전쟁을 미군의 승리로 이끄는 데 중추적인 역할을 담당했다. 〈출처: USMC〉

우리나라는 AAV7-A1을 국내에서 생산해 KAAV-7A1이란 제식명칭을 부여해 운용 중이다.
〈출처: 대한민국 해군〉

한국형 상륙돌격장갑차 KAAV-7A1

세계에서 손꼽히는 전력을 자랑하는 우리 해병대는, 지난 1951년부터 LVT-3C를 운용하기 시작했다. 1974년에는 LVT-7을 미국의 군사지원으로 인수해 운용한다. 1985년에는 LVT-7A1을 도입했다. 1998년에는 AAV7-A1을 기술도입 방식으로 삼성 테크윈이 국내에서 생산해, KAAV-7A1이란 제식명칭을 부여해 운용 중이다. 병력수송용인 KAAV-7A1 외에도 지휘차량과 지원차량도 생산되었다. 우리 해병대가 운용 중인 KAAV-7A1은 상륙작전뿐만 아니라 육군과의 도하작전에도 투입되고, 수해 시에는 수재민 구조용으로 활용되기도 한다. KAAV-7A1이 생산되면서 2009년 11월에는 구형 LVT-7A1 10대를 인도네시아 해병대에 무상으로 인도하기도 했다. 우리 해병대는 미 해병대 다음으로 세계에서 가장 많은, 160여 대의 AAV7-A1을 운용하고 있다.

HMMWV 험비

미군의 아이콘

양 욱

미군하면 떠오르는 가장 대표적인 이미지는 바로 험상궂게 생긴 커다란 자동차, 험비Humvee일 것이다. 1991년 걸프전이 CNN을 통해 생중계되면서 험비는 미군의 아이콘처럼 되어 버렸다. 미군은 모두 16만 2,000여 대의 험비를 운용하고 있다. 사실 험비는 정식명칭이 아니다. HMMWV, 즉 High Mobility Multipurpose Wheeled Vehicle(고기동 다목적 차량)이 원래 이름인데, 유사한 발음을 따서 '험비'라고 부른다.

걸프전 이후로 미군의 아이콘으로 자리 잡은 고기동다목적차량 험비(HMMWV)

잡다한 차량들, 험비로 다 통일해버려!

험비를 도입한 1985년 이전까지만 해도 미군이 실전에서 활용하던 차량은 다양하다 못해 잡다할 정도였다. 당시 주력이던 M151 '지프Jeep' $\frac{1}{4}$톤 트럭이나 M715 카이저 $1\frac{1}{4}$톤 트럭은 이미 수명이 다하고 있었다. 새롭게 개발한 고기동 차량인 M561 감마고트Gamma Goat는 실망스러운 성능으로 보급되지 못했고, 결국 CUCV(상용 다용도 수송트럭Commercial Uility Cargo Vehicle)라는 명칭 아래 상용트럭까지 구매하는 형국이었다.

이렇게 다양한 차량을 통합한 새로운 전술차량이 요구되었는데, 그 시

제2차 세계대전 이후의 미군 소형전술차량의 변천 과정 〈출처: Inteledge Inc.〉

험모델은 놀랍게도 유명한 스포츠카 메이커 람보르기니Lamborghini에서 만들었다. 바로 람보르기니의 콘셉트 차량인 '치타Cheetah'인데, 결국 미군이 채용하지는 않았지만 이후 선정할 차량에 대한 방향이 여기에서 드러난다. 람보르기니는 이 '치타' 모델을 결국 상용화하여 'LM002'라는 모델을 선보였는데, 이는 현재 300대만이 남아 있는 전설의 SUV가 되었다.

미군은 결국 1979년이 되어서야 새로운 전술차량에 필요한 성능을 확정하고 1981년부터 선정사업을 시작했다. 새롭게 만들 전술차량에는 그야말로 군용차량에서 기대할 수 있는 모든 기능이 포함되었다. 산악이나 비포장도로 등 전 세계 어떤 지형도 통과할 수 있는 험로주행능력, 하천을 건널 수 있는 도하능력, 어떤 악조건도 이겨낼 수 있는 차체 강성, 손쉬운 정비성능 등이 새로운 차량의 요구조건이었다. 이에 따라 크라이슬러Chrysler나 포드Ford 등 미국 굴지의 업체들이 신형 전술차량사업에 뛰어들었는데, 사업자로는 AM제너럴AM General이 선정되었다.

험비의 능력과 한계

험비는 당시 군용차량의 상식을 뛰어넘는 '고기동' 차량이었다. 60도 경사를 오를 수 있고, 46센티미터 높이의 수직 장애물이나 76센티미터 깊이의 참호도 거침없이 통과할 수 있는 전천후 주행능력을 자랑했다. 그야말로 길이든 길이 아니든 종횡무진 달릴 수 있는 군용차량이었다. 많은 이들이 험비를 놓고 '스테로이드(근육강화주사)를 맞은 지프'라며 찬사를 아끼지 않았다.

하지만 세상에 완벽한 차량 같은 것은 없다. 험비에도 많은 단점이 있는데, 우선 내부 공간이 문제다. 육중한 차축으로 기어박스 부분이 실내의 3분의 1 이상을 차지하기 때문에 실제로 승차좌석이 비좁고 불편하다. 다음으로 주행신뢰성도 문제로 지적되는데, 비포장도로를 달리다가 차축이 빠지거나 차량이 전복되는 일도 허다하다. 또한 험비는 차량 폭이 너무 넓어서 CH-47 헬리콥터에 탑재할 수 없다.

따라서 미군 특수부대나 해병대 등은 험비 대신 고속강습차량Fast Attack Vehicle;FAV이나 M151 계열의 차량을 운용하고 있다. 특히 험비는 약한 장갑을 채용하여 모가디슈Mogadishu 전투*에서는 미군 측에 많은 피해를 입히기도 했다. 이후 방탄성능을 강화한 험비들이 나왔지만 최근 대테러전쟁에서는 급조폭발물Improvised Explosive Device;IED ** 공격으로 엄청난 사상자를 기록하고야 말았다. 결국 미군은 험비를 대신하여 지뢰방호장갑차Mine-Resistant, Ambush Protected;MRAP를 대량으로 구입하고 있다.

---

* 1993년 10월 3일부터 10월 4일까지 소말리아의 수도 모가디슈에서 모하메드 파라 아이디드(Mohamed Farrah Aidid)의 민병대와 소말리아 주둔 미군 사이에 벌어진 전투. 영화 〈블랙 호크 다운〉을 통해 세상에 알려졌다.

** 폭약과 금속 파편 등 간단한 폭발장치를 이용하여 현장에서 임의로 만든 사제 폭발물을 가리킨다. 첨단기술로 만들어진 군용 폭발물에 성능은 떨어지나, 대단히 쉽고 저렴하게 만들 수 있어 비정규 전투 집단에게 효과적인 공격 무기가 되고 있다. 최근 미군은 이라크와 아프가니스탄에서 집중적인 IED 공격을 받았으며, IED로 인한 사상자는 전사자의 60%에 육박할 정도이다.

험비는 놀라운 기동성, 뛰어난 범용성으로 찬사를 받고 있다.

험비는 IED를 이용한 게릴라식 공격에 취약하다는 치명적 약점이 있다.
ⓒ ⓘ Jim Gordon

험비의 시대는 가고 있다

험비는 30년에 가까운 세월을 거치면서 여러 차례 개량되었다. 우선 최초에 등장한 기본형(A0 시리즈)은 6.2리터 디젤엔진, 3단 자동기어에 총 중량이 3.5톤이었다. 1991년 등장한 A1 시리즈는 동력계통과 현수장치를 강화했는데, 차량 총중량까지 4.5톤으로 늘어나 버렸다. 한편 1994년부터는 A2시리즈가 생산되었는데, 엔진이 6.5리터로 바뀌고 4단 전자제어식 변속기어

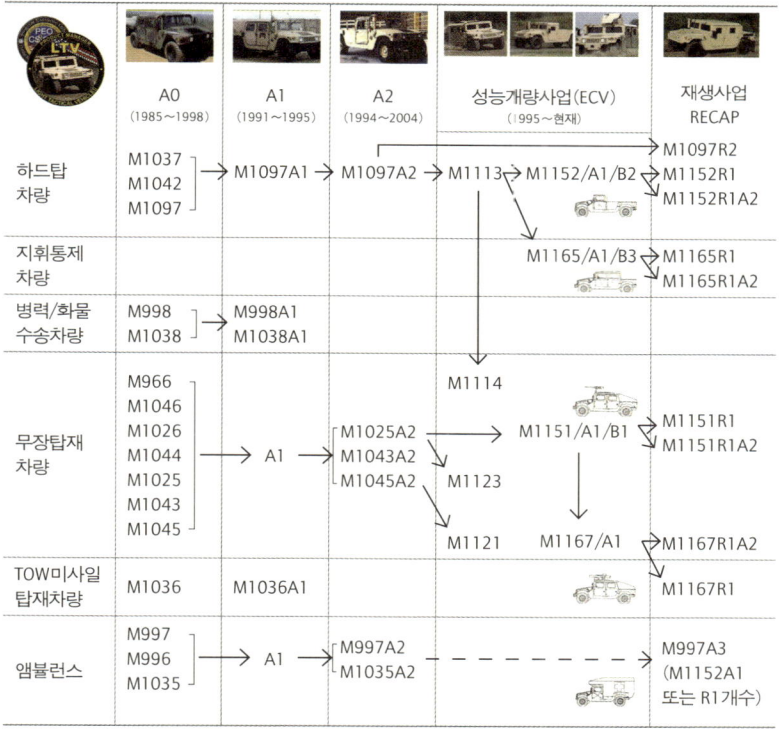

험비의 종류와 변천사 〈출처: Inteledge Inc.〉

를 채용했다. 출력이 늘어나면서 차량 탑재중량도 최대 2톤까지 늘어난 것이 최대 특징이다.

한편 1993년 모가디슈 전투를 거치면서 험비의 성능개수사업도 동시에 진행되었다. 바로 ECV^{Enhanced Capacity Vehicle}인데, 기존의 험비에 방탄키트를 부착하여 생존성을 높인 차량이다. '장갑강화형^{Up Armored} 험비'라고도 불리는 ECV는 4.6톤으로 늘어난 중량에도 기동성을 잃지 않도록 6.5리터 엔진과 강화 현수장치를 채용했다. ECV에 해당하는 험비로는 M1114/M1151 무장탑재차량, M1113/M1152 하드탑차량, M1165 병력/화물수송차량, M1167 TOW 차량 등이 배치되어 있다.

한편 험비의 차량재생사업^{HMMWV Recapitalization}도 한창이다. 현재 운용하는 험비의 대다수가 80년대 초중반에 공장에서 출고되었는데, 원래 험비는 15년 운용을 예상하고 만들어 대부분의 차량이 열악한 상태이다. 이에 따라 차량재생사업을 거친 험비는 15년을 더 사용할 수 있다. 그리하여 미국이 험비를 구매하는 것은 올해가 마지막이다. 험비의 뒤를 이을 새로운 차량으로 현재 합동경량전술차량^{Joint Light Tactical Vehicle; JLTV} 사업이 진행 중이다.

험비의 민수형과 카피판

시대를 풍미하고 있는 차량이니만큼 험비의 인기는 세계적으로 높다. 특히 이런 인기에 부합하여 허머 H1, H2, H3 등의 민수용 차량까지 등장했다. 허머^{Hummer}는 M998 험비를 민수용으로 내놓으면서 AM 제너럴이 만든 브랜드로, 허머 H1이 1992년부터 등장하여 걸프전의 이미지를 등에 업고 상업적인 성공을 거두었다. 특히 아널드 슈워제네거^{Arnold Schwarzenegger}의 애마로 알려지면서 세간의 주목을 받았다.

AM 제너럴은 1998년 허머 브랜드를 제너럴모터스^{General Motors; GM}에 판매했는데, 이후에 허머 H2와 H3가 등장했다. 사실 두 모델은 겉모습만 허

험비는 그 인기에 힘입어 '허머'라는 이름의 민수형 자동차로 판매되었으나, 시장 변화에 고전하다가 2010년을 마지막으로 생산이 종료되었다.

머와 비슷할 뿐 플랫폼은 GM에서 생산하는 SUV에 기반하고 있다. H1만이 진정한 험비이고 H2와 H3는 전혀 다른 차량인 셈이다. 그러나 허머 H1도 2007년 미국에서 배기가스 규제법을 발효함에 따라 2006년부터 생산이 중단되어 버렸고, 허머 브랜드의 중국 판매가 무산되자 제너럴모터스는 2010년을 마지막으로 H2와 H3의 생산을 끝냈다. 한편 허머의 등장과 함께 여러 나라에서 군용 고기동 차량에 대한 개발을 시작했다.

현재 스페인의 VAMTAC, 러시아의 GAZ-2975, 일본 육상자위대의 고기동차 HMV, 프랑스의 르노 셰르파Renault Sherpa 2, 이탈리아 이베코Iveco의 LMV 등 다양한 차량이 실전에 배치되어 있다. 한편 최근에는 중국의 허머 브랜드 구매 시도, 카피판 험비 등이 이슈가 되기도 했다. 우리나라도 이미 오래전부터 한국형 험비의 개발을 마치고 획득하려고 했다. 하지만 때마침 들이닥친 IMF 금융위기로 사업이 좌초한 이후, 한국형 험비 사업은 오랜 기간 진행되지 못하고 있었다. 기왕에 늦게 진행되는 사업이라면 미군이 지난 30년간 배운 험비의 노하우와 JLTV의 개발노력을 벤치마킹할 필요가 있을 것이다.

다연장로켓포

넓은 지역을 단번에 초토화한다

양 욱

다수의 적을 소수로 제압하기 위해 필요한 것은 무엇일까? 아군보다 많은 적을 보고도 후퇴하지 않는 용기가 우선이겠지만, 용기 하나만으로 한 명이 수백 명 혹은 수천 명을 상대로 싸울 수는 없다. 중과부적의 상황에서도 적군을 한순간에 휩쓸어 버릴 수 있는 첨단 무기체계가 요구된다.

최초의 다연장로켓 무기인 조선의 신기전의 복원 모습

최초의 다연장로켓 무기는 신기전

우리 선조들은 이미 1448년 이런 무기체계를 현실화시켰다. 바로 '신기전 神機箭'이다. 신기전은 조선시대의 로켓추진화살로, 이미 고려시대 최무선崔茂宣이 발명한 로켓병기인 '주화走火'를 바탕으로 만들었다고 전한다. 신기전은 크기와 형태에 따라 대신기전大神機箭, 중신기전中神機箭, 소신기전小神機箭, 산화신기전散火神機箭의 다양한 체계로 구성되었다. 신기전이야말로 세계 최초로 발명된 다연장로켓 무기체계였다.

북한의 방사포

신기전과 같은 다연장로켓 무기체계는 500여 년 후인 제2차 세계대전에

제2차 세계대전에서 활약한 소련의 다연장로켓 무기

북한의 방사포도 다연장로켓 무기이다.

이르러서야 본격적으로 사용되었다. 소련은 BM-13 카츄샤Katyusha 다연장로켓을 1939년부터 실전배치하여 독일군을 공포에 떨게 했다. 트럭에 로켓발사기를 14개에서 48개까지 장착하는 카츄샤는 무려 4만 평방미터의 면적을 초토화할 수 있는 능력을 갖추었다. 카츄샤는 막강한 화력을 자랑하며, T-34 전차와 IL-2 슈트르모빅Sturmovik 대전차 공격기와 동시에 소련을 구한 3대 무기체계로 평가되었다. 이후 소련의 영향으로 수많은 동구권 국가들이 다연장로켓을 화력지원의 핵심요소로 삼으면서 북한도 다양한 다연장로켓 무기를 보유하게 되었다. 북한에서는 이를 '방사포放射砲'라고 부른다.

창에는 창으로, 다연장로켓포에는 다연장로켓포로

우리나라도 한국군 최초의 다연장로켓무기인 '구룡'을 개발했다. 130mm 로켓탄을 발사하는 K-136 구룡 다연장로켓포는 당시 북한이 다량 보유한 122mm 방사포에 대항하기 위해 국방과학연구소 주관으로 독자 개발되어 1981년부터 실전배치를 시작했다. 구룡의 성능은 전반적으로 북한의 122mm 방사포와 유사하며, 개량형 로켓탄을 사용하면 36발의 로켓을 장전하여 최대 36킬로미터까지 발사할 수 있다.

한편 북한은 122mm보다 사정거리가 증가한 대구경 240mm 방사포를 도입하기 시작했다. 즉 240mm M-1985/M-1991 방사포를 300여 문 이상 보유하면서 43킬로미터(M-1985)와 65킬로미터(M-1991)에 이르는 장거리 타격능력을 확보해왔다. 특히 1990년대 초반에 서부전선에 이들 방사포를 전진 배치하면서 '서울 불바다'와 같은 노골적인 협박을 하기에 이르렀

국내에서 개발된 구룡 다연장로켓포(K-136)

다. 새로운 카드를 꺼내든 북한에 대한 우리 군의 대응이 시급한 일이었다. 북한의 240mm 방사포, 170mm 자주포 등을 사거리가 길다고 하여 '장사정포長射程砲'라고 하는데, 이들 장사정포를 무력화하기 위한 전력 가운데 가장 유효한 것이 주한 미군이 일부 보유하던 M270 MLRS였다. 이에 따라 우리 군도 1998년부터 MLRS를 도입하기 시작했다.

'강철 비'를 뿌리는 미군의 다연장로켓포, MLRS

MLRS의 가장 큰 장점은 넓은 지역을 순식간에 초토화할 수 있다는 것이다. 지대지 로켓 12발을 장전하는 MLRS의 화력은 155mm 이상 급의 곡사포 18발을 동시에 발사한 결과와 같다. MLRS에서 발사된 M26 로켓탄두는 644개의 M77 DPICM(이중목적고폭탄; 자탄을 포함하는데, 이것이 약 200x100m의 면적에서 분산하여 표적이 된 지역을 제압한다. 직감적으로 표현하자면 MLRS의 공격 한 번으로 축구장 3배의 면적이 초토화되는 것이다. 그런 이유로 미군에서는 MLRS를 일컬어 '사령관이 애용하는 산탄총Commander's Personal Shotgun'이라고 부르며, 영국군에서는 '격자지형 지우개Grid Square Removal System'라고 부른다.

    MLRS의 또 다른 장점은 빠른 재장전 능력이다. 한 발 한 발 손으로 장전해야하는 구세대의 다연장로켓과는 달리 MLRS는 3분 안에 재장전이 가능하다. 거기에 궤도식 차량 형태로 우수한 야지기동성을 확보했을 뿐만 아니라, 최대 시속 또한 64킬로미터에 달해 상당히 빠르다. 즉 MLRS는 일격에 넓은 지역에서 밀려드는 적을 섬멸하고 '빠른 발'을 바탕으로 일순간에 사격위치를 이동할 수 있다. 그러니 아무리 우수한 대포병 능력을 갖춘 적이라도 '치고 빠지기'에 능한 MLRS를 요격하는 것은 어려운 일이다.

    MLRS는 1991년 걸프전에서 미국이 230대, 영국이 16대를 파병하여, 최초로 실전에서 배치·운용되었다. MLRS는 당시 이라크군의 SA-2/3 지대

미국의 대표적 다연장로켓무기인 M270 MLRS

공 미사일 발사기지 30곳 이상을 초토화했으며 약 200대의 장갑차량을 파괴했다. MLRS의 이중목적고폭탄 공격을 받았던 이라크군은 이를 '강철비 Steel Rain'라고 부르며 공포에 떨었다고 한다.

MLRS는 초기형인 M270과 개량형인 M270A1이 있는데, M270A1은 사격통제 시스템과 발사장치 매커니즘이 개량되어, 재장전 시간이 45% 줄어들고 발사까지의 시간은 16초(현재는 93초) 이내로 대폭 단축되었다. 또한 M270A1에서는 신형 M30/M31 GMLRS Guided-Multiple Launch Rocket System 로켓탄을 사용할 수 있다. GMLRS는 GPS유도방식으로 매우 정확한 타격이 가능하여 '70km 저격탄환'이라는 별명으로 불린다. 특히 200파운드(90킬로그램)의 고폭약 탄두를 장착한 M31 단일고폭탄은 강화진지에 대해 유용한 공격을 할 수 있어서 미군은 2019년까지 3만 3,000발을 도입할 계획이라고 한다.

제일 강한 화력은 에이타킴스

여기에 더하여 MLRS에게는 또 다른 숨겨둔 펀치가 있다. 바로 '에이타킴스ATACMS'라는 미사일이다. ATACMS는 육군전술기사일체계Army Tactical Missile System의 약어로, 원래 증원되는 소련군 기갑부대를 원거리에서 제압하기 위해 전술핵미사일로 개발을 시작했는데, 1991년 전술핵 전면폐기조치에 따라 재래식 중거리 유도무기로 다시 태어났다. 원래 목표가 전술핵 미사일이었던 만큼 ATACMS는 대형 표적 및 종심 표적을 타격하는 시스템으로 완성되었다.

우리 군이 사용하는 ATACMS는 MGM-140 블록1과 블록1A의 두 종류이다. MGM-140A ATACMS 블록1 미사일은 내부에 텅스텐 합금재질의 M74 자탄을 약 950개 수납하고, 최대 165킬로미터까지 공격할 수 있다. 블록1은 1,000개에 가까운 자탄을 비산시켜 축구장 4개 크기의 면적에 걸

MLRS에서 발사되는
ATACMS 미사일

쳐 적 병력과 경장갑 표적을 제압하는 가공할 능력을 가지고 있다.

한편 MGM-140B 블록1A는 자탄의 수를 300여 개로 줄인 대신 사거리를 300킬로미터로 연장시킨 개량형 미사일로, 위성항법장치(GPS) 및 관성항법장치(INS)의 개량으로 정밀사격이 가능하다. 유사한 모델로는 MGM-168 ATACMS 블록4A가 있다. 블록4A는 M74 자탄 대신에 500파운드(227킬로그램)의 WDB-18/B 단일고폭탄을 장착하며, 사거리는 블록1A와 유사한 300킬로미터이다.

한국형 MLRS를 기다리며

MLRS는 우리 국민을 보호하는 귀중한 전력으로 자리 잡고 있다. 다만 아쉬운 점은 이런 무기체계가 국산이 아니라는 점이다. MLRS의 대당 가격이 57억 원 가량이라는 점을 감안하면 더 그렇다. 게다가 북한의 240mm 방사포에 대항할 전력이 필요한 실정이다. 그래서 2013년까지 230mm급 차기 다연장로켓포를 국내 개발하게 되었다. 차기 다연장로켓은 군단급 부대에 배치된다. 북한의 야포 발사를 탐지하는 대포병레이더와 연동하여 대포병 레이더가 제공한 적의 위치에 대하여 즉각적이고도 정확하게 타격할 수 있다. 차기 다연장로켓 사업은 한창 진행 중이다. 우리 육군이 21세기형 신기전을 보유할 날을 다시 한 번 기대해본다.

토우 대전차 미사일

전차를 파괴한다

김대영

대전차 미사일은 오늘날 전차들이 가장 두려워하는 대전차 화기이다. 높은 정확도와 강력한 관통력으로 단 한발의 미사일로도 전차를 파괴할 수 있다. 대전차 미사일 가운데 가장 대표적인 미사일은 미국이 개발한 토우(TOW) 대전차 미사일이다. 토우 대전차 미사일은 55만 발 이상이 생산되었고, 개발국인 미국을 포함하여 40여 개 국가에서 사용 중이다.

최초의 대전차 미사일 SS-10

대전차 미사일의 탄생은 제2차 세계대전으로 거슬러 올라간다. 당시 독일군은 연합군의 폭격기를 요격할 공대공 미사일을 개발했다. X-4로 알려진 미사일은 유선 유도방식을 사용하는 미사일로, 전쟁 말기에 등장해 정작 실전에 사용되지는 못했다. 전쟁이 끝나고 X-4 미사일 기술을 입수한 연합군은 이를 대전차 미사일의 개발에 이용한다. 1955년 프랑스는 수동식 유선 유도방식을 이용한 최초의 대전차 미사일인 SS-10을 개발한다. 수동식 유도방식이란 사수가 조준경을 통해 목표를 보면서, 동시에 조종 장치를 이용해서 유선으로 미사일을 조작해서 맞추는 방식이다. 1959년에는 미 육군도 SS-10 대전차 미사일을 도입한다. 유선 유도방식을 사용하는 SS-10 대전차 미사일은 획기적인 대전차 화기였지만, 보병이 운용하기에는 너무 무거웠다. 오히려 헬리콥터나 장갑차에서 운용되는 특수무기에 가까웠다. 또한

제2차 세계대전 당시 독일이 개발한 X-4 미사일(뮌헨 국립독일박물관 소장).
ⓒ ⓘ ⓞ Jean-Patrick Donzey

1955년 프랑스가 개발한 최초의
대전차 미사일 SS-10.

수동식 유도방식을 채용해, 대전차 미사일을 운용하는 사수의 숙련도에 따라 명중률의 차이가 컸다.

토우 대전차 미사일의 탄생

1960년대에 들어서면서 새로운 유선 유도방식인 반자동 시선 유도방식이 개발되고, 각종 전자기술이 발달하면서 대전차 미사일의 크기도 작아지게 되었다. 이러한 기술을 바탕으로 1970년 미국은 새로운 대전차 미사일인 토우(TOW)를 개발하게 된다. 토우는 이전의 SS-10 미사일과 달리 반자동 유선 유도방식을 채택했다. 사수가 적 전차를 조준경으로 계속 조준하기만 하면, 유도장치가 유선으로 미사일을 조종해서 적 전차에 명중시키는 것이다.

이러한 방식을 사용해 토우 대전차 미사일은 SS-10 대전차 미사일에 비해 명중률이 높아졌고 조작도 훨씬 쉬워졌다. 또한 전체적인 미사일의 체계도 대전차 로켓포와 유사했다. 미사일의 재장전은 로켓탄처럼 발사관에 장전되는 방식을 사용하여, SS-10 대전차 미사일보다 쉽고 빨랐다. 토우 대전

토우 대전차 미사일을 운용하는 장면. 발사 후 목표를 조준경으로 계속 조준하기만 하면 미사일이 목표에 명중한다.

토우 대전차 미사일의 발사 장면. 토우 미사일은 유선으로 유도하는 미사일이다. 미사일 뒤쪽으로 유도를 위한 케이블을 볼 수 있다.

차 미사일 전체 체계는 미 육군이 사용하던 106mm M-40 무반동총과, 부피 면에서 큰 차이가 없었다. 군용 지프Jeep 정도의 차량에서도 운용이 가능했고, 최대 4킬로미터에 달하는 사정거리를 가졌다.

다양한 무기체계에서 사용된 토우 대전차 미사일

토우 대전차 미사일의 뛰어난 성능에 주목한 미 육군은 다양한 무기 체계에 접목시켰다. M113 장갑차의 계열차량 중 하나인 M901 ITV^{Improved TOW Vehicle}는, 토우 대전차 미사일을 운용하는 전용 장갑차로 개발되었다. 걸프전 이후 M901 ITV는 미 육군에서 퇴역했지만, 이와 유사한 체계가 스트라이커 차륜형 장갑차에 도입되어 미 육군에서 현재 운용 중이다. 이밖에 미 육군을 대표하는 궤도형 장갑차인 M-2/M-3 브래들리에도 토우 대전차 미사일이 장착되었다. 또한 최초의 공격 전용 헬리콥터인 코브라에도 토우 대전차 미사일이 사용되었다. 토우 대전차 미사일은 베트남 전쟁에서 처음으

토우 대전차 미사일은 다양한 무기체계에서 활용되고 있다.

로 실전에 사용된다. 1972년 토우 대전차 미사일을 장착한 UH-1B 헬리콥터 2대가 베트남에 도착해, 북베트남의 전차를 성공적으로 파괴한다. 전쟁이 끝날 때까지 이들 헬리콥터들은, 총 20여 대의 북베트남 전차를 파괴했다. 베트남 전쟁에 사용된 기본형 토우는 이후 31만 발 이상 생산된다. 1970년대 후반에는 장갑 관통 능력을 향상한 개량형 토우 대전차 미사일이 등장한다. 1980년대 중반에는 유도 시스템이 디지털화되고 야간에도 사격이 가능하도록 열영상장치를 장착한, 토우2 대전차 미사일이 등장한다.

반응장갑도 관통하는 토우2 대전차 미사일

1987년에는 토우2를 개량한 토우2A가 개발된다. 토우2A 대전차 미사일의 가장 큰 특징은 전차의 반응장갑을 관통하기 위해 개량형 대전차 고폭탄인 탠덤Tandem을 장착한 것이다. 탠덤은 기존의 대전차 고폭탄과 달리, 장갑을 관통하는 탄두를 2개로 만들고 이것을 직렬로 배열한 고폭탄이다. 탠덤 탄두를 장착한 토우2A 대전차 미사일은 전면의 소형 탄두를 먼저 폭파시켜 반응장갑을 무력화하고, 주 탄두가 전차의 장갑을 관통한다. 탠덤 탄두를 장착한 토우2A 대전차 미사일은, 반응장갑을 장착한 전차라 하더라도

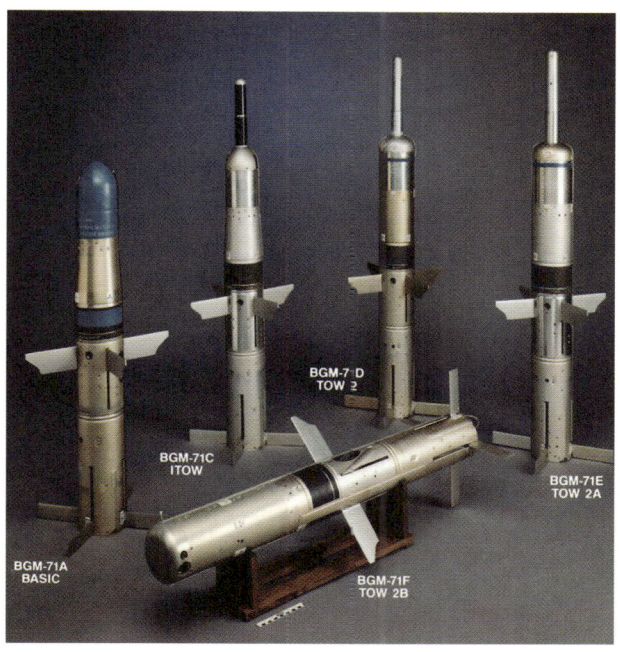

토우 대전차 미사일은 기본형인 베이직 토우를 비롯하여 총 다섯 가지 형식이 개발 되었다. 〈출처: Raytheon〉

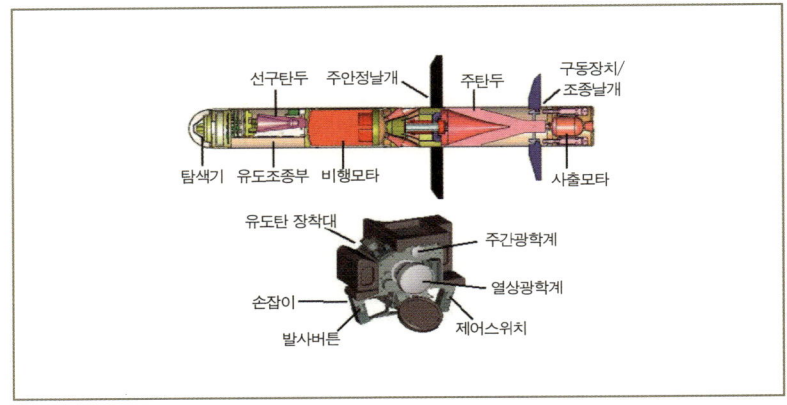

보병용 중거리 유도 무기로 알려진 국산 대전차 미사일은 발사 후 망각 방식을 사용하는 대전차 미사일이다.

900mm의 관통력을 갖는다. 이밖에 적의 토치카Tochka나 벙커Bunker를 파괴하는데 효과적인 토우2A 벙커 버스터Bunker buster도 개발 되었다. 1991년에는 전차의 상부를 공격하는 토우2B 대전차 미사일이 생산되고, 2004년에는 유선 유도방식을 무선 유도방식으로 바꾼, 토우2B 에어로Aero가 등장한다.

육군의 주력 대전차 미사일

토우 대전차 미사일은 우리 육군의 주력 대전차 미사일이다. 지난 1975년부터 1979년 사이에 미국으로부터 베이직 토우 대전차 미사일을 도입했고, 1980년대에는 주한미군으로부터 추가로 토우 대전차 미사일을 넘겨받았다. 1985년에는 야간에도 사격이 가능한 토우2 대전차 미사일을 도입했다. 반면 육군 항공대에서 운용 중인 코브라 공격헬기는 토우2A 대전차 미사일을 사용한다. 1990년대 초반 북한군이 T-72 전차와 더불어 반응장갑을 도입했다는 정보를 입수하여, 반응장갑에 대한 공격력을 가진 토우2A 대전차 미사일이 긴급히 도입되었다. 이밖에 우리 군은 독자적인 대전차 미사일을 개발 중에 있다. 보병용 중거리 유도 무기로 알려진 국산 대전차 미사일은 '발사 후 망각 Fire and Forget' 유도방식을 채용하여, 토우 대전차 미사일보다 발전된 성능을 자랑한다. 2015년쯤 개발을 완료할 예정이며, K21 장갑차에도 탑재할 예정이다.

RPG-7
대전차 로켓포

김대영

RPG-7 대전차 로켓포는 값싸고 튼튼하며 쓰기 쉬워 정규군과 비정규군 모두에게 사랑받는 대전차 화기이다. 훌륭한 무기임에도 불구하고 RPG-7에 대한 일반인의 이미지는 좋지 않다. 테러리스트와 반군 그리고 최근에는 소말리아 해적 등을 떠올릴 때 나타나는 대표적인 이미지 중 하나가 바로 RPG-7 대전차 로켓포를 들고 있는 모습이기 때문이다.

RPG-7 대전차 로켓포는 정규군(위)이나 비정규군(오른쪽) 모두에게 사랑받는 무기이다.

전차를 잡기 위해 탄생한 성형작약탄

제1차 세계대전에서 최초로 전차가 등장하자 전후 각국은 이 전장의 괴물을 잡기 위해 많은 노력을 기울였다. 이러한 노력 가운데 나온 결과물 중 하나가 성형작약탄成形炸藥彈頭, Shaped Charge Warhead이다. 성형작약탄은 폭약을 특정한 모양으로 제작하여 일정한 방향으로 폭발 위력이 집중되도록 만든 탄이다. 그 원리는 1880년대 미국의 먼로Munroe와 1910년대 독일의 노이만

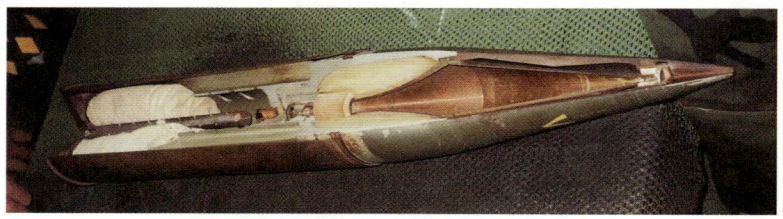

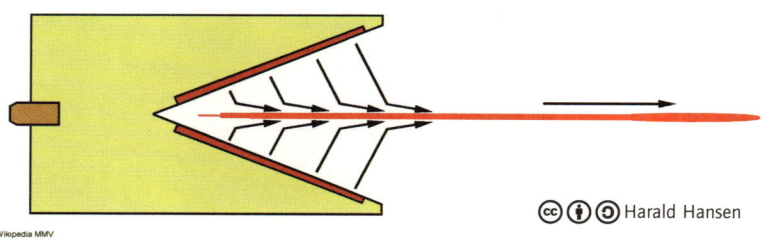

성형작약탄의 단면(위)과 작동 원리(아래)를 보여주는 그림. 아래 그림과 같이 한쪽이 깔때기 모양으로 움푹 들어간 모양으로 폭약을 만들어 놓고, 반대쪽에 신관을 부착하여 폭발시키면 깔때기 입구 쪽으로 강력한 메탈 제트*가 발생하여 관통력을 발휘한다.

* 성형작약탄이 폭발하면서 발생하는 고압의 열과 가스.

Neumann이 각각 발견하여 먼로 효과 혹은 노이만 효과라고 불린다. '먼로 효과'란 간단히 말하면 철판에 폭약을 붙여서 폭발시킬 때보다 철판과 폭약 사이에 약간의 빈 공간이 있을 때, 철판이 더 잘 관통된다는 것이다. 그 효과가 극대화되는 공간의 형태는 깔때기(역원뿔) 모양이다. 이를 이용한 성형작약탄은 살상 면적은 좁지만 폭약의 힘으로 장갑을 뚫을 수 있는 강력한 관통력을 갖는 것이 특징이다. 또한 비교적 소형의 발사체로도 전차의 장갑을 관통시킬 수 있는 경제적인 무기이기도 하다.

대전차 로켓포의 원조, 독일의 판저파우스트

제2차 세계대전은 성형작약탄과 로켓을 결합한 대전차 로켓포가 최초로 전장에 등장한 시기였다. 미국이 개발한 바주카Bazooka와 독일의 판저파우스트

RPG-7의 원조인 독일의 판저파우스트
ⓒ ⓘ ⓞ Deutsches Bundesarchiv

구소련 RPG-2

Panzerfaust는 제2차 세계대전을 대표하는 대전차 로켓포이다. 이 가운데 특히 판저파우스트가 두각을 나타냈다. 판저파우스트는 비록 일회용 무기였고 사거리도 짧았지만, 보병 한 명이 간편하게 운용할 수 있고 당시 모든 전차의 장갑을 뚫을 수 있었다. 제2차 세계대전 중 독일과 싸운 소련은 이 판저파우스트에 호되게 당했다. 전쟁이 끝난 1947년, 소련은 입수한 판저파우스트를 바탕으로 소련 최초의 대전차 로켓포인 RPG-2를 개발한다. 여기서 RPG란 러시아어로 '휴대용 대전차 유탄발사기'란 뜻이다. 1949년 RPG-2 대전차 로켓포는 구소련 육군의 보병 제식장비로 채용되었다. 이후 1961년 RPG-2 대전차 로켓포의 사거리와 위력을 강화시킨 오늘날의 RPG-7 대전차 로켓포가 등장하게 된다.

대전차 로켓포의 베스트셀러 RPG-7

RPG-2 대전차 로켓포의 바통을 이어받은 RPG-7 대전차 로켓포는 구소련과 바르샤바조약기구 회원국 육군의 보병 제식장비로 사용되었다. RPG-7

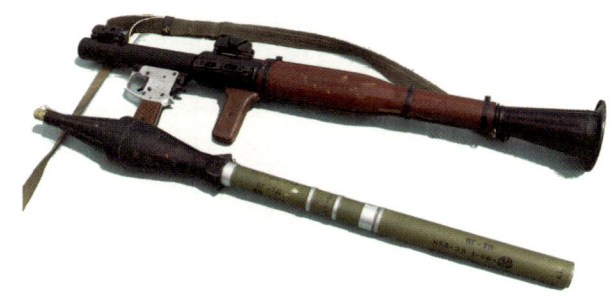

RPG-7 대전차 로켓포. 위는 발사기, 아래는 포탄으로 이 둘을 결합하여 사용한다.
ⓒⓘ Michal Maňas

대전차 로켓포는 구소련의 동맹국에도 판매되었다. 그리고 냉전시절 서방세계에 반대하는 테러리스트와 반군들에게는 유·무상으로 공여했다. RPG-7 대전차 로켓포는 등장하자마자 베트남 전쟁에서 미군을 상대로 혁혁한 전과를 올렸고, 제4차 중동전쟁인 욤키푸르Yom Kippur 전쟁에서는 AT-3 새거Sagger 대전차 미사일과 함께 콤비를 이루어 800여 대의 이스라엘군 전차를 파괴했다.

현재 RPG-7 대전차 로켓포는 러시아의 바잘트Bazalt사에서 생산하고 있으며, 40여 개 국가에서 사용하고 있다. 이와 함께 몇몇 국가들은 RPG-7 대전차 로켓포를 면허생산하거나 혹은 복제 생산했다. 이러한 대표적인 대전차 로켓포로는 중국의 '69식 화전통'과 북한의 '7호 발사관', 베트남의 'B-41 대전차 로켓포'가 있다. 최근에는 미국의 에어트로닉사도 Mk 777이라는 이름으로 RPG-7 대전차 로켓포를 생산하고 있다. 공식적으로 집계한 적은 없지만 세계에서 가장 많이 생산된 대전차 로켓포답게 RPG-7은 구하기도 쉽고 가격 또한 저렴하다. 아프리카나 중동의 암시장에서 판매되는 RPG-7 대전차 로켓포의 경우 발사기는 미화 300달러 정도이고 포탄은 25달러에서 50달러 정도이다. 한화로 약 40만 원도 안 되는 돈으로 한 세트를 구성할 수 있다.

신화를 만든 요술 방망이, RPG-7

RPG-7 대전차 로켓은 다윗과 골리앗의 싸움과 같이 예상외의 결과를 만들어 내기도 했다. 대표적인 사례가 바로 이슬람 전사들과 당시 초강대국 중 하나였던 소련 간에 펼쳐진 1979년의 아프가니스탄 전쟁이다. 이 전쟁에서 이슬람 전사들은 아이러니하게도 소련이 개발한 RPG-7 대전차 로켓포를 사용하여 소련군을 끈질기게 괴롭혀, 결국에는 아프가니스탄에서 소련군을 철군시켰다. 이후 RPG-7 대전차 로켓포는 1994년의 제1차 체첸Chechen 분쟁에서는 러시아군을, 2001년의 아프가니스탄 전쟁과 2003년의 이라크

RPG-7 대전차 로켓포는 신화적 무기가 되었다.

전쟁에서는 미군을 상대하면서 강대국 군대에는 두려움의 상징으로 자리 잡았다.

　RPG-7 대전차 로켓포는 원래 전차를 잡는 대전차 화기이다. 그러나 RPG-7 대전차 로켓포는 전차 이외의 다른 목표물을 공격하는데도 유용하게 쓰이고 있다. 1993년 소말리아의 모가디슈 전투에서 소말리아 반군들은 다수의 RPG-7 대전차 로켓포를 이용해 미 육군의 특수전헬기 블랙 호크Black Hawk 2대를 격추했다. 영화 〈블랙 호크 다운Black Hawk Down〉은 이 사건을 영화화한 것이다. 최근에는 소말리아 해적들이 활개를 치면서 RPG-7을 함정 공격에도 사용하고 있다. 지난 1월 21일 해군 청해부대의 삼호주얼리호 구출작전인 '아덴 만 여명 작전'에서 해군의 구축함 최영함에 가장 위협이 되었던 무기도 바로 RPG-7 대전차 로켓포였다.

대화력전

포병 간 진검 승부

양 욱

대(對)화력전이란 적의 화력지원수단과 이를 지휘통제하는 모든 요소를 무력화함으로써 적의 화력지원 능력과 전투지속 능력 및 전의를 약화시키는 화력전투를 말한다. 쉽게 설명하자면 아군에게 위협을 가하는 적의 포병을 아군의 포병이 화력을 통해 제압하는 것이다. 한마디로 말해 적의 포병과 아군의 포병 간에 숨 막히는 진검 승부다.

대화력전이란 포병 간의 숨막히는 진검승부다. 〈출처: Lockheed Martin〉

대응적 대화력전과 공세적 대화력전

그렇다면 이런 진검승부는 어떻게 이루어질까? 간접화력체계의 대표적인 무기체계로는 야포와 박격포, 지대지 미사일 등이 있는데, 이런 무기체계로 싸우는 것이 바로 화력전이다. 그리고 이런 화력전에 대응하는 것이 대화력전이 된다. 대화력전은 크게 대응적 대화력전과 공세적 대화력전으로 구분한다.

쉽게 말하면 적군이 쏜 이후에 대응하는 것이 대응적 대화력전이고, 적군이 쏘기 전 준비를 하고 있을 때 공격하는 것이 공세적인 대화력전이다. 하나씩 자세히 설명하자면 우선 대응적 대화력전이란 적의 사격 이후에 대포병레이더로 탐지하고, 지상 및 공중관측, 탄흔분석, 또는 특수부대의 관측 하에 적 포병을 공격하는 작전을 말한다. 반면 공세적 대화력전에서는 적의 포병이 공격을 하거나 전투에 영향을 미치기 이전에 적의 포병 및 관련 화력체계를 탐지하여 공격하게 된다. 따라서 공세적 대화력전은 전면전 발발 시 적의 공격 개시를 사전에 차단하는 작전이 된다.

대화력전에서 적 포병을 탐지하는 대표적인 센서장비는 대포병 레이더이다. 사진은 우리 군도 보유하고 있는 AN/TPQ-37(위)과 TPQ-36(아래) 대포병 레이더.

대화력전에 필요한 장비 - 센서와 슈터

대화력전의 장비는 센서Sensor와 슈터Shooter로 구성된다. 우선 목표를 탐지하는 눈과 귀가 되는 센서로는 대포병 레이더와 무인정찰기UAV가 있다. 그리고 목표물을 공격하는 주먹, 슈터로는 야포가 동원된다. 우리 군에서는 센서로는 TPQ-36/37 대포병 레이더를 사용하며 무인정찰기로는 '서처Searcher'와 군단급 무인기인 RQ-101이 있다. 한편 슈터로는 긴 사정거리와 방호성 및 기동성을 자랑하는 K-9 155mm 자주포와 짧은 시간 내에 강력한 화력을 원거리의 적에게 투사할 수 있는 대구경 다연장로켓인 MLRS가 있다.

대화력전에서 슈터의 역할은 자주포와 다연장로켓이 수행한다. 우리 군은 최신에 K-9을 필두로 K-55와 M110 자주포(위) 등을 운용하고 있으며, M270 MLRS 다연장로켓발사기(아래)도 보유하고 있다. (위 사진: ⓒ 김대영, 아래 사진: US Army)

대화력전은 어떻게 수행하나? - 쏘고 빠지는 것이 핵심!

그렇다면 대화력전은 어떻게 벌어지는가? 우선 가상의 상황을 그려보자. 적이 야포를 발사하면 날아가는 적의 포탄을 아군의 대포병 레이더가 탐지하여 정보를 지휘소에 제공한다. 그러면 지휘소는 이 정보를 바탕으로 야포에 사격명령을 내린다. 사격명령을 받은 야포는 적의 야포가 위치한 곳에 사격을 개시한다. 상공에서 대기 중인 무인정찰기는 지휘소에 실시간으로 아군의 포탄이 낙하한 지역의 영상을 전송하여 사격결과를 판정하게 한다. 이후 사격이 유효하지 않다면 지휘부의 판단 아래 재차 사격을 개시한다.

    사실 이렇게 본다면 대화력전이 단순한 군사작전으로 보일 수 있다. 그러나 아군만이 아니라 적군 또한 아군의 야포를 잡기 위해 필사적으로 대화력전을 실시한다. 이러한 원인 때문에 슈터 역할을 하는 야포의 경우 '사격 후 신속한 진지변환 Shoot and Scoot'이 포병의 생사여부를 결정짓는다.

대화력전에서는 공군의 역할도 중요

대화력전이라면 야포만을 사용하는 것으로 생각하기 쉬운데, 앞서 살펴보았듯이 야포와 함께 공군의 역할도 상당히 중요하다. 특히 육군의 장사정 간접화력무기인 155mm 자주포나 MLRS의 사거리는 40킬로미터를 조금 넘는 수준에 불과하다. 따라서 그 거리 이상의 목표물에 대해서는 공군의 근접항공지원(CAS) 없이는 처리하기 힘들다.

    과거의 근접항공지원은 지상항공통제관 G-FAC이 항공기를 통제하여 표적에 유도하고 1,000피트 이하의 저고도에서 대부분 무장을 투하했다. 그러나 휴대용 방공무기의 사거리가 늘어나고 정확도가 높아짐에 따라, 낮은 고도에서 폭탄을 떨어뜨리는 것은 이제는 자살행위가 되어 버렸다. 하지만 휴대용 방공무기들이 발전하는 동안 폭격기술도 현저히 발달했다. 항공기에

대화력전에서 공군의 역할도 중요하다. F-15E 스트라이크 이글 〈출처: USAF〉

같은 대형 전투기에서 투하하는 유도폭탄이나 유도미사일은 지상의 강화진지를 초토화시킬 수 있다.
〈출처: US Navy〉

서 투하하는 무장도 정밀유도화하여 이제는 중고도에서 무장을 투하하게 되고 이전보다 높은 명중률을 자랑하고 있다. 또한 지상의 적군을 탐지·추적하는 목표지시포드도 발전하여 주간이든 야간이든 상관없이 3만 피트 상공에서 폭탄을 떨어뜨릴 수 있게 되었다. 이러한 이유로 인해 대화력전에는 공군 역시 중요한 역할을 맡고 있다고 할 수 있겠다.

흑표

한국군 차기 전차

유용원

땅 위에서 움직이는 지상무기를 대표하는 무기는 과연 무엇일까? 많은 전문가들은 전차를 꼽는 데 큰 이견이 없다. 1973년 제4차 중동전쟁 때 이집트군의 AT-3 대전차 미사일, RPG-7 대전차 로켓 등의 공격으로 수많은 이스라엘 전차가 파괴된 뒤 한때 '전차 무용론'이 부각했었지만 결국 전차의 위상에 큰 영향을 끼치진 못했다. 전차가 1914년 제1차 세계대전 때 처음으로 등장한 이래 100년이 지나도록 '지상전의 왕자'로 굳건히 자리를 지키고 있는 비결은 무엇일까?

지상전의 왕자, 전차

가장 큰 요인으로는 끊임없는 변신과 발전을 들 수 있다. 초기엔 참호 돌파용으로 만들어져 둔중하기 짝이 없는 '깡통' 같은 무기였지만 점차 강력한 방어능력과 기동성을 함께 갖춘 가공할 무기로 탈바꿈한다. 현대에 들어서는 컴퓨터를 활용해 이동 중에도 정확한 사격을 하고 네트워크 통신망으로 정보도 교환하는 첨단무기로 바뀌었다.

전차가 변신해온 세대 구분은 전문가들에 따라 다소 차이가 있다. 하지만 보통 1940년대 후반에 등장한 구(舊)소련의 T-54/55, 미국의 M-48, 영국의 센츄리온Centurion 등의 1세대 전차로 시작해서 1980년대 이후엔 3세대 또는 3.5세대 전차들이 세계 각국의 주력 전차로 활약하고 있는 것으로 평가한다. 3세대 전차로는 미국의 M1 에이브람스, 구소련의 T-80, 독일의 레오파르트 2, 영국의 챌린저, 이스라엘의 메르카바Merkava, 우리나라의 K-1 전차 등을 들 수 있다.

전차는 지상전의 왕자다. 사진은 대한민국의 차기 전차 '흑표'.
ⓒ 김상훈(강원대학교 교수)

1990년대 이후엔 이보다 진보한 3.5세대 전차가 등장했는데 프랑스의 르클레르Leclerc 등이 여기에 해당한다. 세계의 전차 강국들은 최첨단 기술로 무장한 4세대 전차를 차세대 주력 전차로 개발 중이다.

한국군 차기 전차 K-2 흑표

3.5세대 가운데서도 가장 최신 기술을 적용해 만든 것으로 평가받는 것이 한국군의 차기 전차 K-2 '흑표'다. 흑표는 2007년 3월 시제 전차 3대를 처음으로 공개한 뒤 시험평가를 계속해 왔으며, 2012년 실전배치를 목표로 양산을 앞두고 있다.

흑표는 공격력과 방어력, 기동성 등에서 현재 한국군의 최신형 주력 전차인 K-1A1과 차원을 달리한다. 우선 미사일 및 레이저 경고장치와 유도교란 통제장치, 복합연막탄 발사장치 등을 갖추어, 국내 전차 중 처음으로 날아오는 적 대전차 미사일을 교란해 빗나가게 할 수 있다. 또한 전차를 향

120mm 55구경장 주포를 사격하는 흑표. ⓒ 김상훈(강원대학교 교수)

해 날아오는 적 대전차 미사일은 물론 RPG-7 대전차 로켓까지 직접 쏘아 맞혀 파괴하는 '능동방호 시스템'도 장착할 예정이다. 이라크·아프가니스탄 전쟁에서 미군 및 다국적군에게 큰 위협이 되고 있는 RPG-7은 북한군도 광범위하게 쓰고 있어 우리 전차들에도 위협이 되어 왔다.

주포도 K-1A1 전차의 주포보다 1.3미터 가량이나 더 긴 120mm 55구경장* 주포를 장착, '포스'가 넘치는 강렬한 인상을 준다. 최신형 전차 포탄으로 무장하여 북한의 최신형 전차인 '천마호' 전차는 물론, 미·일·중·러·유럽의 어떤 전차도 관통할 수 있다. 또 다목적 고폭탄(HEAT-MP)으로 공중에서 전차를 위협하는 공격헬기를 직접 쏘아 맞힐 수도 있다. 미국의 최신예 전차인 M1A2나 프랑스의 르클레르 등은 헬리콥터와 교전할 능력이 없다.

또 버슬형 자동 장전장치의 채용으로 탄약도 자동으로 장전돼 전차 승무원이 종전 K-1 계열 전차의 4명에서 3명으로 줄었다. 방어력 측면에서도 신형 모듈형 장갑을 장착, 현존하는 세계의 모든 전차에서 발사된 전차 포탄으로부터 대부분의 전차 승무원을 안전하게 보호할 수 있는 것으로 알려졌다. 흑표는 강력한 엔진 등의 채용으로 울퉁불퉁한 구릉지에서도 시속 50킬로미터 이상의 고속으로 달릴 수 있다. 포장도로 등 일반 평지에서는 최대 시속 70 킬로미터로 달릴 수 있다. 또 4.1미터 깊이의 강이나 하천을 건널 수 있어 도하능력도 미국이나 프랑스 신형 전차에 비해 뛰어나다. 전차 자세를 높이거나 낮출 수 있어 산악이 많은 우리나라 지형에 적합하다.

---

* 대포의 포신 길이와 포탄 지름의 비율. 예를 들어 '120mm 55구경장'이라고 하면 포탄의 지름은 120밀리미터이고 포신의 길이는 그 55배, 즉 6.6미터라는 뜻이다. 구경은 원래 포탄의 지름을 말하지만, 혼란의 우려가 없을 때는 구경장을 구경이라고 하기도 한다.

흑표는 구릉지에서도 시속 50킬로미터로 달릴 수 있고, 최고 속도는 시속 70킬로미터에 달한다. ⓒ 김상훈(강원대학교 교수)

세계 최정상급 전차, 흑표

대당 가격도 당초 83억 원으로 책정했으나 방위사업청에서 원가를 다시 정밀 산정한 결과 78억 원으로 5억 원 가량 낮아졌다. 이는 100억 원대인 선진국의 차기 전차에 비해 가격 경쟁력도 있는 것으로 평가한다. 흑표 개발을 주도해온 국방과학연구소ADD는 흑표가 미국의 M1A2 SEP, 독일의 레오파르트 2A6, 프랑스의 르클레르, 러시아의 T-90, 영국의 챌린저 2, 일본의 90식 전차, 중국의 99식 전차 등 세계 각국의 최신예 전차들과 비슷하거나 우수한 것으로 평가하고 있다. 한마디로 '세계 최강'이라고 단정하기는 부담스럽지만 '세계 최정상급'이라고 표현하는 데는 무리가 없다는 것이다.

흑표는 해외 수출 면에서도 청신호가 켜져 있는 상태다. 지난 2007년 6월 방위사업청은 터키의 차기전차 개발에 흑표의 기술을 수출할 것이라고 발표했다. 그동안 K-1 및 K-1A1 전차의 경우 세계 각국의 러브 콜을 받았지만, 미국의 기술지원을 받아 개발돼 수출이 제한되어 왔다. 하지만 흑표는 구성품의 90% 이상을 국내 독자기술로 만들었기 때문에 수출에 큰 제약이 없어 터키 수출이 가능해진 것이다.

실전배치를 기다리는 흑표

그러나 흑표를 본격 양산하여 우리 군에 실전배치하고 수출까지 실현하기 위해서는 아직 넘어야 할 산이 남아 있다. 2009년 말 핵심 부품인 엔진 파워팩(엔진 및 변속기, 냉각장치)에 결함이 발견돼 양산을 유보한 상태다. 방위사업청과 엔진개발 업체 등은 엔진 파워팩 결함을 보완해 2012년 중으로 시험평가를 끝낼 계획이다. 이 시험평가 작업이 성공적으로 종료되면 흑표는 명실상부한 한국군 차기전차로 탈바꿈할 것이다.

K-1/K-1A1 전차

대한민국 지상군의 주력 전차

김대영

1950년 6월 25일 새벽 4시, 북한군은 소련제 전차인 T-34 전차 240여 대를 앞세우고 38선을 돌파했다. 북의 전차들은 우리 군의 방어선을 순식간에 무너뜨리고, 전쟁 발발 3일 만에 수도 서울에 나타났다. 북한군 전차에 밀려 결국 우리 군은 낙동강 전선으로 후퇴했다. 이후 3년간의 치열한 전투 끝에, 1953년 7월 27일 휴전협정을 체결했다. 그러나 북한군 전차는 여전히 우리 군의 가장 큰 위협 중 하나이며, 특히 수량 면에서 우리 군을 압도하고 있다. 그러나 질적인 면에서는, 더 이상 우리 군의 상대가 되지 못한다. 우리 군에게는 한반도 최강의 전차인 K-1과 K-1A1 전차가 있기 때문이다.

K-1 전차의 개량형, K-1A1전차의 주포인 120mm 활강포가 불을 뿜고 있다. 〈출처: 국방일보〉

한국형 전차의 개발

남북한의 긴장이 한창이던 1970년대 초 북한은 1,600여 대의 전차를 보유했고, 자체적으로 전차를 생산할 능력도 갖추고 있었다. 반면 당시 우리 군의 전차는 보유 수량 면에서나 성능 면에서 북한군 전차에 비해 열세였다. 결국 박정희 정권 당시인 1975년 7월 한국형 전차를 개발하기로 결정했다. 한국형 전차 사업은 방호력, 기동성, 화력 면에서 3세대 전차인 독일의 레오파르트 2 전차나 미국의 M1 전차 수준을 요구했다. 그러나 당시 국내에서는 이러한 성능의 전차를 설계할 기술과 경험이 부족했다. 결국 1976년 미 육군의 차기 전차인 M1 전차의 생산회사로 지정된 크라이슬러 디펜스Chrysler Defense사(현 GDLS사)와 한국형 전차의 설계와 개발에 합의한다. 이렇게 시작한 한국형 전차 사업은 이후 '88 전차' 사업으로 불리는데, 이는 1988년 서울 올림픽을 성공적으로 수행한다는 의미가 담겨 있었다. 1984년 4월 2대의 시험용 전차를 제작하여, 미 디트로이트 셀프릿지 주 공군기지에서 열린 축하식장에서 첫선을 보이게 된다.

미국에서 제작된 K-1 전차의 시제차량인 XK-1 전차. 〈출처: Raytheon〉

미 디트로이트 셀프릿지 주 공군기지에서 열린 축하식장에서 첫선을 보인 XK-1 전차. 〈출처: GDLS〉

88 전차에서 K-1 전차로

미국에서 제작된 2대의 시험용 전차는 미 육군의 애버딘^{Averdeen} 시험장으로 보내져 각종 테스트를 수행했다. 그리고 국내에서도 현대정공(현 현대로템)이 미국의 생산기술을 지원받아, 5대의 전차를 생산하게 된다. 1985년 11월 3대의 전차가 군에 배치되어 군 운용시험에 투입되고, 나머지 2대는 국방과학연구소에 인도되어 기술시험에 들어간다. 기술지원과 부대시험을 성

1987년 9월 육군 승진 사격장에서 열린 K-1 전차에 대한 명명식 장면. 〈출처: 대한민국 육군〉

K-1 전차는 1,200마력 엔진을 장착, 최대 시속 65킬로미터의 속력을 낸다. ⓒ 김대영

공리에 마친 88 전차는, 이후 K-1 전차라는 제식명이 붙고 1987년 7월부터 본격적인 양산에 들어가게 된다. 서울 올림픽을 개최하기 정확히 1년 전인 1987년 9월 17일, 육군 승진 사격장에서 K-1 전차에 대한 명명식과 함께 성대한 성능시범을 보였다. K-1 전차는 1990년대 중반까지 1,000여 대가 생산되었다. 이후 1996년 4월 26일에는 K-1 전차를 개량하여 공격력과 방어력을 향상한 K-1A1 전차가 등장한다. K-1A1 전차는 2002년부터 총 480여 대가 생산되었다.

헌터킬러 기능과 닐링 시스템

K-1 전차는 3세대 전차의 기본적인 성능을 갖추고 있다. K-1 전차는 주포로 105mm 강선포(KM68A1)를 장착했다. 주포의 성능은 북한군의 주력 전차인 T-55/62 전차는 물론, T-72 전차도 충분히 격파할 수 있다.

K-1A1 전차의 경우 주포를 120mm 활강포(KM256)로 업-건UP-GUN해, 주변국의 주력 전차와 대등한 공격력을 발휘한다. 또한 K-1 전차는 헌터킬러 기능을 가지고 있다. 헌터킬러 기능이란 포수가 사격하는 사이 전차장이 새로운 표적을 조준하면, 사격이 끝난 즉시 주포가 전환되어 다시 사격이 가능토록 한 기능이다. 헌터킬러 기능의 장점은 사격시간 단축은 물론, 다수의 표적과 교전이 가능하다는 것이다. 헌터킬러 기능을 적용한 미 육군 M1A2 전차의 실험 결과, 헌터킬러 기능이 없는 M1A1 전차에 비해 공격력이 54%, 생존성이 100% 향상되었다고 한다. K-1 전차는 주간에만 헌터킬러 기능이 가능했으나, K-1A1 전차는 전차장 조준경에 열영상 장치를 장

K-1 전차(왼쪽)와 K-1A1 전차(오른쪽). K-1A1 전차가 주포가 더 크고, 전차장 조준경이 달라진 점이 눈에 띈다. 〈왼쪽 사진: ⓒ 김대영, 오른쪽 사진: 대한민국 육군〉

착하여 야간에도 헌터킬러 기능을 사용할 수 있게 되었다.

또한, K-1 전차에는 닐링 시스템Kneeling System을 장착했다. 보통 전차의 주포는 수직으로 -6도~+19도 범위 내에서 사격이 가능할 뿐, 이 이상의 하향사격이나 상향사격은 곤란하다. K-1 전차는 이러한 제한을 극복하기 위해 유기압 현수장치를 이용, 전차의 차체 높이를 낮추거나 높일 수 있다. 한반도의 산악지형을 고려한 독특한 특징이다. K-1 전차는 1,200마력의 엔진을 장착하여 톤당 23.5마력을 자랑한다. 이를 통해 최대 시속 65킬로미터의 속력을 낼 수 있다.

K-1 전차 포탑의 간결한 형상

전차 방어력의 핵심인 포탑 전면장갑은, K-1 전차 생산 초기에는 공간장갑을 사용했고, 이후 양산을 본격화하면서 복합장갑이 밀봉상태로 미국에서 공급되었다. 그러나 이후 국산 복합장갑을 독자적으로 개발하여 장착했다. 포탑의 측면 장갑은 공간장갑으로 제작했다. 또한 K-1 전차의 포탑에는 포탑을 감싸 안은 듯이 설치된, 바스켓과 다용도함이 일종의 보조장갑 역할을 한다. 이러한 노력 덕분에, K-1과 K-1A1 전차는 북한군의 다양한 대전차 무기를 효과적으로 방어할 수 있다. 또한 독특한 포탑의 모양으로, K-1 전차 포탑은 특유의 간결한 형상을 가지고 있다. K-1 전차는 다른 전차들과 달리 차고가 매우 낮다. 차고 높이가 낮다는 것은 포탑이 상대적으로 작다는 얘기이다. K-1 전차는 작은 포탑을 효율적으로 사용하기 위해 주포를 최대한 포탑 앞쪽에 설치했고, 포탑 내부의 공간낭비를 최소화했다. 작은 포탑은 은폐와 엄폐를 요하는 매복 작전과 이동 공격 시, 적에게 발각당할 확률이 줄어드는 장점이 있다. 반면 전차 승무원의 거주성이 좋지 않다는 단점이 있다.

구난전차와 교량전차

K-1 전차가 본격적으로 배치되면서, K-1 전차를 지원하기 위한 구난전차와 교량전차 등도 개발되었다. 구난전차는 전장에서 손상된 전차를 신속히 구난·정비하는 임무를 수행한다. 크레인 시스템은 최대 25톤을 인양할 수

구난전차. 전장에서 손상된 전차에 대해, 신속한 구난 및 정비임무를 수행한다. ⓒ 김대영

교량전차. K-1 전차의 차체 위에 가위형 교량을 탑재하고 있다.
〈출처: Rotem〉

있다. 주 원치는 활차를 이용하여 최대 70톤까지 견인할 수 있다. 이밖에 전차를 수리하는데 필요한 다양한 특수 장비 및 공구를 갖추고 있다. 교량전차는 K-1 전차의 차체 위에 가위형 교량을 탑재하고 있다. 가위형 교량은 영국의 기술지원을 받아 현대정공(현 현대로템)에서 생산했다. 교량은 가설 장치에 의해 작동되며, 폭 4미터, 길이 22미터의 교량으로 60톤 차량의 통과가 가능하다. 교량은 3~5분 이내에 가설되며, 교량의 양편에서 회수가 가능하다.

T-80U 전차

러시아 최신형 전차

김대영

1996년 9월, 서울공항에 엄청난 덩치를 자랑하는 러시아제 An-124 수송기가 활주로에 내려앉았다. 수송기 안에는 우리 군이 최초로 정식 도입한 러시아 전차 T-80U가 실려 있었다. 적 전차로 여겨졌던 러시아산 전차가 한국 땅을 밟자, 군 관계자들은 격세지감을 실감했다. T-80U 전차는 러시아군도 당시 400여 대밖에 도입하지 못한 최신형 전차였다. 총 30여 대가 도입된 T-80U 전차는 '적성장비', 즉 적의 무기체계를 연구하기 위해 들여

온 교육용 전차였다. 그러나 육군은 이후 T-80U 전차를 정식장비로 채택했고, 지금은 일선부대에서 전투용으로 사용 중이다. 육군의 T-80U 전차는 적성장비를 군의 정식장비로 채택한 전 세계적으로도 드문 사례라 할 수 있다.

베일에 싸인 의문의 전차

T-80U 전차의 원형이라고 할 수 있는 T-80 전차는 1976년 등장했다. 냉전이 정점에 달한 시절, 당시 소련군의 최신형 전차 T-80에 대한 정보는 극히 제한적이었다. 그러나 철의 장막을 넘어 알려진 정보들은, 서방측 군 관계자들을 경악시키기에 충분했다. T-80 전차는 소련군의 최정예 부대에만 배치된, T-64 전차를 발전시킨 신형 전차였다. T-64 전차는 기존의 T-62 전차와 달리 신형 차체와 125mm 활강포를 장착하고, 강력한 장갑을 갖춘 것으로 알려졌다. 다른 소련제 전차와 달리 T-64 전차는 국외에 단 한 대도

T-64 전차. T-80은 이를 발전시킨 것이다. ⓒⓕⓞ Ashot Pogosyants

냉전 당시 소련군의 최신형 전차였던 T-80.

수출된 적이 없었다. 소련 붕괴 이후 알려졌지만, T-80 전차는 T-64 전차의 저조한 기동력을 개선하기 위해 개발된 전차였다.

가스터빈 엔진을 장착한 최초의 러시아 전차

T-64 전차에 장착한 수평대향 디젤엔진은 일반적인 디젤엔진에 비해 무게 중심이 낮고 진동이 적었다. 그러나 전차에 충분한 기동력을 제공하지 못했고, 복잡한 엔진 구조 때문에 야전에서의 정비도 불편했다. T-80 전차에는 이러한 문제점을 극복하기 위해, 소련 전차 최초로 항공기에 주로 사용되는 가스터빈 엔진을 장착했다. 가스터빈 엔진은 전차에 일반적으로 사용하는 디젤 엔진에 비해 경량이면서 저온에서의 시동성이 좋다. 또한 구조가 간단하고 정비보수가 유리한 장점을 가지고 있다. 그러나 생산비가 높고 연비가 떨어지는 단점이 있다. T-80 전차에 장착한 가스터빈 엔진은 1,000마력의 출력을 자랑했다. T-80 전차는 T-64 전차보다 명중률이 향상된 신형 사격통제장비와 신형장갑을 장착했다.

T-80U 전차에 장착한 GTD-1250 가스터빈 엔진. 〈출처: Rosvooruzhenie〉

T-80U 전차에는 125mm 포탄 45발과, 6발의 포 발사 대전차 미사일, 기관총 및 기관포 탄약을 탑재한다. 〈출처: Rosvooruzhenie〉

1985년에 등장한 T-80U 전차

T-80 전차는 지속적으로 개량되었다. 현재 육군이 사용하는 T-80U 전차는 1985년에 등장했는데, 서방측에는 1989년이 되어서야 그 존재가 알려졌다. T-80U 전차는 차체는 T-80 전차와 동일하지만 포탑은 중동전쟁과 아프가니스탄 전쟁을 교훈 삼아 새로 설계했다. 덕분에 구소련 전차의 최대

성능을 시연 중인 T-80U 전차. 〈출처: Rosvooruzhenie〉

약점이라 할 수 있는 포탑 방어력이 서방측 전차 이상으로 향상되었다. 또한 포탑 외부에 장착되는 반응장갑은 성형작약탄 뿐만 아니라, 운동에너지탄에도 효과가 있는 신형을 장착했다. 사격통제장치와 야시장비의 기능 또한 강화하여, 이동 시 사격과 야간 전투능력이 향상했다. 엔진 또한 1,250마력의 신형 엔진으로 교체했다. T-80U 전차는 최대 시속 74킬로미터의 속력을 자랑하며, 증가연료탱크를 장착할 경우 440킬로미터의 항속거리를 가지고 있다.

수출시장에 내몰린 비운의 전차

한때 소련군의 비장의 무기였던 T-80U 전차는 구소련이 붕괴하고 러시아로 재편되면서, 경제난을 이유로 수출시장에 모습을 선보이게 된다. 1993년 아랍에미리트의 아부다비Abu Dhabi에서 열린 국제방산전시회에서 T-80U 전차가 수출시장에 처음으로 공개되었다. 그러나 최신형 전차임에도 불구하고 좀처럼 수출이 이루어지지 않았다. 더욱이 1996년 체첸 분쟁 당시 그로즈니Groznyi 시가전에서 러시아군이 운용하던 T-80B와 T-80BV 전차가 체첸 반군의 RPG-7 대전차 로켓포에 대량으로 파괴되기도 했었다. 나중에 알려졌지만 전차 운용병들의 숙련도가 낮았고, 시가전에 무리하게 대량의 전차를 동원했던 러시아군의 전술에 문제가 있었다. 하지만 이러한 점은 결국 수출의 악재로 작용했고, T-80U 전차의 수출은 요원한 듯 했다.

돈 대신 받아온 전차

1991년 우리 정부는 당시 소련에게 14억 7,000만 달러의 경협차관을 빌려주었다. 그러나 소련 붕괴 후 경제 상황이 악화일로를 걸으면서 새로 들어

T-80U 전차의 주포인 125mm 활강포가 불을 뿜고 있다. 〈출처: Rosvooruzhenie〉

경쾌한 기동성을 자랑하는 T-80U 전차 〈출처: Rosvooruzhenie〉

육군이 운용 중인 러시아의 T-80U 전차. 국내에서 30여 대가 운용 중이다. 〈출처: Rosvooruzhenie〉

선 러시아 정부는 이를 갚을 돈이 없었고, 결국 현금 상환 대신 현물 상환을 하기로 협정을 체결한다. 이때부터 러시아제 무기 도입 사업인 '불곰사업'을 시작했고, 이렇게 도입한 군 장비 중 하나가 T-80U 전차다.

육군에 배치된 T-80U 전차는 많은 군 관계자들에게 새로운 충격이었다. 당시 105mm 주포 위주였던 육군의 전차와 달리, T-80U 전차에 장착한 125mm 주포는 대구경 포답게 강력한 위력을 보여 주었다. 또한 우리 전차에는 없었던 자동장전장치와 포 발사 대전차 미사일 등은 기존 전차와 한 차원 다른 전차로 보였다. 이러한 T-80U 전차의 특징들은 육군의 차기 전차 K-2의 개발과정에 반영되었다. 우리나라를 시작으로 T-80U 전차는 3개국에 수출되었으며, T-80 계열 전차들은 2005년 기준으로 5,000여 대가 생산되었다.

K-9 자주포

지상군의 수호자

양 욱

"대포는 저속한 싸움에 존엄을 가져온다."

프리드리히 2세 (프로이센 왕, 재위 1740~1786)

제2차 세계대전에서 포병의 적 사살율이 60%에 이른다는 통계가 있다. 노련한 병사에게 전장에서 가장 두려운 것이 무엇이냐고 묻는다면 십중팔구 '포격'이라고 답한다. 이런 간단한 수치나 질의만 보아도 21세기의 스마트 전쟁에서도 왜 대포가 중요한지 드러난다. 미군도 아프가니스탄과 이라크 전쟁에서 포병의 미비한 배치를 아파치 공격헬기와 같은 항공지원으로 보충하려고 노력했지만 그 결과는 암울했다.

스스로 움직이는 대포

자주포란 차량에 탑재되어 스스로 움직일 수 있는 대포를 말한다. 최초의 자주포는 제1차 세계대전에 등장한 Mk I 야포차량이다. 세계 최초의 전차인 Mk I의 차대를 활용한 Mk I 야포차량은 포를 이동시키는데 말을 사용하지 않고 스스로 이동가능하다는 점에서 커다란 혁신이었다.

과거에는 구축전차나 돌격포 같은 직사화기도 자주포로 분류했다. 특히 구축전차 등은 전차와 동일한 임무를 수행하면서 부족한 기갑전력을 보완하는 역할을 했다. 현대에 들어 자주포는 포병전력의 주축으로 자리하고 있는데, 특히 대포병 능력이 강조되면서 자주포의 중요성은 증가했다.

최초의 자주포인 영국의 Mk I

견인포의 경우 포병이 한번 이동하고 진지를 구축하기 위해서는 상당한 시간이 걸린다. 병력이 포를 차량과 결합하고 다시 진지를 구축하고 포를 배치하는 데만 해도 몇십 분이 걸린다. 그 사이 적은 아군의 포병에 대한 대포병 작전을 실시하여 포대를 초토화할 수도 있다.

하지만 자주포가 등장하고 나서 실전에서 운용은 매우 간단해졌다. 자주포 자체가 이동하는 포대진지이기에 부대 전개와 이동에 필요한 부수적인 시간을 절감할 수 있었다. 그리하여 포격 이후 약 1~2분 만에 장소를 이동하여 공격하는 '사격 후 신속한 진지변환 Shoot and Scoot'이 가능해졌다.

세계의 자주포

하이테크 기술을 자랑하는 21세기 스마트 전장에서도 현대적 육군은 포병 전력을 중시한다. 디지털 컴퓨터 사격장치, 위성항법장치(GPS) 및 관성항법

미국의 자주포 M109A6 팔라딘 〈출처: US Army〉

장치(INS) 등을 도입하면서, 자주포는 더 이상 좌표를 찾느라 시간을 소모할 필요 없이 즉각 포격이 가능해졌다. 견인포에 비해 고가의 무기체계임에도 불구하고 많은 국가가 자주포의 개발 및 배치에 인색하지 않다. 이는 자주포가 뛰어난 기동성 및 생존성을 보유하여 지상군의 전력상 우위를 보장하는 유효한 수단이기 때문이다.

야포는 서구권과 동구권에서 각각 105mm, 122mm가 주력이던 것이 현재는 155mm, 152mm가 표준이 되고 있다. 현재 주력 자주포로는 M109A6 팔라딘(미국), AS90(영국), G6(남아공), PzH2000(독일), CAESAR(프랑스), 2S19 MSTA-S(러시아), 83식(중국), 99식(일본) 등이 있다.

포병의 공격거리도 점차 증대하여 제2차 세계대전 당시 10킬로미터 권이던 사정거리가 70년대 말부터는 30킬로미터로 증가했으며, 요즘에 이르러서는 40킬로미터 대에 육박하게 되었다. 이에 더하여 로켓추진식의 스마트 포탄 등이 개발되면서 사거리는 더더욱 증가하고 있다. 특히 현대의 자주포는 포탄 장전 및 포신 구동을 자동화하여 빨리 쏘고 빨리 장전할 수 있다. 또한 무인정찰기, 영상탄환, 인공위성 등의 도움으로 적을 실시간으로 보면서 정확한 공격을 할 수 있다.

국산 명품 무기체계 1호, K-9 자주포

우리나라는 이미 고려 말에 최무선이 흑색화약을 개발하는 등 화포 개발의 선진국이었다. 우리 육군도 포병전력의 국산화에 노력을 기울여 70년대 초부터 105mm와 155mm 견인포를 국내 생산했다. 미군으로부터 M107 자주포를 도입하여 운용해오던 우리나라는 1985년부터는 K-55 자주포를 생산하여 약 1,000여 대를 배치하고 있다.

이런 국산화 노력에도 불구하고 1980년대 당시 우리의 화포 전력은 북한에 비하여 열세했다. 북한군의 포병전력은 수적으로 우위에 있었을 뿐 아

대한민국 명품 무기체계 1호로 데뷔한 K-9 자주포 ⓒ 양욱

니라 보유한 화포의 절반가량이 자주화 및 차량탑재용이어서 기동성이 뛰어난 포병전력을 보유했다.

우리 육군은 이런 양적 열세를 질적 우위로 극복하고자 했다. 특히 사정거리가 증가한 야포를 배치하여 군단 종심작전에 대한 화력지원이나 화력전 수행능력을 향상해야만 했다. 이에 따라 KH179와 K-55의 개발경험을 바탕으로 우리 육군은 K-55를 이어갈 차세대 자주포의 개발에 착수했다.

차세대 자주포 K-9은 1989년부터 체계개념연구를 시작하여 약 10년간의 집중적인 연구개발을 통해 1999년부터 전력화되었다. 국방과학연구소의 주도로 삼성테크윈, WIA, 풍산, 한화, LG정밀 등 100여 개의 업체가 개발에 참가했다. 그래서 K-9은 1990년대 국방과학기술의 총화와도 같은 존재이다. 또한 우리나라가 세계에 자신 있게 내놓은 제1호 국산 명품 무기체계가 되었다.

K-9 자주포의 세계 정상급 성능

K-9은 52구경장(약 8미터)의 155mm 포신을 채용하여 사정거리가 40킬로미터 이상으로 늘어났다. K-9은 최대 3분간은 분당 6발의 사격이 가능하므로 기존의 K-55보다 3배 이상의 화력효과를 낼 수 있다. 특히 K-9은 자동장전시스템과 자동포신이동시스템을 갖추고 있다. 즉 K-9의 사격통제용 컴퓨터에 표적위치를 입력하면 자동으로 사격제원을 산출하여 포구를 목표 방향으로 지향시키고 탄약을 자동으로 이송, 장전한다. 결과적으로 K-9 자주포는 서 있는 상태에서라면 30초 이내에 초탄을 발사할 수 있다.

게다가 K-9은 혼자서 사격제원을 바꾸면서 사격을 할 수 있다. 이에 따라 단독 TOT Time On Target* 능력을 갖추게 되었다. 이렇게 단독 TOT 능력을 갖추게 되면 한 대의 자주포가 여러 대가 동시에 쏜 것과 같은 효과를 갖는

세계 정상급의 성능을 보유한 K-9의 기동 모습 ⓒ 양욱

* 다른 위치에서 다른 시간에 쏜 포탄이 같은 위치에 동시에 떨어지도록 하는 사격.

다. 예컨대 K-9 한 대가 3발을 쏘면, K-55 3대가 한 발씩 쏜 것과 똑같은 결과를 가져온다. 단순하게 말하자면 K-9 한대가 K-55 3대에 맞먹는 능력을 갖는다는 말이다.

K-9은 1,000마력의 디젤엔진을 탑재하여 최대 67킬로미터까지 달릴 수 있어 K1 시리즈 전차와 동등한 기동능력을 자랑한다. 위치확인장치, 자동 사격통제장치, 포/포탑 구동장치 및 통신장치를 탑재했기 때문에 스스로 계산한 사격제원 또는 사격지휘소로부터 접수된 사격제원에 따라 포를 자동으로 발사할 수 있다.

방호력의 측면에서는 전차만큼은 단단하지 않지만 고강도 장갑판을 채용하고 있다. 이에 따라 적 포병화력의 파편이나 중기관총, 대인지뢰 등에 대한 방호력을 갖추고 있다. 또한 화생방전 대응능력을 갖추고 있어 생존성이 향상되었다.

K-9은 미국이 보유한 M-109A6 팔라딘이나 영국의 AS90에 비해 현저히 우수한 성능을 발휘하며, 세계 최강이라고 불리는 독일의 PzH2000과 비교해도 손색이 없는 성능이다. 어떤 제원을 살펴보아도 '세계 정상급'이라는 수식어가 부끄럽지 않다. 바로 이런 K-9의 성능에 주목한 터키는 K-9의 기술을 도입하여 자국에서 생산한 T155 FIRTINA 자주포를 운용하고 있다.

K-9은 대당 가격이 40억 원에 이르는 고가의 무기체계이다. 약 10억 원이었던 K-55 자주포에 비하면 매우 높은 가격이다. 하지만 K-55보다 한 차원 높은 성능인 데다가 동급의 최첨단 자주포인 PzH2000의 가격이 약 100억 원에 이른다는 사실을 감안한다면 가격대 성능 면에 있어서도 K-9은 우수한 첨단무기체계라고 하겠다. 최근에 K-9의 결함에 관한 이야기가 있는데 잘 보완하여 더욱 완벽한 무기로 거듭나기를 바란다.

M-109 자주포

서방 세계 표준 자주포

김대영

M-109 자주포는 1960년대 초 실전배치 이후, 1만여 대가 생산되었다. 현존하는 자주포 가운데 가장 많은 생산 대수를 자랑한다. 특히 냉전시절 서방세계 국가들을 중심으로 운용되어, '서방세계의 표준 자주포'라는 별칭을 가지고 있다. 50여 년의 세월을 거쳤지만 M-109 자주포는 개발국인 미국을 포함하여 전 세계 20여 개 국가에서 개량을 거듭하며 여전히 주력 자주포로 활약하고 있다. 우리나라도 예외가 아니다. 한때는 미국에 이어 세계

M-109A6 팔라딘 자주포의 발사장면.

에서 두 번째로 많은 M-109 자주포를 보유하고 있었다. 최근에는 미군의 M-109 자주포들이 조금씩 퇴역함에 따라, 세계에서 가장 많은 M-109 자주포를 운용 중인 국가가 되었다.

차세대 자주포의 기준

M-109 이전의 자주포들은 크게 두 형식으로 분류한다. 포차에 밀폐할 수 있는 회전식 포탑을 장착한 형과, 회전식 포탑을 사용하지 않고 대구경 화포를 포차에 직접 탑재한 형이다. 전자는 비교적 소형 자주포로 전선에 인접한 부대의 화력 지원용이었다. 후자는 사거리가 긴 대구경 화포의 장점을 활용해 전선 후방에서 사용했다. M-109 자주포는 자주포치고는 가벼운 23.5톤의 무게에 155mm 대구경 화포를 탑재했고, 대형의 밀폐형 전주 선회식 포탑을 갖고 있다.

전주 선회식 포탑의 장점은 적의 소총이나 포탄의 파편으로부터 승무원

M-109 자주포 초기형. 이후 지속적으로 개량되고 있다.

8인치 대구경 화포를 포차에 직접 탑재한 M-110 자주포. M-109에 밀려나 미 육군에서는 이제 사용하지 않는다.

을 충분하게 보호할 수 있으며, 포차의 방향에 상관없이 포탑을 회전시켜 원하는 방향에 사격할 수 있다. 또한 나토(NATO)에서 대구경 화포의 구경을 155mm로 표준화하면서, M-109 자주포는 이후 개발된 차세대 자주포들의 '멘토Mentor' 역할을 하게 된다. 차세대 자주포인 영국의 AS-90과 독일의 PzH-2000 그리고 우리나라의 K-9 자주포의 경우, 기능 면에서는 M-109 자주포에 비해 월등히 앞서 있다. 그러나 기본적인 형상 면에서는 M-109 자주포를 그대로 답습하고 있다.

백전노장 자주포

M-109 자주포는 베트남 전쟁을 시작으로 전장에 데뷔했고, 본격적으로 활약한 것은 1973년 제4차 중동전쟁인 욤키푸르 전쟁부터이다. 당시 이스라엘군의 M-109 자주포 1개 대대가 이집트군을 상대로 맹활약을 펼쳤다. 1982년 벌어진 레바논 전쟁에서 이스라엘군의 M-109 자주포는 시가전을 벌이던 팔레스타인해방기구(PLO) 군대를 상대로 직접사격을 가해 적을 제압하기도 했다. 일반적으로 자주포가 간접사격을 하는 것을 생각하면 이례적인 일이었다. 2006년의 레바논 전쟁과 2008년의 가자Gaza 지구 전투에 참가한 M-109 자주포는, 민간인이 사는 도심 지역에 백린연막탄을 발사해 물의를 일으키기도 했다. 백린연막탄은 제네바 협정에 의해 민간인이 사는 도심 지역에 사용이 금지된 무기이다. M-109 자주포는 이 밖에 1980년의 이란-이라크 전쟁, 1991년의 걸프전, 2003년의 이라크 전쟁에도 참가했다.

M-109A6 팔라딘

50여 년의 세월 동안 M-109 자주포는 개량을 거듭하여 다양한 파생형이 생산되었다. 개량의 목적은 주로 사정거리를 늘리고, 발사속도를 높이는 데

M-109의 개량형인 M-109A6 팔라딘 자주포.〈출처:US Army〉

스위스 루아그사가 개량한 M-109 KAWEST 자주포.〈출처: Ruag〉

있었다. 수많은 개량형 중에 가장 최신의 M-109 자주포는, 미 육군이 현재 운용 중인 M-109A6 팔라딘(Paladin)이다. 팔라딘은 기존의 M-109 자주포에 비해 일반적인 고폭탄 사용 시 사거리가 23킬로미터로 늘어났으며, 로켓보조추진탄과 같은 사거리 연장포탄을 사용할 경우 30킬로미터까지 사격 가능하다. 이 밖에 적의 대화력전에 대비한 '사격 후 신속한 진지변환' 기능도 추가되었다. 주·야간에 상관없이 사격 과정이 자동화되고, 이동 중에도 1분 안에 초탄 발사가 가능하다. 또한 승무원 생존성 향상을 위해 포탑 내부에 케블라 방탄소재를 추가했고, 화생방 방호 시스템도 도입했다.

팔라딘 자주포는 앞으로 생존성이 향상된 M-109A6 PIM^{Paladin Integrated Management} 형상으로 개량할 예정이다. 미국 외에도 스위스군이 운용 중인 M-109 자주포도 팔라딘과 같이 개량되었다. 스위스 루아그^{Ruag}사가 개량한 M-109 KAWEST 자주포는 팔라딘에 비해 높은 발사속도와 긴 사정거리를 자랑한다.

한국형 M-109 자주포 K-55

우리 군은 1980년대 초 자주포의 독자개발을 추진했으나, 국내 기술 부족으로 기술제휴를 통해 자주포의 국내 생산을 추진했다. 미국의 M-109A2 자주포를 채택하고, 이후 K-55라는 제식 명칭을 부여한다. K-55의 55는 155mm 자주포를 의미한다. 1985년부터 양산을 시작, 1997년까지 네 차례 생산을 거치면서 총 1,000여 대를 육군과 해병대에 배치했다. K-55 자주포는 M-109A2 자주포를 참고로 했지만 한국적 특성에 맞게 개량했다. M-109A2 자주포의 경우 화생방 병기에 대한 방어력이 없으나, K-55는 화학전에 대비한 화생방 시스템을 탑재하고 있다. 또한 피격 시의 화재를 대비한 할론 소화 장비를 갖추고 있어, M-109A2에 비하여 전체적인 방어력이 우수하다. K-55 자주포는 자주포 외에 계열차량으로 K-77 사격지휘

K-55 자주포. 총 1,000여 대를 생산하여 배치했다. 〈출처: 국방부〉

K-55A1 자주포, K-55 자주포의 개량형이다. 〈출처: 국방일보〉

장갑차가 있다.

　명품 자주포인 K-9 자주포를 군에 배치하고 있지만, 수량 면에서는 여전히 K-55 자주포가 우리 군의 주력 자주포이다. 그러나 최대사거리가 24킬로미터로 짧고, 반응성이 떨어진다는 단점이 있다. 이러한 문제 때문에 현재 K-55 자주포를 성능개량사업을 거쳐 K-55A1으로 개량하고 있다. K-55A1 자주포는 팔라딘과 유사한 성능을 가지며, 사거리 면에서는 K-9 자주포에 뒤처지지만 반응속도는 대등한 것으로 알려져 있다. 2011년 초부터 생산하여 50여 대를 육군에 배치했다. 앞으로 1,000여 대의 K-55 자주포를 K-55A1 자주포로 개량할 예정이다.

정밀유도무기

스커드 미사일
현대전에서 어김없이 등장한다

김대영

'스커드Scud'는 냉전 시절 소련에서 개발하여 제3세계의 많은 국가에 판매한 탄도미사일이다. 걸프전 당시 텔레비전을 통해 스커드 탄도미사일에 의한 피해가 전 세계에 생중계되면서, 맞수였던 패트리어트Patriot와 함께 스커드는 걸프전의 스타로 등장했다. 이후 미국에서는 서방에서 개발하지 않은 모든 탄도미사일을 '스커드'로 부르곤 한다.

'스커드'라는 이름

사실 '스커드'란 이름은 구소련에서 명명한 것이 아니라, 나토(NATO)에서 명명한 일종의 코드네임이다. 구소련이 개발한 R-11 탄도미사일(사정거리 180킬로미터)을 나토에서 'SS-1B 스커드 A'라고 부르면서 처음 스커드라는 용어를 사용했다. R-11 탄도미사일은 마케예프 설계국 Makeyev OKB에서 개발되어 1957년 소련군에 실전배치되었다. R-11 탄도미사일의 가장 발전된 부분은 로켓엔진이다. R-11 탄도미사일의 로켓엔진은 V-2 탄도미사일의 다중실 Multi-Chamber 구조보다 훨씬 단순하며, 진동방지장치를 채용하여 이후 소련 우주 로켓엔진 발전에 선구자적 역할을 했다.

1961년 개량형인 SS-1C 스커드 B 탄도미사일(사정거리 300킬로미터)을 시작으로 1965년 SS-1D 스커드 C 탄도미사일(사정거리 550킬로미터)이 등장

스커드란 나토에서 명명한 코드네임이고, 원래 이름은 R-11이다.

스커드(R-11) 탄도미사일의 로켓엔진은 구소련 우주 로켓 엔진 발전에 선구자적 역할을 했다. ⓒⓘⓞ Radomil at Wikipedia.org

한다. 스커드 B와 스커드 C 탄도미사일은 일반적인 고폭탄 탄두와 80킬로톤 핵탄두, 그리고 화학탄두를 사용할 수 있다. 1980년에 개발된 스커드 D 탄도미사일(사정거리 300킬로미터)은 기화폭탄 탄두와 자탄형식의 탄두를 사용할 수 있었다. 모든 형식의 스커드 탄도미사일은 액체추진방식의 단발 로켓엔진을 사용한다. 스커드 B 탄도미사일의 경우 1970년대부터 총 7,000여 발이 생산되어 생산국인 구소련을 포함하여 32개 국이 운용하게 된다.

이밖에 제3세계 국가들을 중심으로 스커드를 복제하거나 사정거리를 연장한 탄도미사일도 등장한다. 이런 변종 스커드 탄도미사일에 대표적인 것으로는 이라크의 알 후세인 탄도미사일과 북한의 화성 5/6호(스커드 Mod B/C), 노동 탄도미사일이 있다. 1990년대 이후 세계시장에서 가장 많이 판매된 스커드 탄도미사일인 북한산 화성 6호 탄도미사일의 경우 사정거리는 500킬로미터에 달하고 가격은 400만 달러 전후로 알려져 있다.

북한의 변종 스커드 탄도미사일에는 화성 5/6호(스커드 Mod 3/C), 노동 탄도미사일이 있다. 〈출처: 국방부〉

전쟁이 있는 곳에 스커드가 있다

탄도미사일의 원조라고 할 수 있는 독일의 V-2 탄도미사일은 제2차 세계 대전 중 세계 최초로 실전에 그 위력을 선보였으나, 전후에는 역사의 뒤안 길로 사라졌다. 반면, V-2 탄도미사일의 자손 중 하나인 스커드 탄도미사일 은 지금까지도 전쟁이 일어나는 곳이라면 어김없이 모습을 보이고 있다. 스 커드 탄도미사일은 크게는 이란-이라크 전쟁, 아프가니스탄 전쟁, 걸프전에 서 쓰였고, 작게는 예멘 내전과 러시아의 체첸 내전에까지 사용되어, 그야 말로 크고 작은 전쟁에서 가장 많이 사용된 탄도미사일이라는 불명예를 가 지고 있다. 이 가운데 이란-이라크 전쟁은 스커드의 전쟁으로 불려도 좋을 만큼 많은 수의 스커드 탄도미사일이 사용되었으며, 이란과 이라크 양측이 모두 스커드를 사용했다는 진기록을 가지고 있다.

스커드의 전쟁

1980년 9월 22일, 이라크의 침공으로 이란-이라크 전쟁이 시작되었다. 이라크는 1982년 10월 27일 최초로 이란을 향해 스커드 B 탄도미사일을 발사했는데 이란의 데즈풀Dezful이라는 곳에 미사일이 떨어져 21명의 민간인이 사망하고 100여 명이 다쳤다. 이라크는 100여 발의 스커드 B 탄도미사일을 1985년까지 이란을 향해 발사했다. 무기금수조치를 당한 이란은 1985년 리비아Libya로부터 소수의 스커드 B 탄도미사일을 입수하게 되고, 같은 해 3월 12일 이라크의 수도 바그다드Bagd와 키르쿠크Kirkuk에 스커드 B 탄도미사일을 발사해 피해를 입힌다. 반면 이라크가 보유한 스커드 B 탄도

이란-이라크 전쟁에서 이라크가 사용한 스커드 변종 미사일인 알 후세인 탄도미사일

미사일은 사정거리가 짧아 내륙에 위치한 이란의 수도 테헤란을 공격할 수 없었다.

이라크는 구소련에게 사정거리가 900킬로미터에 달하는 SS-12 스케일보드Scaleboard의 판매를 요구하지만 소련은 거부한다. 대신 이라크는 기존 스커드 B 탄도미사일의 사정거리를 연장하는 방법을 강구하게 되고, 결국 서독 방위산업체에서 파견한 기술자들의 도움으로 사정거리가 1,000킬로미터에 달하는 '알 후세인Al Hussein'을 개발한다. 이와 함께 소련에서 300여 발의 스커드 B 탄도미사일을 수입하자, 이에 질세라 이란도 북한으로부터 화성 5호 탄도미사일 100여 발을 수입한다. 이란과 이라크의 스커드 발사 경쟁은 1988년 정점에 달했다.

'도시간의 전쟁The War of The Cities'으로 알려진 상대방 수도에 대한 스커드 탄도미사일 공격을 시작한다. 1988년 2월 29일, 이라크는 총 189발의 알 후세인 탄도미사일을 테헤란Teheran과 이란의 주요 도시에 발사하여 2,000여 명의 이란인을 죽음으로 내몰고 6,000여 명을 다치게 했다. 이에 맞서 이란도 북한으로부터 수입한 화성 5호 탄도미사일 77발을 바그다드로 발사한다. 양측의 공격은 같은 해 4월 20일까지 이어지다가 이란과 이라크가 협상 테이블에 마주 앉게 되었다. 결과적으로는 이라크의 승리였다.

스커드 탄도미사일의 장단점

스커드 계열 탄도미사일 가운데 스커드 B 탄도미사일 체계는 1990년대 이후 개발된 탄도미사일의 표본이 되었다고 해도 과언이 아니다. 특히 발사 후 신속히 위치를 변경하는Shoot and Scoot 능력은 스커드 B 탄도미사일 체계의 가장 큰 장점이다. 이 점은 현존하는 많은 탄도미사일 체계에도 그대로 적용되고 있다. 특히 기존의 스커드 A 탄도미사일 체계가 궤도식 발사대를 사용한 반면 스커드 B 탄도미사일 체계는 차륜식 발사대를 적용했다. 또한 미

발사 후 신속히 위치를 변경하는 능력은 스커드 B 탄도미사일 체계의 가장 큰 장점이다. ⓒ Davric at Wikipedia.org

사일 발사대와 발사차량이 일체화된 발사체계로 뛰어난 기동성을 가지고 있다.

　스커드 B 탄도미사일 체계의 이러한 장점은 걸프전 당시 다국적군이 곤욕을 치르게 했다. 발사 준비를 하는 데는 로켓연료 주입과 기상관측으로 인해 1시간 정도의 시간을 소요하지만, 미사일 발사 후 5분 이내에 장비를 정리하고 이동할 수 있다. 10분이 지나면 발사위치에서 8킬로미터 거리의 임의지역으로 이동이 가능했다. 결국 걸프전 기간 동안 다국적군은 '스커드 헌팅Scud Hunting'이라는 이름하에 공군과 특수전 전력 상당수를 스커드 잡기에 동원할 수밖에 없었다. 그런데, 스커드 탄도미사일 체계는 기동성은 좋은 반면 명중률 자체는 높은 편이 아니다. 스커드 B 탄도미사일의 원형공산오차Circular Error Probability:CEP*는 450미터로 알려져 있다. 목표물 반경 450미터 이내에 탄두가 떨어진다는 말이다. 그러나 이것은 구소련에서 제작한 스커드B 탄도미사일을 기준으로 했을 때 얘기이다. 예를 들어 이란-이라크 전쟁과 걸프전 당시 이라크가 사용한 알 후세인 탄도미사일의 경우 원형공산오차가 1킬로미터에 달했다. 이러한 원형공산오차로는 일반적으로 제일 많이 사용되는 고폭탄두로는 목표물에 피해를 주기가 힘들다. 더 많은 피해를 주기 위해선 핵탄두나 화학탄두를 사용할 수밖에 없고 군사시설에 사용한다 하여도 시설 주변 민간인의 피해가 더 클 수밖에 없다.

* 미사일이나 폭탄의 명중 정도를 나타내는 용어로 통상의 미사일에 대해서는 별로 사용하지 않고, 주로 탄도미사일이나 유도폭탄에 대해서 사용한다. CEP는 폭탄 등을 투하했을 때, 그중 반수가 명중하는 원의 반경을 가리킨다. 즉 10발 공격했을 때 5발이 들어가는 원을 그렸을 때 그 반경이 5미터라고 하면, CEP는 5미터인 것이다.

토마호크 미사일

전쟁의 신호탄

김대영

순항미사일은 항공기가 처음 등장했을 때부터 꿈의 병기로 그려져 왔다. 특히 아군의 인명피해 없이 적을 폭격할 수 있는 무기라는 점은 큰 매력이었다. 토마호크 순항미사일은 이러한 순항미사일 중 하나이다. '토마호크 Tomahawk'는 본래 아메리카 인디언이 사용하던 전투용 도끼를 말하지만, 미 해군의 순항미사일에 이 명칭을 사용하면서 미국의 강력한 군사력을 상징하는 무기 체계로 유명해졌다.

토마호크 순항미사일의 개발

제2차 세계대전 기간 중 독일이 순항미사일인 V-1을 개발해 실전에서 사용했다. 전쟁이 끝나고 동서 냉전이 시작되면서, 미국과 소련은 다양한 종류의 순항미사일을 개발한다. 1960년대 운용이 간편한 고체 추진 방식의 탄도미사일이 등장하면서, 미국은 순항미사일의 개발과 운용을 포기했다. 반면 소련은 달랐다. 위협적인 미 해군 항공모함에 대항할 수단이 필요했지만 이에 맞대응할 항공모함을 갖출 여력이 없었던 소련의 대안은 미사일로 미군 함정을 침몰시키는 것이었는데, 탄도미사일로는 움직이는 군함을 명

함정에서 발사 후 날개를 펴고 순항하는 토마호크 미사일

정밀유도무기 | 215

중시키기 어려웠다. 따라서 소련에게 순항미사일은 절대 포기할 수 없는 무기였다. 소련은 개발에 집중했다.

1967년, 이집트 해군이 발사한 소련제 스틱스^{Styx} 함대함 미사일에, 이스라엘 해군의 구축함 에일라트^{Eilat}가 격침당하는 사건이 발생한다. '스틱스 쇼크$^{Styx Shock}$'로 알려진 이 사건으로 대함 미사일은 실전에서 처음으로 강력한 위력을 발휘했다. 스틱스 쇼크에 놀란 미국은 1970년대 다급하게 대함 순항미사일 개발에 나서고, 1977년 유명한 하푼^{Harpoon} 대함 미사일을 해군에 배치한다. 1983년 미 해군은 보다 성능을 향상한 다목적 순항미사일을 선보이는데, 바로 토마호크 순항미사일이다.

토마호크의 독특한 유도체계

순항미사일은 기본적으로 관성항법장치(INS)나 위성항법장치(GPS)와 같은 항법장치를 이용해 목표물을 공격하게 된다. 그러나 토마호크 순항미사일은 버전에 따라 약간씩 차이는 있으나, 이런 항법장치와 함께 지형 대응 유도방식$^{Terrain\ Contour\ Matching;TERCOM}$과 디지털 영상 대조 유도장치$^{Digital\ Scene-Mapping\ Area\ Correlator;DSMAC}$라는 유도체계를 추가로 사용하기도 한다.

지형 대응 유도방식(TERCOM)은 토마호크 순항미사일에 장착한 전파 고도계로 비행하는 지역의 고도를 측정하여, 미리 입력된 경로의 디지털 고도 정보와 비교하면서 비행하는 방식이다. 이 방식의 장점은 순항미사일이 저공비행을 할 수 있어, 적의 레이더에 발견될 확률이 적다는 점이다. 디지털 영상 대조 유도장치(DSMAC)란 토마호크 순항미사일에 장착한 열영상 카메라로 목표 지역을 촬영한 후, 미리 입력한 이미지와 대조하여 미사일을 유도하는 장치다. 특히 이 장치는 토마호크 순항미사일이 정확하게 목표물에 명중하는 데 큰 도움을 준다. 그러나 TERCOM과 DSMAC는 미리 입력해야 할 정보가 많아 운용이 까다롭다는 단점도 있다.

지형 대응 유도방식(TERCOM), 디지털 영상 대조 유도장치(DSMAC)의 개념도

토마호크는 형식에 따라 다양한 유도장치를 조합, 목표물에 정확히 명중한다.

　　TERCOM과 DSMAC를 조합한 경우, 중간 유도 단계에서는 TERCOM을 사용하고, 최종 유도 단계에서는 DSMAC를 사용한다. 이때 토마호크 순항미사일은 최대 3~10미터의 정확도를 가진다. 또한 토마호크 순항미사일은 목표물의 특성에 따라 수직 및 수평 공격을 선택할 수 있어, 목표물에 보다 큰 피해를 줄 수 있다.

다양하게 발전한 토마호크 순항미사일

　　토마호크 순항미사일은 1983년 미 해군에 배치된 이후 다양하게 발전해왔다. 최초 배치된 토마호크 순항미사일은 핵탄두를 탑재하고 수상함 및 잠수함에서 발사하는 대지 공격용 미사일이었다. 이어 재래식 탄두를 탑재한 대함 공격용 버전도 비슷한 시기에 등장한다. 이후 핵탄두 탑재형을 이동 차량에 탑재하는 등 지상 발사 미사일로 진화하게 된다. 더불어 재래식 탄두 탑재형도 정확도를 향상시켜 대지 공격으로 영역을 확대한다. 대지 공격용에서는 비행장 등을 공격하기 위해 자탄子彈, submunition을 탑재한 형태 등도 나온다. 현재 사용되는 토마호크는 두 차례의 큰 개량이 이루어진 것으로, 블록3이라 불린다.

2003년에는 전술토마호크Tactical Tomahawk; TACTOM가 새롭게 등장했다. 블록3의 발전형으로 블록4로 불리기도 한다. 전술토마호크는 특히 스텔스 성능과 네트워크 기능이 강화되었다. 기존의 토마호크 순항미사일은 사전에 입력한 목표물만 공격할 수 있었다. 반면에 전술토마호크는 미사일을 발사한

토마호크는 잠수함, 이동식 차량, 구식 전함, 최신 이지스함 등 각종 무기에 탑재하여 발사할 수 있도록 다양하게 발전했다.

함정이나 잠수함 혹은 적진 깊숙이 침투한 특수부대가 통신장치를 이용해, 입력된 목표물 외의 다른 임의의 목표물을 지정해 공격할 수 있다. 또한 유도방식도 간략화했다. 운용이 까다로운 지형 대응 유도방식은 제거하고, 그 자리를 위성항법체계(GPS)로 대신했다.

전쟁의 신호탄이 된 토마호크 미사일

지난 1991년 걸프전을 시작으로 토마호크 순항미사일은 미국의 군사개입을 알리는 신호탄 역할을 하고 있다. 2011년 리비아 공습에서도 첫날 미 해군 함정에서 124발의 토마호크 순항미사일을 발사하며 전쟁의 시작을 알렸다.

특히 이 공습에서는 최초로 순항미사일공격 원자력잠수함(SSGN)인 '플로리다'가 참가했다. SSGN은 핵공격 임무에서 해제된 오하이오급 전략핵

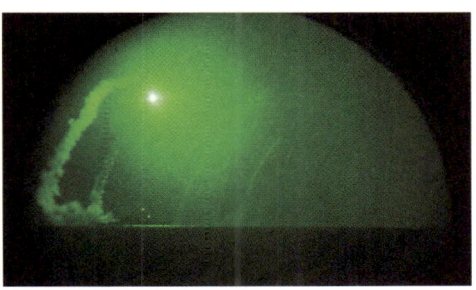

2011년의 리비아 공습 첫날 토마호크 미사일 발사 장면. 첫날에만 총 124발을 발사했다.

잠수함을 개조한 함정으로, 자그마치 154발의 토마호크 순항미사일을 장착한다. 토마호크에 의한, 토마호크를 위한 잠수함인 셈이다. 1995년부터는 미 해군 외에도 영국 해군이 토마호크 순항미사일을 트라팔가^{Trafalgar} 공격용 원자력잠수함에서 운용하고 있다. 토마호크 순항미사일의 대당 가격은 100만~150만 달러(한화 11억~17억 원)로 알려져 있으며, 사거리는 2,500킬로미터이다.

대함 미사일

함정을 격침하는 무기

유용원

제3차 중동전쟁 중이던 1967년 10월 21일 이집트의 포트사이드^{Port Said} 항 인근에서 무력시위 중이던 이스라엘 구축함 에일라트(1,730톤급)를 향해 4발의 미사일이 날아왔다. 1960년대 중반에 이집트 해군이 소련으로부터 도입한 코마르^{Komar}급 미사일 고속정에서 발사한 스틱스 함대함 미사일(SSN-2)이었다.

대함 미사일, 골리앗을 쓰러뜨리는 다윗의 병기

미사일 공격을 받은 에일라트는 승무원 190명 중 47명 전사, 41명 부상이라는 큰 인명피해를 입고 침몰했다. 100톤도 안 되는 소형 미사일정이 2,000톤에 육박하는 함정을 격침한 것이다. 다윗이 골리앗을 쓰러뜨리는 순간이었다. 스틱스 미사일은 4년 뒤인 1971년 인도-파키스탄 전쟁에서

코마르급 고속정에서 발사되는 스틱스 미사일.

스틱스 미사일의 발사 장면.

Hs 293, 로켓엔진을 장착한 글라이더형 미사일. 후기형은 무선 유도가 가능하다.

프리츠 X, 투하 후 무선 유도로 낙하지점을 조정할 수 있다.

다시 한 번 주목을 받았다. 인도 해군이 발사한 13발의 스틱스 미사일 가운데 12발이 파키스탄 함정에 명중한 것이다. 이로써 스틱스는 함정을 잡는 세계 최초의 실용 대함 미사일로 한동안 대함 미사일의 대명사가 되었다.

대함 미사일의 원조급 무기들

물론 스틱스 이전에도 대함 미사일의 원조로 불리는 무기들이 있었다. 제2차 세계대전 때 독일군이 개발하여 1943년부터 사용한 Hs-293는 길이 3.6미터로 로켓모터를 장착해 시속 900킬로미터의 속도로 목표물을 공격했다. 자체 추진기관이 없어 엄밀하게 말하면 미사일로 보기 힘들지만 미사일처럼 연합국 선박을 공격했던 '프리츠 X$^{Fritz X}$'도 대함 미사일의 원조로 꼽힌다. 무선 리모컨으로 조종하던 프리츠 X는 1943년 4만 5,000톤급 이탈리아 전함을 2발의 명중탄으로 격침시켜 위력을 과시했다.

정밀유도무기 | 223

대표적인 대함 미사일 - 하푼, 선번, 엑조세

스틱스의 놀라운 전과戰果 이후 세계 각국이 앞다퉈 대함 미사일을 개발해 다양한 대함 미사일이 등장했다. 지금도 계속 신형 미사일이 등장하고 있다. 그중 대표적인 것으로 미국의 하푼, 러시아의 3M80 선번Sunburn, 프랑스의 엑조세Exocet 등을 들 수 있다. 미국의 하푼은 프랑스 엑조세와 함께 서방 세계에서 가장 널리 사용하는 대함 미사일이다. 신형인 하푼 블록Ⅱ는 사정거리가 150킬로미터로, 2003년 실전배치되었다. 길이 4.6미터, 직경 34센

선번 대함 미사일.

엑조세 대함 미사일.

티미터로 최대속도는 마하 0.9다. 수상 목표물은 물론 육상 표적도 공격할 수 있고 정확도가 향상되어 50킬로미터 밖에서 '10미터의 정확도'를 갖는 것으로 알려졌다. '정확도 10미터'는 목표물을 중심으로 100발의 미사일을 발사했을 때 50발은 목표물 반경 10미터 이내에, 나머지 50발은 반경 10미터 밖에 떨어진다는 얘기다.

러시아의 3M80 선번은 초음속으로 공격해 요격이 힘들고 강력한 파괴력을 가져 '항공모함 킬러'로 불리는 미사일이다. 러시아가 막강한 미국의 항공모함 전단에 대응하기 위해 개발했다. 수면 위 7미터의 낮은 고도에서 마하 2.5의 초음속으로 비행하고 공격 직전에 적 함정의 단거리 대공 미사일 공격을 회피하기 위한 급격한 기동을 한다. 5,000톤급의 대형 함정도 단 한 발로 무력화시킬 수 있는 것으로 평가받는다. 사정거리는 90~160킬로미터이고 러시아, 중국 등이 보유하고 있다. 길이 9.4미터, 직경 76센티미터의 대형 미사일이다. 러시아는 선번보다 작고 보다 다양한 함정에 탑재할 수 있도록 정확도를 향상한, 신형 초음속 대함 순항미사일 3M54E 클럽Club도 개발했다.

프랑스 엑조세 미사일은 포클랜드Falkland 전쟁 때 아르헨티나군이 사용하여 영국의 최신형 구축함을 격침하면서 유명해졌다. 원래 사정거리는

70킬로미터이지만 180킬로미터로 늘린 신형 블록Ⅲ이 개발되고 있다. 길이는 5.9미터, 직경은 35센티미터다.

동북아 각국의 대함 미사일

1990년에 90식 대함 미사일을 개발한 일본도 XASM-3라는 신형 초음속 대함 미사일을 개발 중인데, 이는 항공기에서 발사되는 공대함 미사일이다. 중국은 러시아에서 도입한 소브레메니^{Sovremenny}급 구축함에 선번 초음속 미사일을 탑재해 미 항모전단을 견제하고 있으며, 역시 미 항공모함을 겨냥한 HY-3A라는 대형 미사일도 개발했다. 대만도 슝펑 3형雄風三型, Hsiung Feng Ⅲ이라 불리는 초음속 대함 미사일을 개발했는데 마하 2의 속도로 비행하고 사정거리도 300킬로미터에 달한다.

일본 XASM-3 대함 미사일.

국산 대함 미사일, 해성

한국 해군의 경우 미국제 하푼과 프랑스제 엑조세 미사일을 도입해 구축함, 호위함, 고속함 등에 탑재해 사용해왔으며 2003년 이후 국산 대함 미사일 '해성'을 배치하고 있다. 해성은 1996년부터 8년간에 걸쳐 개발했다. 2003년 8월 해군 초계함에서 발사한 해성 미사일이 70킬로미터 떨어진 목표물을 정확히 명중시켜 성능을 입증했다. 해성은 우리 해군의 첫 이지스함인 세종대왕함, 한국형 구축함 등에 속속 배치되고 있다.

미국의 하푼과 대등한 성능을 갖고 있는 것으로 평가되는 해성은 사정

국산 해성 대함 미사일.

거리 150킬로미터, 순항속도는 마하 0.8로 수면 가까이 낮게 비행해 요격하기 힘들다. 국산 무기 개발을 총괄하고 있는 국방과학연구소(ADD)에서는 2000년 이후 해성을 발전시킨 국산 초음속 대함 미사일도 개발 중인 것으로 알려졌다. 중국·러시아·일본·대만 등 주변국이 모두 초음속 대함 미사일을 개발했거나 개발 중이기 때문에, 국산 초음속 대함 미사일 개발 필요성이 더욱 절실한 상황이다.

스마트폭탄

천재가 된 폭탄

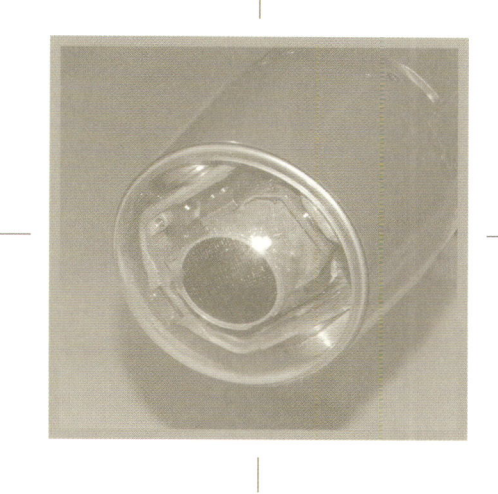

김대영

바보가 한순간에 천재가 된다? 상상하기 힘든 일이지만 지금부터 소개할 스마트폭탄의 세계에서는 가능한 일이다. 일반적인 범용폭탄에 몇 가지 유도키트만 달아주면, 폭탄은 그야말로 바보에서 천재가 되어 정확하게 목표를 타격한다. 이전까지의 범용폭탄은 중력과 바람에 따라 떨어질 곳이 정해졌다. 결국 정확도가 떨어져서 무차별적으로 투하할 수밖에 없었고, 목표물에 명중되기까지 여러 번의 공습이 필요했다. 하지만 현대전에 쓰이는 정확한 스마트폭탄은 목표물을 한 번에 정확하게 제거한다.

놀라운 정확도로 명중하는 스마트폭탄

스마트폭탄, 전장을 변화시키다

스마트폭탄은 지난 1991년 걸프전에서 전쟁 상황이 실시간으로 TV 방송을 통해 보도되면서 그 위력을 대중에 유감없이 선보였다. 특히 걸프전에서는 새로운 작전 개념으로 동시에 대규모 목표를 타격하는 방식을 적용하여 150여 개의 표적을 24시간 이내에 공격했다. 제2차 세계대전 기간인

1942~1943년에 B-17과 B-24 같은 대형 폭격기로 유럽을 공격했던 것에 비해 더 많은 표적을 단 하루 만에 공격한 것이다. 하지만 걸프전에서 사용된 스마트폭탄은 전체 폭탄의 8%에 불과했다. 반면 2003년의 이라크 전쟁에서 사용된 스마트폭탄은 전체 폭탄의 68%로 대폭 늘어났다. 스마트폭탄의 사용량에 비례하듯 이라크의 정규작전은 '충격과 공포'라는 신조어를 만들어내고 불과 한 달여 만에 끝나고 말았다.

스마트폭탄의 원조는 독일

걸프전과 이라크 전쟁에서 미군이 스마트폭탄을 대량 사용하는 것을 보고 미국이 개발국이라 생각하기 쉬우나, 사실 스마트폭탄의 원조는 독일이다. 제2차 세계대전 당시 독일이 개발한 중장갑 타격용 '프리츠 X'가 역사상 최초의 스마트폭탄이었다. 스페인 내전 당시 독일 공군 루프트바페Luftwaffe는 일반적인 범용폭탄으로는 이동 중인 함정에 대한 폭격이 힘들어 스마트폭

스마트폭탄의 원조인 프리츠 X.

스마트폭탄의 가치가 입증된 것은 베트남 전쟁이다.

탄의 필요성을 느끼게 되었다.

프리츠 X는 길이 3.3미터, 무게 1.4톤의 초강력 폭탄에 폭 1.4미터의 날개, 조절판, 꼬리날개, 유도장치와 점광 신호기 등으로 구성된다. 폭격기에 탑승한 승무원이 점광 신호기로 폭탄의 위치를 확인하면서 라디오 원격 조정으로 낙하 궤도를 수정해 목표물에 폭탄을 명중시킨다. 1938년부터 개발을 시작한 프리츠 X는 1943년 7월 21일에 실전배치되었다. 프리츠 X를 이용한 폭격은 8월부터 본격적으로 시작하여 이탈리아 시칠리아Sicilia 항과 메디나Medina 해협의 연합군 목표물에 대한 폭격을 감행했다. 9월 9일 단 3발의 프리츠 X가 이탈리아 해군의 만재 배수량 4만 5,000톤의 최신형 비토리오베네토Vittorio Veneto급 전함 3척 중 1척을 침몰시키고 다른 1척을 항행 불능에 빠뜨리면서, 전쟁의 양상을 바꾸는 스마트폭탄의 존재를 세상에 처음으로 알렸다.

레이저유도폭탄 페이브웨이의 등장

스마트폭탄의 시작은 제2차 세계대전이었지만 실전에서 스마트폭탄의 가치를 입증한 전쟁은 베트남 전쟁이다. 베트남 전쟁 당시 1965년부터 4년

대표적인 레이저유도 스마트폭탄, 페이브웨이 III.

페이브웨이 III의 레이저 탐색기.

동안 연 600대의 전투기와 폭격기가 범용폭탄으로 폭격하고도 파괴하지 못한 중요 목표를 단 한 차례의 폭탄으로 파괴한 사건이 발생한다. 그 목표는 북베트남의 수도 하노이Hanoi에서 90킬로미터 떨어진 탄호아Thanh Hoa 철교이며, 이때 사용한 폭탄이 바로 스마트폭탄, 레이저유도폭탄이었다. 레이저유도폭탄 개발은 1964년 미국의 텍사스 인스트루먼츠Texas Instruments사가 시작했다.

레이저유도폭탄은 1968년부터 베트남 전쟁에서 운용되기 시작했으며, 이후 6년 동안 TV유도폭탄과 함께 2만 5,000여 발이 사용되어 1만 8,000여 개의 목표물을 파괴했다. 레이저유도폭탄은 범용폭탄에 레이저유도키트를 장착해 완성한다. 장착하는 레이저유도키트 중 가장 유명한 것이 미국 레이시언Raytheon사와 록히드마틴사가 생산한 '페이브웨이Paveway' 키트다.

레이저유도폭탄을 목표물에 유도하는 원리는 이렇다. 전투기나 지상군이 목표물에 레이저 빔을 비추면 전투기 조종사가 목표 근처 상공에서 레이저유도폭탄을 투하하고, 낙하 중인 폭탄이 목표물에 반사된 레이저 빔을 감지하여 목표를 따라가 명중하는 것이다. 1960년대에 페이브웨이 I 을 처음 실전에 투입한 이후 1973년부터 페이브웨이 II 시리즈를 미 공군에 실전배치했다. 페이브웨이 II는 항공기 탑재에 용이하게 개량되었고 전개식 핀이 장착되어 사정거리가 증대했다. 1986년부터 배치된 페이브웨이 III 시리즈는 최종 단계인 레이저유도 이전 중간 단계에 디지털 자동조종장치를 사용하는 2단계 유도방식과 대형 핀을 사용해, 보다 저고도에서 원거리 투하가 가능하도록 개발되었다.

GPS유도폭탄 제이담의 등장

앞서 살펴본 레이저유도폭탄은 목표의 2~3미터 이내에 명중할 정도로 정확했지만, 레이저를 비추어야 하므로 상당 부분 시각에 의존해야 했다. 또

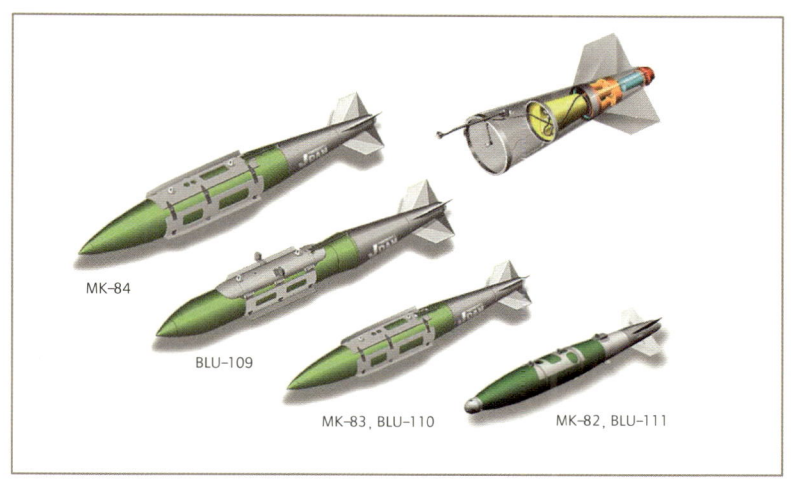

제이담은 키트 형식으로 일반 폭탄에 부착한다.

한 악천후에서는 사용이 불가능할 때가 많았다. 예를 들어 지난 1999년 나토의 유고연방 공습작전인 '연합군 작전Operation Allied Force' 때의 경우 산악 지형의 특성으로 인해 유고슬라비아에서는 종종 목표물 상공에 심하게 안개가 끼거나 낮게 구름이 깔리는 현상이 발생했다. 이때 공중에서 투하된 레이저유도폭탄은 반사된 레이저 빔을 찾지 못해 폭탄 투하가 불가능하거나 혹은 목표물이 아닌 다른 곳에 유도되어 오폭사고가 발생했다. 미국은 1991년 걸프전 이후 레이저유도폭탄의 이러한 문제점을 해결하기 위한 새로운 방식의 스마트폭탄을 찾게 되는데 GPS유도폭탄이 그것이었다.

최초의 GPS유도폭탄은 1992년부터 미국의 노스럽 그러먼Northrop Grumman 사에서 생산한 GPS지원폭탄GPS-Aided Munition: GAM이었다. B-2 폭격기용으로 특별 제작한 것으로 역시 키트 형식으로 개발된 갬(GAM)은 GBU-36/B와 GBU-37/B로 분류하는데, 극히 소량만 생산되어 아프가니스탄 전쟁과 이라크 전쟁에서 전량 사용되었다. 이후 본격적인 GPS유도폭탄이 선보이게 되는데 바로 제이담(JDAM)이다. 합동직격탄Joint Direct Attack Munition의 약자인 제이담은 1996년부터 미국의 보잉Boeing사에서 생산되었다. 앞서 살펴본 페이브웨이와 같은 키트 형식으로 위성항법장치(GPS)와 관성항법장치(INS)가 내장되어 있으며, 날개 부분에 방향조정용 플랩이 붙어 있다. 키트는 범용폭탄 후미에 장착되어 폭탄을 정밀유도한다. 고도 1만 4,000미터에서 투하했을 경우 제이담의 사거리는 28킬로미터다. 제이담은 GPS 위성의 정보를 받아 목표물까지 정확하게 폭탄을 유도한다. 만일 적의 전파방해로 인해 GPS 위성의 정보를 받을 수 없으면 INS를 사용하여 유도한다. 그러나 이때에는 GPS유도 시 13미터였던 오차가 30미터로 커지게 되는 단점이 있다.

국내에서 개발 중인 한국형 스마트폭탄 KGGB

국내에서는 미래에 변화하는 전장에 대비하고자 공군을 중심으로 한국형 GPS유도폭탄Korea GPS Guide Bomb, 즉 KGGB를 개발 중에 있다. KGGB는 앞서 설명한 페이브웨이나 제이담과 같은 키트 형식으로 GPS유도방식을 사용한다. 같은 GPS유도방식을 사용하는 제이담과 달리 KGGB는 활공형 유도키트로 글라이더 날개가 달려 있어, 사정거리가 28킬로미터인 제이담에 비해 장착되는 폭탄의 종류와 투하 고도에 따라 74~111킬로미터까지 사정거리를 늘릴 수 있다. KGGB를 장착한 폭탄은 투하 후 유도키트에 입력된 표적으로 비행하게 되지만, 경우에 따라 비행 도중 목표물의 변경도 가능하다.

그리고 또 하나의 장점은 KGGB는 기존의 스마트폭탄과 달리 구형 전투기인 F-4와 F-5에서도 운용이 가능하다는 점이다. 기존의 GPS유도폭탄인 제이담의 경우 운용을 하려면 F-16과 같은 비교적 신형의 전투기라도 성능개량을 통해 항공전자체계와 인터페이스를 업그레이드하지 않으면 운용이 불가능하다. 이에 비해 KGGB는 조종사가 휴대하는 자료입력 단말기를 통해 공격에 필요한 각종 자료를 입력 받는다. 조종사가 폭탄유도에 필

KGGB는 2013~2014년에 실전배치를 목표로 개발 중이다. 〈출처: 국방일보〉

요한 목표물의 좌표 선회지점 등을 무릎 위의 자료입력 단말기에 입력하면 무선으로 직접 유도키트에 전달되어 투하 준비가 완료된다. KGGB와 유사한 체계로는 미국 록히드마틴사의 롱샷Longshot 키트가 있으며 지난 1989년부터 개발해 운용하고 있다. KGGB는 2013~2014년 실전배치를 목표로 한참 개발 중에 있다.

_해상무기

니미츠급 항공모함

바다 위의 비행기지

유용원

1910년 11월 14일 목재로 만든 임시 활주대를 설치한 순양함 버밍엄 Birmingham에서 유진 엘리Eugene Ely는 항공기를 힘차게 발진시켰고 4킬로미터 떨어진 지상에 안착했다. 세계 최초의 항공기 발함이 성공한 순간이었다. 2개월 뒤인 1911년 1월에는 활주대와 착함 장치를 설치한 순양함 펜실베이니아 Pennsylvania에서 항공기 이착륙에 성공했다. 사상 처음으로 항공기가 함정에서 뜨고 내리는 항공모함의 가능성을 보여준 것이다.

배에서 항공기가 뜨다

그 뒤 제2차 세계대전을 겪으면서 항공모함은 해상전의 주역으로 떠올랐다. 미드웨이 해전 등을 통해 거포를 장착한 전함의 시대에서 항공모함의

세계 최초의 항공기 발함 순간 (1910년).

남중국해에서 작전 중인 미 항공모함 전투단.

시대로 바뀌었음을 과시했다. 제2차 세계대전 이후 냉전 시기 미국과 소련 간에 군비경쟁이 시작되어 두 초강대국이 팽팽히 맞섰지만, 항공모함 분야에선 미국의 압도적 우위가 계속되었다. 구소련은 미 항공모함과 이를 호위하는 순양함·구축함 등 미 항모전단을 무력화하기 위해 원자력 추진 잠수함(핵잠수함)·대형 수상함·초음속 폭격기 등으로부터 발사되는 대함 크루즈(순항)미사일을 발전시키는 데 주력했다.

미 핵항모의 주력 니미츠급

냉전 종식 이후에도 미국은 11~12척의 대형 항공모함 체제를 유지하며 경쟁상대가 없는 세계 최강의 항모 강국 지위를 유지하고 있다. 현재 미국이 운용 중인 항공모함은 모두 원자력 추진 항공모함이다.* 흔히 '핵항모' 또는 '핵추진 항모'로 불린다. 미 핵항모의 주력은 니미츠급이다. 1번 함 니미츠는 태평양 전쟁 때 유명한 해군 제독인 니미츠 제독의 이름을 딴 것으로 만재 배수량이 9만 톤이 넘는다. 2010년 7월 천안함 사건에 대한 대응으로 동해상에서 벌인 대규모 한미 연합훈련에 참가한 미 7함대 소속 항공모함 조지 워싱턴 George Washington 호는 니미츠급 6번 함이다.

같은 니미츠급이라도 뒤에 건조하는 신형함일수록 크기가 조금씩 커졌다. 1번 함 니미츠는 만재 배수량이 9만 1,400톤이었지만 4번 함 루스벨트 Roosevelt는 9만 6,400톤으로 커졌고, 5번 함 에이브러햄 링컨 Abraham Lincoln에 이르러선 10만 톤에 육박했다. 니미츠급 항공모함을 자세히 뜯어보면 왜 항공모함을 '움직이는 바다 위의 도시', '바다 위의 비행기지'라 부르는지 알 수 있다. 보통 길이 332미터, 폭 76미터, 높이 62~72미터로 20~24층 건

---

* 원자력 연료로 추진하는 항공모함. 약 20년 이상 가동할 수 있는 원자로를 탑재하여 재래식 항공모함에 비해 거의 무제한의 거리를 연료 보급 없이 항해할 수 있다. 최초의 원자력 추진 항공모함은 미국의 엔터프라이즈(Enterprise)다.

니미츠급 1번 함 니미츠.

니미츠급 항공모함은 '바다 위의 도시'이다.

물 높이와 맞먹는다. 비행갑판의 넓이는 축구장 3배 크기다. 닻 하나의 무게가 27톤, 닻을 매단 쇠사슬 한 마디의 무게는 160킬로그램에 이른다. 건조에 들어간 강철재의 무게만 5만 4,000톤에 달한다고 한다.

건조 비용도 엄청나 천문학적인 돈이 들어간다. 보통 45억 달러가 들었지만 가장 최신형인 CVN-77 조지 H.W. 부시 George H.W. Bush의 경우 62억 달러(7조 4,000억 원)에 달한다. 연간 운영유지비는 어느 범주까지 포함하느냐에 따라 차이가 있지만 3,000억 원 이상 들어가는 것으로 추정하고 있다. 항공모함 1척에 타고 있는 장병들의 숫자도 여느 군함과는 비교가 되지 않는데, 함정 승조원과 조종사 등을 합쳐 5,600~6,300여 명에 달한다. 많은 병력이 장기간 생활하다 보니 일상생활에 필요한 거의 모든 시설을 갖추고 있다. 여러 개의 식당은 물론 함내 방송국, 우체국, 병원, 교회도 있다.

함내 군의관은 치과의사 5명을 포함하여 총 11명이며, 병상은 53개 정도다. 우체국에선 매년 45만 킬로그램의 우편물을 처리한다. 이발소도 마련되어 있는데 매주 1,500명이 이발을 한다. 승무원들이 먹고 마실 식량은 6,000명이 70일간 식사를 할 수 있는 정도를 탑재한다. 항공모함에 타고 있는 장병들이 하루 동안 소비하는 식량은 계란 2,160개, 물 1,500톤, 채소 360킬로그램이며, 세탁 물량도 2,500킬로그램에 이른다. 함내에 TV는 3,000대 이상, 전화기는 2,500대 이상 설치되어 있다.

웬만한 소국에 필적하는 공군력 탑재

니미츠급 항공모함 1척에 탑재하는 항공기 전력도 웬만한 소국의 공군력과 맞먹는다는 평가를 받는다. 보통 80여 대의 각종 항공기를 탑재하는데 여기엔 FA-18 C/D 호넷 Hornet, FA-18 E/F 슈퍼 호넷 Super Hornet, EA-6B 전자전기, E-2C 호크아이 Hawkeye 조기경보통제기, C-2 수송기, SH-60 헬리콥터 등이 포함되어 있다. 미국은 니미츠급에 만족하지 않고 이를 개량한

니미츠급 항공모함 1척의 공군력은 웬만한 작은 나라 수준이다.

CVN-78 제럴드 포드Gerald Ford를 건조 중이다. 제럴드 포드는 신형 위상배열 레이더 SPY-3 레이더와 전자기식 캐터펄트(사출기) 등을 갖출 예정이다.

미국 외에도 러시아가 쿠즈네초프Kuznetsov 제독급을, 영국이 인빈서블Invincible급을, 프랑스가 원자력 추진 항공모함인 샤를 드골Charles de Gaulle을, 이탈리아가 주세페 가리발디Giuseppe Garibaldi·카보우르Cavour 등을, 인도가 비라트Viraat·비크라마디티야Vikramaditya·비크란트Vikrant(건조 중) 등을, 브라질이 상파울루São Paulo를, 스페인이 프린시페 데 아스투리아스Principe de Asturias를, 태국이 차크리 나루벳Chakri Naruebet 등의 항공모함을 각각 보유하고 있다. 해군력 증강에 박차를 가하고 있는 중국도 우크라이나에서 도입한 항공모함 바랴크Varyag를 개조, 2011년 8월 첫 시험항해를 실시한 뒤 시험을 계속하고 있다.

경항공모함

작지만 매운 항공모함

유용원

인빈서블, 가리발디, 프린시페 데 아스투리아스. 1980년대에 영국, 이탈리아, 스페인이 건조한 경항공모함들이다. 배수량 9만 톤이 넘는 미국의 니미츠급 대형 항공모함은 물론 4만~6만 톤급 중형 항공모함보다 작은, 보통 배수량 1만~2만 5,000톤급 안팎의 항공모함을 경항공모함이라 부른다. 경항공모함은 2000년대 들어 다목적 헬리콥터 및 상륙전력까지 탑재하는 강습상륙함도 겸하는 다목적함으로 건조되고 있다. 영국의 인빈서블급을 제외한 세계 주요국의 경항공모함에 대해 살펴보자. (인빈서블급에 대해서는 다음 장 '아크 로열 - 인빈서블급 경항공모함' 참조)

스페인의 경항공모함 - 프린시페 데 아스투리아스, 후안카를로스 1세

1920년대부터 항공모함을 운용해온 스페인도 경항공모함 강국이다. 1988년 취역한 프린시페 데 아스투리아스Principe de Asturias는 만재 배수량 1만 7,000톤급의 경항공모함이다. 스페인 해군의 기함이기도 하다. 길이 195.9미터, 폭 24.3미터로 760여 명의 승조원이 탑승한다. 6~12대의 수직이착륙 해리어Harrier기와 6~10대의 SH-3 시킹Sea King 헬리콥터 등 20여 대의 함

스페인의 경항공모함 프린시페 데 아스투리아스. 1988년에 취역했다.

스페인의 강습상륙함 겸 경항공모함 후안카를로스 1세. 2010년에 취역한 최신형으로 강습상륙함으로 활용하다 필요 시 경항공모함으로도 운용할 수 있다.

재기를 탑재한다. 최대 속력 시속 48킬로미터로, 길이 46미터, 경사각 12도의 스키 점프 이륙갑판을 장착하고 있다. 스키 점프 갑판은 스키 점프대처럼 앞쪽 끝부분이 위로 솟아 있는 것으로, 함재기들이 보다 많은 폭탄·미사일 등을 달고 이륙할 수 있도록 해준다.

스페인은 2010년 상륙작전을 위한 강습상륙함으로 활용하다 필요할 경우 경항공모함으로도 운용할 수 있는 후안카를로스 1세Juan Carlos I급을 취역시켰다. 후안카를로스 1세급은 길이 230.8미터, 만재 배수량 2만 7,514톤에 달하는 대형 함정이다. 프린시페 데 아스투리아스에 비해 배수량이 1만 톤이나 커진 셈이다. 후안카를로스 1세급은 상륙작전 수행을 위해 LCM 4척 또는 공기부양 상륙정(LCAC) 1척을 함미의 대형 독dock에 탑재할 수 있다. 상륙작전용 헬리콥터는 물론 AV-8B 해리어기도 싣는다.

이탈리아의 경항공모함 – 주세페 가리발디, 카보우르

이탈리아도 스페인 못지않은 경항공모함 강국이다. 1985년 취역한 주세페 가리발디Giuseppe Garibaldi*는 길이 180미터, 폭 33미터로, 만재 배수량 1만

이탈리아의 경항공모함 주세페 가리발디.

2009년에 취역한 이탈리아의 최신예 경항공모함 카보우르.

---

* 주세페 가리발디는 이탈리아의 혁명가로 이탈리아가 수십 개의 나라로 나뉘어 있던 19세기 붉은 셔츠단을 조직해 이탈리아 일부 지역을 정복하여 사르데냐(Sardegna) 왕에게 바침으로써, 사르데냐 왕국 주도의 이탈리아 통일에 기여했다.

3,850톤의 경항공모함이다. 가리발디는 경사각 6.5도의 스키 점프 이륙갑판을 갖추고 있다. 함재기로는 AV-8B 해리어 15대 또는 SH-3 시킹 헬리콥터 18대를 탑재할 수 있다.

이탈리아는 지난 2009년엔 배수량이 가리발디의 2배에 달하는 최신예 경항공모함 카보우르Cavour*를 취역시켰다. 카보우르는 길이 235.6미터, 만재 배수량 2만 7,000톤으로 경항공모함 중에서는 상당히 큰 편이다. 경사각 12도의 스키 점프 이륙갑판을 갖추고 있으며, AV-8B 해리어 8대와 EH-101 헬리콥터 12대를 싣고 다닐 수 있다. 특히 앞으로 미국의 5세대 스텔스 전투기 F-35도 탑재할 수 있도록 설계했다고 한다.

호주와 일본 – 경항공모함으로 변신 가능한 함정 건조·계획

호주도 스페인과 이탈리아가 새로 건조한 경항공모함 및 강습상륙함과 비슷한 캔버라Canberra급 강습상륙함 2척을 건조중이다. 2014~2015년 취역할 캔버라급은 길이 230.8미터, 만재 배수량 2만 7,500톤급이다. 스페인의 후안카를로스 1세급과 비슷한 것으로 평가하는 이 함정은 신형 수직이착륙기·무인기 등이 이륙할 수 있는 스키 점프 갑판도 갖출 예정이다.

일본이 경항공모함 보유를 추진하는 것도 눈길을 끄는 대목이다. 일본은 휴가ひゅうが, Hyuga급 헬기항모 건조에 이어 2012년에 1만 9,500톤급(만재 배수량 2만 7,000톤급) 헬기항모 22DDH 건조에 착수할 계획이다. 전문가들은 22DDH가 필요할 경우 F-35를 탑재한 경항공모함으로 변신할 수 있을 것으로 전망하고 있다. 2015년 취역 예정인 22DDH는 길이가 248미터이고

---

* 카보우르 백작은 이탈리아의 정치가로 농업장관 겸 재무장관, 총리를 지냈고 파리평화회의에서 이탈리아의 통일을 유럽의 중요문제로서 열강에 인식시켰다. 나폴레옹 3세의 지지로 오스트리아군을 격파, 롬바르디아를 해방시켰고 샤르데냐 왕국을 중심으로 점진적 통일을 추진하여 국가 통일을 이루었다.

호주가 건조중인 캔버라급 강습상륙함의 그래픽. 〈출처: 호주 해군〉

일본의 헬기항모 22DDH의 그래픽.

건조비용은 약 10억 4,000만 달러이다. 헬리콥터 14대를 탑재할 수 있고, 휴가급 헬기항모에 비해 갑판 면적은 30% 이상 크다. 휴가급은 길이 197미터, 배수량 1만 3,500톤이며 헬리콥터를 11대 탑재할 수 있다.

신형 전투기와 무인전투기 운용을 고려해 설계

신형 경항공모함은 과거의 경항공모함에 비해 첨단 지휘무장 통제 및 방어체계, 추진체계 등을 갖추고 신형 전투기와 무인기를 탑재할 수 있는 능력을 갖추고 있다. 스페인 후안카를로스 1세급 강습상륙함의 경우 기계식과 전기식 추진기술을 조합한 신형 추진체계를 적용하고 있다. 또 해리어보다 무장탑재능력과 스텔스 기능 등의 성능이 뛰어난 F-35B의 탑재가 가능하도록 설계되고 있고, 머지않은 장래에 무인전투기(UCAV)도 운용할 수 있도록 고려하고 있다.

아크 로열

인빈서블급 경항공모함

유용원

"항공모함이 단돈 61억 원?"

2011년 영국발 외신 보도가 네티즌들의 큰 관심을 끌었다. 영국 국방부가 국방비 삭감 때문에 경항공모함 아크 로열 Ark Royal을 포함한 각종 무기를 경매 시장에 내놓았다는 기사였다. 한때 대영제국으로 불리며 전 세계를 호령했던 영국이 돈이 없어 항공모함까지 팔려고 내놓다니. 더구나 경매 시장에 나온 아크 로열의 가격은 영국 돈으로 350만 파운드, 한화로 약 61억

영국의 인빈서블급 경항공모함 아크 로열. 2011년 경매에 붙여졌다.

5,000만 원이었다. 보통 항공모함 건조에 수조 원의 돈이 들고 우리 육군의 국산 K1A1 전차 한 대가 약 50억 원, F-15K 전투기가 1,000억 원, 한국형 이지스함 1척이 1조 원인 것에 비추어 보면 믿기지 않는 헐값인 셈이다.

영국의 인빈서블급 3번 함

아크 로열은 영국의 인빈서블Invincible급 경항공모함 3척 중 마지막으로 건조한 배다. 1985년 취역해 1990년대 말 코소보Kosovo 내전과 2003년 이라크 전쟁 등에 참전하고 2011년 3월 퇴역했다. 26년 만에 퇴역한 셈이다. 인빈서블급은 2만 톤급 경항공모함으로, 미국의 9만~10만 톤급 대형 항공모함에 비하면 보잘것없어 보인다. 하지만 1980년대 이후 세계 각국 해군이 경항공모함을 도입하는 데 기폭제 역할을 했다. 인빈서블급이 현대적 경항공모함의 시초로 불리는 이유다.

미국의 니미츠급 항공모함(왼쪽)과 영국의 인빈서블급 경항공모함(오른쪽)의 크기 비교.

인빈서블급 경항공모함은 수직이착륙기를 탑재하고, 스키 점프대 형태의 비행갑판을 갖춘 것이 특징이다.

    인빈서블급은 1960년대 중반 항공모함 운용 중지 결정 뒤, 항공모함 보유에 대한 영국 해군의 숙원으로 구상한 것이다. 만재 배수량은 2만 710톤, 길이 209.1미터, 폭 36미터로 수직이착륙기인 해리어 전투기와 각종 헬리콥터 등 21~22대의 항공기를 탑재할 수 있었다. 그러나 1980년 취역

인빈서블급 경항공모함 1번 함 인빈서블.

포클랜드 전쟁에서 작전 중인 인빈서블. 전쟁을 통해 그 가치를 입증했다.

한 1번 함 인빈서블을 바라보는 영국 정부와 공군의 시선은 냉담했고, 결국 1982년 2월 1억 7,500만 파운드에 호주에 매각하기로 결정했다.

하지만 2개월 뒤 아르헨티나가 포클랜드 제도를 침공하여 전쟁이 발발함에 따라 인빈서블의 운명은 바뀌었다. 포클랜드 전쟁에서 인빈서블은 함재기인 해리어 등을 통해 그 가치를 입증했다. 영국은 인빈서블에 이어 2번

인빈서블급 2번 함 일러스트리어스.
해리어 등 함재기가 보인다.

해상무기 | 257

함 일러스트리어스Illustrious를 1982년에, 그리고 3번 함 아크 로열을 3년 뒤 각각 실전배치했다.

여느 항공모함처럼 인빈서블급의 위력은 탑재한 항공기에서 나온다. 함재기의 주력은 수직이착륙기 해리어이며, 두 종류를 탑재한다. 보통 시해리어Sea Harrier FA.2 수직이착륙기 6대, 해리어 GR.7 4대(공군 소속) 등 10대로 구성한다. 헬리콥터의 경우 시킹 HAS.5 대잠헬기 7대, 시킹 조기경보헬기 3대, 기타 2대 등 12대를 탑재한다. 인빈서블급은 골키퍼Goalkeeper 30mm 근접방공시스템 3문과 20mm 기관포 등으로 무장하고 있으며, 항공기 승무원을 포함해 1,000여 명의 승조원이 탑승한다.

영국 해군의 자존심, 아크 로열

아크 로열의 매각은 이 배가 '영국 해군의 자존심'으로 불려왔다는 점에서도 화제를 모았다. '아크 로열'이라는 이름은 역사가 깊다. 영국 해군에서 이 이름을 가진 군함은 역사상 5척이나 있었다. 첫 아크 로열은 16세기에 스페인 무적함대를 무찌른 영국 함대의 기함이었다. 2대 아크 로열은 제1차 세계대전 당시 상선을 개조하여 항공모함으로 진수한 배다. 3대 아크 로열은 1930년대 처음부터 항공모함으로 설계하여 진수한 최초의 영국 군함이었다. 그 전에는 다른 군함들을 개조해 만든 항공모함을 사용했었다.

3대 아크 로열은 길이 243미터, 만재 배수량 2만 7,700톤으로 60여 대의 함재기를 탑재할 수 있었다. 1938년 취역해 제2차 세계대전 초기 많은 전공을 세웠다. 특히 제2차 세계대전 때 영국 해군의 간담을 서늘하게 했던 독일군의 대표적인 전함 비스마르크Bismarck호를 격침하는 데 큰 공헌을 했다. 당시 아크 로열에서 발진한 뇌격기 등이 비스마르크의 방향타를 파괴해 움직이기 힘들게 만들었던 것이다. 3대 아크 로열은 1941년 독일군 유보트U-boat가 발사한 어뢰에 침몰했지만 18년 뒤인 1959년 5만 3,000톤급(만

(왼쪽 위부터 시계 방향으로) 무적함대를 무찌른 1대 아크 로열, 제1차 세계대전에서 활약한 2대 아크 로열, 제2차 세계대전에서 활약한 3대 아크 로열, 1950~1970년대까지 활약한 4대 아크 로열.

재 배수량 기준) 항공모함으로 다시 태어났다. 4대 아크 로열은 1978년 퇴역할 때까지 활약했고 그로부터 7년 뒤 다섯 번째로 지금의 아크 로열호가 태어난 것이다. 아크 로열에 대한 영국 국민과 군의 애정을 잘 알 수 있는 대목이다.

인빈서블급 경항공모함의 운명

영국 정부는 아크 로열에 앞서 1번 함인 인빈서블도 2010년 말 경매에 붙였다. 주방장 출신의 홍콩 기업인이 광둥廣東성 주하이珠海로 견인해 국제학교 용도로 개조하겠다며 입찰 경쟁에 뛰어들어 화제가 되기도 했지만, 결국 인빈서블은 터키의 선박 재활용 회사에 매각되었다. 아크 로열에 대해서도 홍콩 등 화교권 사업가들이 적극적인 관심을 보여 일각에선 중국의 항공모함 보유 계획과 관련해 주목을 받고 있다. 그러나 일부 전문가들은 중국이

영국의 차세대 항공모함인 퀸 엘리자베스급 항공모함의 상상도.

이미 인빈서블급보다 큰 항공모함 바랴크를 개조해 시험운항까지 했기 때문에 인빈서블급을 항공모함으로 활용할 가능성은 낮다고 지적한다.

 경항공모함 3척 중 2척을 경매에 붙여서 현재 영국 해군에는 2번 함인 일러스트리어스만 남아있는 상태다. 그나마 해리어기까지 퇴역해 일러스트리어스는 2014년까지 전투기 없이 헬리콥터만 탑재하는 헬기항모로 운용된 뒤 퇴역할 예정이다. 사실상 항공모함이 한 척도 없게 된 영국 해군은 2023년까지 2척을 건조할 6만 5,000톤급의 퀸 엘리자베스급 항공모함에 모든 것을 걸고 있다. 퀸 엘리자베스급에는 F-35 등 전투기와 조기경보기, 헬리콥터 등 40~50대의 항공기를 탑재한다.

아이오와급 전함

전설의 전함

김대영

제2차 세계대전이 끝나고 항공모함이 해상작전을 주도하면서, 한때 해상의 강자였던 전함들은 각국 해군에서 사라져 고철로 분해되었다. 그러나 휴식과 재취역을 오가며 제2차 세계대전부터 걸프전까지 50여 년의 세월을 넘어 전장에서 활동한 전설의 전함이 있다. 바로 아이오와급 전함 Iowa Class Battle Ship이다.

1945년 9월 2일 미주리호 함상에서 열린 항복문서 조인식 장면.

50여 년을 전장에서 활동한 전설의 전함

아이오와급 전함은 제2차 세계대전 말기에 건조한 전함이다. 아이오와Iowa, 뉴저지New Jersey, 위스콘신Wisconsin, 미주리Missouri 총 4척이 건조되는데, 1번 함인 아이오와호가 1943년 5월에, 미주리호가 마지막으로 1944년 11월에 취역했다. 이들은 마셜Marshall 제도 작전을 시작으로 유명한 레이테 만 해전 및 오키나와 공격에 참여하는 등 세계대전 중 맹활약을 펼친다. 특히 미주리호는 1945년 9월 2일 이루어진 일본의 항복문서 조인식 장소로 역사에 이름을 남겼다.

6·25전쟁으로 부활한 아이오와급 전함

제2차 세계대전 종전 이후 미주리호를 제외한 다른 함정들은 장기보존상태로 들어갔다. 그런데 이 무렵, 1950년 6월 25일 북한의 갑작스러운 남침으로 6·25전쟁이 시작되었다. 전쟁 발발과 함께 현역에서 활동하던 미주리호

제2차 세계대전 중 미 해군 7함대의 기함으로 활약한 아이오와호.

아이오와급 전함 미주리호, 50년 이상을 활동한 전설의 전함이다.

6·25전쟁에서 활약하는 아이오와급 전함 뉴저지호.

해상무기 | 263

가 한국으로 급파되고, 나머지 함정들도 현역으로 복귀한다. 아이오와, 뉴저지, 위스콘신 3척의 전함은 한반도 해역에 머물며, 16인치 함포로 지상군을 지원했다. 당시 북한군과 공산 진영은 항공기를 볼 수 있는 공중폭격과 달리, 포탄만 날아오는 미 해군 전함의 함포사격을 가장 두려워했다. 6·25전쟁 당시 최대의 철수작전이었던 홍남 철수작전에서, 아이오와급 전함은 강력한 포격으로 철수하는 유엔군과 피난민들을 지원했다. 6·25전쟁이 휴전으로 끝나고 아이오와급 전함 4척은 다시 장기보존 상태로 들어간다. 1968년 베트남 전쟁이 격화하면서, 뉴저지호가 장기보존 상태에서 해제되어 현역으로 복귀하게 된다. 베트남에 파견된 뉴저지호는 110일의 작전기간 동안, 16인치 포탄 5,688발, 5인치 포탄 1만 5,000발 이상을 발사했다.

마지막 전장, 걸프전

뉴저지호는 다시 장기보존 상태에 들어가고, 아이오와급 전함은 긴 휴식에 들어간다. 그러나 1970년대 말 소련 해군이 세력을 키우며 해외로 진출했고, 아프가니스탄을 침공했다. 이란에서는 혁명이 발생해 친미 세력인 팔레비 왕조를 무너뜨렸다. 1980년대 초 위협을 느낀 미국은 미 해군에 600척의 함정을 보유하기로 계획한다. 이 계획에는 아이오와급 전함을 부활시키는 내용이 포함되어 있었다. 부활한 4척의 전함은 현대전에 맞게 새롭게 개조된다. 우선 레이더와 각종 전자장비들을 현대화하고, 토마호크 순항미사일과 하푼 대함 미사일을 탑재했다. 정확한 함포 사격을 위해 5대의 RQ-2 파이오니어Pioneer 무인정찰기도 추가했다. 아이오와급 전함은 크고 작은 분쟁에서 활약을 펼쳤고, 1990년 걸프전에는 미주리호와 위스콘신호가 참가했다. 이 두 함정은 걸프전 동안 50여 발의 토마호크 순항미사일과 1,000여 발의 16인치 함포를 발사했다. 걸프전 종전 이후 아이오와급 전함은 현역에서 은퇴하고, 뉴저지와 미주리, 위스콘신은 박물관으로 개조되었다. 네

현대화되어 복귀한 아이오와급 전함 위스콘신호가 순항미사일을 발사하고 있다.

걸프전에서 함포사격을 하는 아이오와급 전함 미주리호.

아이오와호의 주포 발사 장면, 충격파로 바닷물이 순간적으로 움푹 패는 모습이 보인다.

임쉽Name Ship인 아이오와호는 장기보존상태에 들어가 있는 상태이지만, 박물관으로 개조를 추진하고 있다.

괴력의 16인치 함포

대구경의 함포는 전함의 상징symbol이라 할 수 있다. 아이오와급 전함은 50구경장의 16인치(406mm) 함포 9문을 장착했다. 16인치 함포는 850킬로그램에서 1.2톤의 각종 포탄을 최대 40킬로미터까지 쏠 수 있다. 관통력은 포탄의 크기에 따라 차이가 있지만, 철갑탄인 Mk. 8의 경우 두께 9미터의 강화콘크리트벽을 뚫을 수 있다. 발사속도는 최대 분당 2발로, 5분 만에 90톤에 달하는 포탄을 쏘아댄다. 16인치 함포의 사정거리는 항공모함에서 출격한 공격기보다 짧지만, 함포는 함재기와 달리 기상의 영향을 적게 받는 장점이 있다. 전쟁을 통해 16인치 함포의 위력을 실감한 미 해병대는, 아이오와급 전함의 부활에 매우 적극적이었다.

최강의 방어력과 강력한 힘의 시현

전함은 보유한 국가의 강력한 힘을 시현하는 존재이다.

아이오와급 전함의 방어 장갑의 두께를 보여주는 사진.

함포와 함께 전함의 특징 중 하나는 바로 크기이다. 아이오와급 전함은 1980년대 현역으로 복귀했을 당시, 기준 배수량 4만 5,000톤, 만재 배수량 5만 8,000톤, 길이 270미터, 선폭 33미터의 크기를 자랑했다. 당시 미 해군의 항공모함 외에는 아이오와급 전함을 압도하는 함정이 없었다. 해군의 가장 큰 역할 중 하나는 평상시 해군 함정을 통해 국가의 힘을 과시하는 것이다. 일반인이나 언론의 경우, 특히 함의 크기에 영향을 많이 받는다. 1980년대 당시 아이오와급 전함은 거대한 크기와 강력한 무장으로, 항공모함과 함께 강력한 미국의 힘을 시현하는 도구로 사용되었다. 이 밖에 강력한 방어력도 아이오와급 전함의 특징 중 하나이다. 방어 장갑과 우수한 다층수밀 구획 등으로, 피격 시 함과 승조원의 생존율이 그 어떤 전함보다도 높았다.

아이오와급 전함의 라이벌

제2차 세계대전 당시 아이오와급 전함의 라이벌은 일본 해군의 야마토大和급 전함이었다. 야마토급 전함은 야마토와 무사시武蔵, 이렇게 2척이 건조되었는데 지금까지도 세계 최대의 전함으로 기록되고 있다. 1941년 취역한 야마토급 전함은 만재 배수량이 약 7만 2,809톤에 달했고, 아이오와급에

일본의 야마토급 전함. 세계 최대의 전함이었으나 2척 모두 격침당했다.

구소련이 건조한 키로프급 핵추진 미사일 순양함. 현재 러시아 해군을 대표하는 전투함이다.

장착한 16인치 함포보다 큰 460mm 함포를 장착했다. 함포 역시 역사상 가장 큰 함포로 기록된다. 전쟁 막바지에 야먀토급 전함 2척은 미 해군의 항공모함에서 출격한 함재기에 의해 모두 격침당했다.

1980년대 아이오와급 전함은 부활과 함께 새로운 라이벌을 만나게 된다. 당시 소련 해군이 자랑하던 키로프Kirov급 핵추진 미사일 순양함이다. 키로프급은 만재 배수량 2만 4,300톤의 대형 순양함으로, 1980년부터 1992년까지 4척이 취역했다. 무장으로 460여 발의 각종 미사일과 130mm 함포 1문, 이밖에 다양한 구경의 기관포를 탑재했다. 혁역에서 은퇴한 아이오와급 전함과 달리 키로프급 순양함은 1992년 소련 해체 이후 함명을 변경하고, 이제는 러시아 해군을 대표하는 전투함으로 활동 중이다.

타이푼 전략핵잠수함

세계 최대의 원자력잠수함

유용원

20여 년 전인 1990년 개봉한 〈붉은 10월 The Hunt for Red October〉은 소련의 엘리트 잠수함 함장이 최신예 핵잠수함을 이끌고 미국에 망명하는 과정에서 벌어지는 숨 막히는 첩보전과 소련 잠수함의 추격전, 잠수함 내의 갈등을 다룬 영화다. 미국의 저명한 테크노 스릴러 작가 톰 클랜시 Tom Clancy의 소설을 영화화한 작품으로 배우 숀 코너리 Sean Connery가 주인공인 라미우스 Ramius 함장 역을 맡아 열연했다. 이 영화와 톰 클랜시 소설 속에 등장하는 최신예 핵잠수함이 바로 사상 최대의 잠수함인 러시아의 타이푼 Typhoon급 탄도미사일 탑재 핵잠수함이다.

세계 최대의 크기로 기네스북에 오른 구소련의 타이푼급 잠수함. 원래 명칭은 아쿨라급 혹은 프로젝트 941급이다.

세계 최대의 잠수함

타이푼급은 냉전 시절 나토(NATO)에서 태풍과 같은 위력과 규모를 가졌다고 해서 붙인 별명으로, 구소련에선 '아쿨라Akula'급 또는 '프로젝트Project 941'급으로 불렸다. 1981년 처음 출현한 타이푼급은 미국 오하이오Ohio급 탄도미사일 핵잠수함에 비해 2배가 넘는 배수량과 독특한 함체로 주목을 받았다. 타이푼급의 수상 배수량은 1만 8,000톤~2만 3,000톤, 수중 배수량은 2만 6,000톤~4만 8,000톤에 달하는 것으로 알려져 있다. 수중 배수량이 1만 8,000톤급인 미 오하이오급의 2배가 넘는 것이다. 기네스북에도 세계 최대의 원자력 추진 잠수함으로 등재되어 있다.

타이푼급은 길이 171.5미터, 폭 24.6미터로 여느 잠수함에 비해 폭이 넓은 것도 특징이다. 이는 보통 잠수함이 원통형의 압력선체 1개로 구성되어 있는 데 비해 타이푼은 직경 8미터의 압력선체 2개를 나란히 배열한 뒤이 외부를 1.2미터의 간격을 두고 외부 선체가 둘러싸고 있기 때문이다. 적의 어뢰 공격 등에 대해 충격을 흡수해 잘 견딜 수 있고, 두꺼운 북극 얼음을 깨고 부상해 전략 핵탄두 미사일을 발사할 수 있도록 하기 위해서다. 타이푼급은 두께 3미터의 두꺼운 얼음을 깰 수 있는 능력을 갖고 있다. 선형船形과 잠항타潛航舵 등도 얼음이 많은 북극에서의 작전에 적합하도록 튼튼하게 설계되었다. 웬만한 어뢰 1~2발 맞는 것으로는 침몰하지 않는 것으로 알려져 있다.

북극의 얼음을 깨고 떠올라 핵미사일을 쏜다

구소련에서 타이푼급이 북극에서 얼음을 깨고 부상해 미사일을 쏘는 능력을 갖추도록 한 것은, 북극의 두꺼운 얼음 아래에 있으면 타이푼급이 얼음 밑에 있다는 것을 파악하기 힘들기 때문이다. 미국의 각종 정찰·감시 위성이나 대잠 초계기 등이 두꺼운 얼음 밑의 잠수함을 정확히 찾아낼 방법은 사실상 없다. 갑자기 얼음을 깨고 솟아올라 미사일을 발사함으로써 미국에서 머지않은 곳에서 기습하는 효과를 거둘 수 있는 것이다.

보통 러시아(구소련) 잠수함들의 거주성은 미국 잠수함보다 떨어지지만 타이푼급은 워낙 크다 보니 거주성도 크게 향상되었다. 미국 핵잠수함에도 없는 사우나에 미니 풀장까지 있다고 한다. 〈내셔널지오그래픽 채널National Geographic Channel〉 등에서 방영한 타이푼급 잠수함 관련 다큐멘터리를 보면 잠수함 안에 사막·해수욕장·도시 사진들이 돌아가며 나타나는 스크린까지 설치되어 있어 승조원들이 이것을 보면서 바깥세상 구경을 못하는 스트레스를 풀도록 하는 장면까지 나온다.

100킬로톤 핵탄두를 200개 장비한 무서운 위력

타이푼급의 주력 무기는 SS-N-20 잠수함 발사 탄도미사일 20기다. 이 미사일은 길이 16미터, 직경 2.4미터로 최대 사정거리는 8,300킬로미터 안팎으로 알려져 있다. 미사일 1발당 100킬로톤(1킬로톤은 TNT 폭약 1,000톤에 해당)의 위력을 갖는 핵탄두 10개씩을 갖추고 있다. 타이푼급 1척은 이런 미사일 20기를 갖고 있으므로 100킬로톤의 위력을 갖고 있는 핵탄두를 200개나 갖고 있는 셈이다. 러시아는 당초 타이푼급 잠수함을 신형 SS-N-28 미사일로 현대화할 계획을 세웠으나 잇단 시험발사 실패로 계획을 취소하고, 현재 개발 중인 SS-N-30 '불라바Bulava'를 탑재할 수 있도록 일부 잠수함을 개조했다. 타이푼급은 이밖에 어뢰와 잠대함 미사일(총 22발)로도 무장하고 있다. 어뢰 발사관은 650mm 4문, 533mm 2문 등을 장착하고 있고, 잠대함 미사일은 러시아 잠수함이 널리 사용하는 SS-N-15를 갖추고 있다.

추진 시스템은 원자로와 증기 터빈 각 2기로 구성되어 있다. 능동·수동

타이푼급 잠수함 상부에 미사일 발사관 덮개가 보인다. 10개의 100킬로톤 핵탄두를 가진 핵미사일 20기를 장비한다.
ⓒ Bellona Foundation

정박 중인 타이푼급 원자력잠수함

탐색 및 공격 소나는 어뢰실 아래 선체에 고정되어 있으며, 그 외 선체 옆에 일렬로 붙어있는 선체배열 소나, 잠수함이 끌고 다니는 초저주파 소나인 예인배열 소나 등 다양한 센서를 갖추고 있다. 또 심해와 빙하 밑에서 무전과 위성항법 신호, 목표 분류 데이터 등을 받기 위한 부유식 안테나 부이 2기를 장비하고 있다.

신형 미사일 '불라바'와 함께 새로 태어나는 타이푼

타이푼급은 1981년 1번 함 '드미트리 돈스코이Dmitri Donskoi'호를 시작으로 1989년 6번 함까지 취역했으나, 구소련 몰락에 따른 예산 부족으로 3척은 이미 퇴역하고 남은 3척만 운용 중인 것으로 알려져 있다. 그러나 1번 함 돈스코이호는 신형 잠수함 발사 전략핵탄도미사일인 SS-N-30 불라바를 발사할 수 있도록 10년간의 개조작업을 마치고 2002년 6월에 다시 진수했다. 불라바는 신형 유도장치를 장착하고 미국의 미사일방어체제(MD) 돌파 능력을 강화한 것으로 알려진 러시아의 야심작이다. 불라바의 개발이 성공적으로 끝나면 타이푼급은 보다 강력하고 정확한 공격능력을 갖춘 잠수함으로 다시 태어나 상당 기간 현역으로 활동할 전망이다.

연안전투함

미국의 신개념 군함

김대영

적은 가지고 있지만 우리에겐 없는 군사력, 그래서 막아 내기 힘든 전력을 비대칭 전력이라고 한다. 해양환경 가운데 특히 연안은 비대칭 전력이 맹활약할 수 있는 환경을 제공해 준다. 복잡한 해안선과 해저지형 그리고 조수 간만의 차까지, 탁 트인 대양과는 달리 비대칭 전력이 숨을 공간이 상대적으로 많다. 연안의 이러한 위험성 때문에 미 해군은 신개념 군함인 연안전투함(LCS)을 개발해 대비하고 있다.

미국의 차세대 군함인 연안전투함 LCS-1 프리덤(위)과 LCS-2 인디펜던스(아래) 〈위 사진: Lockheed Martin / 아래 사진: ⓒ🅯🅭 Surface Forces at Flickr〉

다양한 비대칭 전력의 위협

냉전 시절 대양은 미 해군과 구소련 해군 함대의 대결 무대였다. 그러나 베를린 장벽이 무너지면서 소련도 무너졌고, 강력했던 소련 해군 함대는 사분오열했다. 대양의 지배권은 미 해군의 손으로 넘어갔다. 하지만 1991년 걸프전 이후 새로운 위협이 떠오른다. 바로 연안에서 미 해군을 위협하는 다양한 비대칭 전력이다. 걸프전 당시 이라크 해군은 다국적군의 해상작전을 저지하기 위해 1,200개가 넘는 기뢰를 페르시아 만에 부설했다. 걸프

이지스 구축함 콜에 대한 자살 폭탄 보트 공격은 미 해군을 충격에 빠뜨렸다.

전 기간 중, 미 해군의 강습양륙함 트리폴리Tripoli와 이지스 순양함 프린스턴Princeton이 이라크 해군의 기뢰에 의해 큰 피해를 입는다. 2000년 1월에는 예멘Yemen의 아덴Aden 항에서, 이지스 구축함인 콜Cole이 급유 중에 테러리스트의 자살 폭탄 보트 공격을 받는다. 이 테러로 승조원 17명이 사망하고, 40여 명이 부상을 당한다. 특히 이지스 구축함 콜에 대한 자살 폭탄 보트 공격은 미 해군을 충격에 빠뜨렸다. 최첨단을 지향하는 이지스 구축함이 단 한 방의 공격에 무너져 버린 것이다.

연안전투함의 개발과 탄생

2002년 미 해군은 기존의 올리버 해저드 페리Oliver Hazard Perry급 호위함을 대체하면서, 연안의 비대칭 위협에 대항할 새로운 군함 개발에 착수한다. '연안전투함Littoral Combat Ship;LCS'으로 명명한 이 계획은, 연안에서 기존 호위함에 비해 다양한 전투임무를 수행하도록 계획되었다. 이 사업에 세계 유수의 군수산업체와 선박 건조회사들이 참가했다. 다양한 안 가운데 록히드마틴 컨소시엄과 제너럴 다이내믹스 컨소시엄의 2개 안이 우선 선정되었다.

선정된 안에 따라 건조한 선박은 우선 미 해군에 인도한 뒤 각종 테스트를 받을 예정이었다. 미 해군은 테스트 결과를 기준으로 1개 사의 함정을 최종 결정하기로 했다. 2005년부터 건조에 들어간 이들 함정은 2008년부터 미 해군에 인도되어, LCS-1 프리덤Freedom과 LCS-2 인디펜던스Independence라는 함명을 부여받는다. 2010년 12월 미 해군은 하나의 함정을 선정하는 관례를 깨고, 이례적으로 LCS-1 프리덤과 LCS-2 인디펜던스 모두를 연안전투함으로 최종 결정한다.

연안전투함의 독특한 선형과 추진기관

최대 55척을 건조할 예정인 연안전투함은 고도의 기동성과 네트워크 작전 능력, 그리고 혁신적인 스텔스 설계를 도입했다. 특히 기동성을 위해 기존의 선형을 탈피한 새로운 선형을 도입했다. LCS-1 프리덤은 고속으로 항해할 수 있는 활주형 선형을 채택했다. LCS-2 인디펜던스는 삼동선trimaran 선형을 채택했다. 삼동선 선형은 기존의 함정에 비해 분산된 선형으로, 파도의 저항을 적게 받아 빠른 속력을 낼 수 있다. 또한 후미 갑판을 확대하여 넓은 공간과 비교적 큰 헬기 갑판을 가질 수 있다.

선형에서는 두 함정이 차이가 있지만 추진기관은 워터제트Water Jet로 동일하다. 워터제트 추진장치는 비행기의 제트엔진과 같이, 엔진과 연결된 펌프를 가동해 배 밑바닥에 있는 흡입구로 물을 빨아들인다. 이후 배 내부에 설치한 관을 거쳐 노즐을 통해 가속된 물을 배 뒤쪽으로 분사하며 배를 추진시킨다. 워터제트 추진장치의 장점은 40노트 이상의 빠른 속력을 얻을 수 있다는 점이다. 기존의 프로펠러 추진장치는 40노트 이상으로 고속 항해할 경우, 프로펠러에 기포가 생기며 헛도는 공동현상이 발생한다. 심할 경우 프로펠러 자체가 침식되기도 한다. 그러나 워터제트 추진장치는 고속

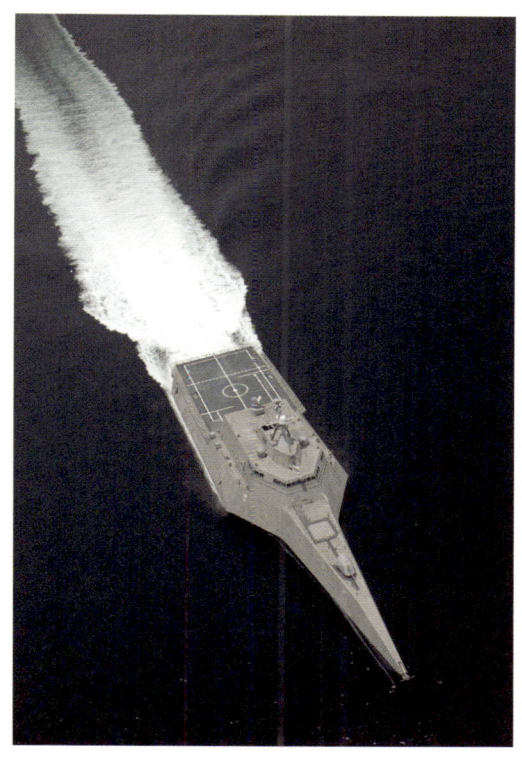

LCS-2 인디펜던스의 모습. 삼동선 선형을 가지고 있어 엄청난 크기의 헬기 갑판을 가질 수 있다. 서방 최대의 헬리콥터도 이착륙이 가능하다.

연안전투함의 빠른 속도의 비결인 워터제트 추진장치. 〈출처: Rolls-Royce〉

항해 시 이러한 현상이 발생하지 않는다. 또한 프로펠러 추진장치와 달리 워터제트 추진장치가 함정의 방향을 결정하는 조타 역할을 하기 때문에, 별도의 조타장치가 필요 없다. 이밖에 어망과 같은 연안 장애물에 대한 영향을 덜 받는 것으로 알려져 있다. 연안전투함의 최고속력은 LCS-1 프리덤은 47노트(시속 87킬로미터), LCS-2 인디펜던스는 44노트(시속 약 81킬로미터)이다. 3,000톤급의 호위함이지만, 500~600톤급의 고속정에 해당하는 빠른 속도를 가지고 있는 것이다.

고도의 기동성과 다양한 작전능력

연안전투함에는 대함전 및 대공전을 위해 57mm Mk110 함포와 30mm Mk 44 부시마스터 II 기관포를 탑재한다. 함대공 미사일로는 램Rolling Airframe Missile;RAM 미사일을 장착한다. 미 육군이 개발 중인 넷파이어Netfire NLOS-LS를 함대함/함대지 미사일로 탑재할 예정이었지만, 개발이 취소되면서 함대함 미사일은 장착하지 못하고 있다. 이밖에 대잠전 및 대기뢰전 수행을 위한 다양한 장비를 탑재한다. 연안전투함은 MH-60R/S 시호크Seahawk 헬리

LCS-1 프리덤 47노트(시속 87킬로미터)의 빠른 속력을 자랑한다.

콥터 2대를 기본적으로 탑재하며, MQ-8 파이어 스카우트Fire Scout 무인헬기도 탑재한다. 기본적으로 승조원 40명이 탑승하며, 임무에 따른 추가 인원 35명을 수용할 수 있다. 연안전투함은 다른 국가의 호위함에 비하면 무장은 상당히 빈약한 편이다. 그러나 미 해군은 이지스 구축함이나 순양함을 포함한 수상전투단과 함께 작전하기 때문에, 연안전투함에 과도한 무장은 불필요하다고 얘기하고 있다. 또한 연안전투함은 탐지장비와 무기를 임무에 따라 맞춤형 탑재가 가능하도록 모듈화 설계를 채택했고, 다른 함정에서는 볼 수 없는 뛰어난 확장성을 가지고 있다. 이러한 확장성으로 인해 해외에 판매되는 수출형 연안전투함의 경우, 이지스 시스템과 함대함 및 함대공 미사일을 장착한 형식을 제안하고 있다.

독도함

아시아 최대의 상륙함

유용원

"한국형 경(輕)항공모함 시대 열렸다."
"아시아 최대의 상륙함 진수되다."

지난 2005년 7월 12일 대형상륙함(수송함) '독도'를 진수했을 때 국내외 일부 언론에서 보도한 헤드라인이다. 중국이나 일본 언론들은 독도함 진수를 대서특필하면서, 독도함이 경항공모함과 다름없다며 한국의 해군력 증

독도함은 다목적 상륙함으로 1만 4,500톤 급의 대형 함정이다. 외형상 경항공모함과 유사하다.

강을 경계하고 나서 논란이 일기도 했다.

얼핏 독도함의 외형만 보면 이런 평가가 틀리지 않은 것처럼 보이기도 한다. 길이 199미터, 폭 31미터의 대형 비행갑판을 갖고 있고 이 갑판에서 6대의 헬리콥터가 동시에 뜨고 내릴 수 있기 때문이다. 독도함은 1만 4,500톤급으로, 태국이 보유하고 있는 수직이착륙기 탑재 경항공모함 '차크리 나루벳'이나 일본의 헬기항모 '휴가'보다도 크다.

다목적 상륙함, 독도

하지만 전문가들은 독도함을 경항공모함으로 활용하려면 함수에 스키 점프대처럼 생긴 '스키 점프' 갑판을 설치하고 수직이착륙기도 탑재해야 하는데, 현재 그런 상태가 아니기 때문에 경항공모함으로 볼 수 없다고 말한다. 단순한 상륙작전 지원 외에 다양한 역할을 할 수 있는 '다목적 상륙함'이 정확한 표현이라는 평가다.

독도함은 헬리콥터·전차·상륙돌격장갑차·야포·공기부양정 등을 탑재하여 입체적 상륙 작전의 중추적 역할을 한다.

독도함에서 헬리콥터 이착륙 훈련을 하는 장면. 〈출처: 대한민국 해군〉

독도함의 항공기용 엘리베이터.

독도함은 입체적인 상륙작전 지원 외에도 이지스함(세종대왕함 등), 한국형 구축함(KDX-Ⅱ, 충무공이순신급 구축함) 등으로 구성되는 '기동전단'의 기함으로 우리 해군 함대의 두뇌이자 심장부 역할을 하게 된다. 이를 위해 독도함 내에서는 그동안 공개되지 않은 비밀 지휘시설을 갖추고 있다. 또 평시에 유엔 평화유지활동(PKO), 쓰나미와 같은 대규모 국제 재난 구호활동, 유사시 해외 교민 철수 등에 활용할 수도 있다. 재해 난민은 최대 1,100여 명을 태울 수 있고 병원선 역할도 할 수 있다.

독도함은 헬리콥터 7대를 비롯, 전차 6대, 상륙돌격장갑차 7대, 트럭 10대, 야포 3문, 공기부양 고속상륙정(LSF) 2척, 상륙병력 700명을 태울 수 있다. 이런 정도의 능력을 갖는 다목적 대형함정은 미국·영국·프랑스·스페인 등을 제외하곤 상당수의 군사강국도 현재 보유하지 못하고 있는 것이다.

독도함은 아시아 최대의 상륙함이라는 수식어에 걸맞게 큰 규모와 각종 최신 시설을 자랑하고 있다. 미국의 대형 항공모함보다는 적지만 독도함 내 격실(방)은 700여 개에 달한다. 높이는 17층 빌딩 수준에 이른다. 엘리베이터도 7대나 되고, 최대 19톤의 항공기나 화물을 운반할 수 있는 항공기용 엘리베이터는 물론 승조원이 타는 소형 엘리베이터도 있다. 헬리콥터 등 항공기를 움직이는 데 필요한 견인 차량과 각종 상륙장비, 탄약 및 화물을 옮기는 지게차도 있다.

식당·의료 시설·여군 구역 등 다양한 최신 시설

식당은 승조원과 상륙부대원을 합쳐 1,000여 명이 모두 1시간 내에 식사할 수 있는 규모다. 취사장에는 250인분의 밥을 1시간 안에 지을 수 있는 9개의 대형 가마솥과 대형 살균기, 대용량 식기세척기, 얼음 및 아이스크림 제조기 등이 있다. 식당 한구석엔 전자오락 게임기 4대도 설치되어 있다. 장병 체력단련실, 24시간 운영되는 빨래방, 의류 멸균기 1대 등을 갖추고 있

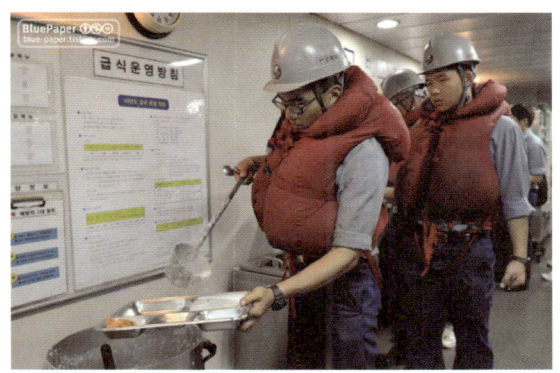

독도함의 대형 식당. 1,000명이 1시간 내에 식사할 수 있는 규모다. 〈출처: 대한민국 해군〉

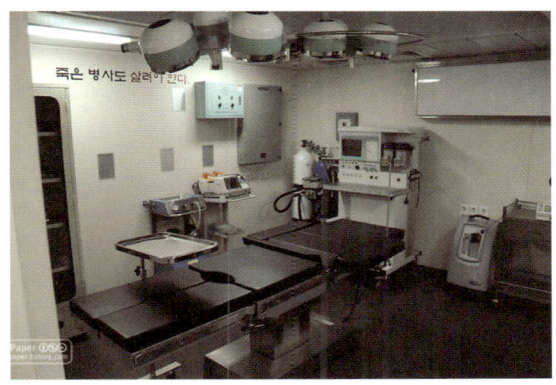

독도함의 의료 시설. 응급환자 수술실·치과·방사선실 등 다양하다. 〈출처: 대한민국 해군〉

다. 의료시설은 13개 구역으로 나누어 응급환자 수술실과 방사선실, 치과, 임상병리실, 약국, 격리병실 등이 배치되어 있다. 이곳에서 근무하는 군의관과 의무병은 10여 명에 이른다. 화생방 오염을 저거하는 제독시설, 범죄인을 수용하는 구금시설(영창)과 영안실까지 있다.

우리 해군 함정 중 가장 큰 규모의 여군 구역을 갖고 있다는 것도 특징이다. 여군 구역은 여군 장교 및 부사관 20여 명이 생활하는 금남의 공간이다. 여기엔 최대 28명이 잘 수 있는 여성 전용 침대와 화장대·세탁기·샤워장·화장실 등이 마련되어 있다. 남자 군인들과 식당만 함께 쓰고 사적인 생활은 거의 독립적으로 할 수 있는 것이다. 이 구역에 출입하려면 전자식 자물쇠가 달린 이중 출입문을 거쳐야 한다.

날개가 필요한 독도함

독도함은 다양한 역할 만큼이나 바쁜 함정이다. 2007년 7월 취역한 뒤 각종 군 관련 행사, 국제 방산전시회 등에 투입되었다. 지난해 천안함 수색 및 인양작전 때도 작전 지휘함 역할을 했다. 해군은 당초 2년 간격으로 총 3척의 대형 상륙함을 건조할 계획이었지만 예산 압박 등 때문에 2척으로 축소한 상태다. 독도함에 고정 탑재할 헬리콥터 확보가 예산문제로 계속 지연되는 것도 문제다. 이 때문에 온라인 등에서 '독도함과 해병대에 날개를 달아주자'는 캠페인이 벌어지기도 했다.

독도함은 예산 문제로 고정 탑재 헬리콥터 확보 등에 어려움을 겪고 있다. 〈출처: 대한민국 해군〉

세종대왕함

한국군 이지스함

유용원

2010년 7월 태평양 연안의 여러 나라 해군이 참여한 가운데 실시한 환태평양 합동군사훈련Rim of the Pacific Exercise;RIMPAC에 참가한 우리 해군의 이지스함 '세종대왕'이 함포사격 훈련에서 최고 성적을 거두어 '탑건Top Gun'함에 선정되었다. 해군은 세종대왕함이 7월 12일 하와이Hawaii 인근 해상에서 실시한 해상화력지원 훈련에서 다국적 해군 함정 19척 가운데 가장 우수한 성적을 거두었다고 밝혔다. 해상화력지원 훈련은 7.2킬로미터 떨어진 표적에 대해 각국의 함정이 5인치 함포를 5발씩 쏘아 표적으로부터의 오차거리의 합이 제일 작은 함정이 우승하는 방식으로 치렀다. 세종대왕함은 참가 함정 중 유일하게 오차 합계가 100미터 이내인 75미터를 기록, 우리 해군의 우수한 사격 능력을 입증했다고 한다.

우리나라 최초의 이지스함, 세종대왕

림팩(RIMPAC) 훈련에서의 성과로 다시 한 번 언론의 주목을 받은 세종대왕함은 우리나라 최초의 이지스함으로 유명하다. 이지스함은 강력한 레이더로 적 항공기나 미사일을 수백 킬로미터 이상 떨어진 곳에서 발견하고 최대 100킬로미터 떨어진 곳에서 요격할 수 있어 현대전의 총아이자 '꿈의 함정'으로 불린다. 세종대왕함은 지난 2007년 5월 진수하여 2008년 12월 실전 배치되었다. 본격적인 해외에서의 작전은 2010년 림팩 훈련 참가가 처음이

미국 항공모함(왼쪽)과 함께 훈련 중인 한국 최초의 이지스함 세종대왕함(오른쪽).

었다.

　세종대왕함이 도대체 어떤 능력을 갖고 있고 함정에 어떤 무기가 실려 있기에 이렇게 주목을 받고 있는 것일까? 세종대왕함은 우리 해군이 보유한 전투함 중 가장 큰 함정이다. 길이 166미터, 폭 21미터에 기준 배수량은 7,600톤이다. 만재 배수량은 1만 톤에 육박한다. 승조원은 300여 명이며 가격은 1조 1,000억 원에 달한다. 세종대왕함 보유로 우리나라는 세계에서 다섯 번째 이지스함 보유국이 되었다. 특히 우리나라와 비슷한 크기의 이지스함을 보유한 국가는 미국과 일본 정도이며, 스페인과 노르웨이도 우리보다 작은 5,000톤급 이지스함을 보유하고 있다.

　세종대왕함은 미국과 일본의 최신형 이지스함에 견주어도 뒤지지 않는다. 앞으로 국산 함대지 순항미사일을 탑재하면 일본 이지스함에 비해 강력한 타격능력을 갖게 된다. 세종대왕함에는 항공기는 물론 함정, 잠수함을 공격할 수 있는 최신형 국산 및 외국제 미사일 등 총 128기의 각종 미사일이 수직발사기Vertical Launching System; VLS에 실리게 된다. 이는 미국 알레이버크Arleigh Burke급 이지스 구축함이나 일본 아타고Atago급 이지스 구축함이 96기의 수직발사기(미사일 96발)를 갖고 있는 데 비해, 32발의 미사일을 더 실을 수 있다는 얘기다.

이지스 레이더에 의한 강력한 방공망

세종대왕함의 가장 큰 강점은 강력한 이지스 레이더 SPY-1D(V5)와 각종 미사일 및 기관포로 3중 방공망을 구축하고 있다는 것이다. 우선 선체 4면에 고정되어 항상 360도를 커버하는 SPY-1D 레이더가 최대 1,000킬로미터 떨어져 있는 항공기 등 표적 약 1,000개를 동시에 찾아내고 추적할 수 있다. 또 이중 20개의 목표물을 동시에 공격할 수 있다.

　특히 SPY-1D 레이더는 우리 해군 레이더 가운데 처음으로 탄도미사일

미국 이지스함에 탑재한 MK41 수직발사기. 세종대왕함에도 탑재하고 있다.

추적 및 요격 능력도 갖추고 있다. 2009년 4월 북한이 대포동 2호 미사일을 발사했을 때, 그 궤적을 정확히 추적해 능력을 입증한 바 있다. 이 레이더가 목표물을 찾아내면 먼저 SM-2 블록Ⅲ 함대공 미사일로 최대 170킬로미터 밖에서 요격한다. SM-2 미사일은 80기의 미국제 Mk 41 수직발사기에 탑재한다.

1단계 SM-2 방어망을 무사히 통과한 적 항공기나 순항미사일은 2단계로 램(RAM) 미사일이 맡는다. 발사기 1문에 들어있는 21발의 미사일은 최대 9.6킬로미터 떨어진 곳에서 적 항공기 등을 격추한다. 2단계 램 미사일 방어망을 통과한 목표물은 마지막으로 30mm 기관포인 '골키퍼'가 맡는다. 분당 4,200발의 기관포탄을 퍼부어 목표물을 파괴한다.

앞으로 더 강력해질 세종대왕함

세종대왕함은 다른 나라 이지스함에 없는 '비장의 무기'들을 탑재하고 있다. 국내에서 개발한 한국형 수직발사기Korean Vertical Launching System; KVLS 48기에 탑재되는 함대지 순항미사일 '천룡'과 장거리 대잠수함 미사일 '홍상어'가 그것이다. 함대지 순항미사일 '천룡'은 이미 실전배치되어 있는 사정거리 500킬로미터의 지대지 순항미사일 '현무-3A'를 함대지로 개조한 것으로 알려져 있다. 지상에서 땅 위의 목표물을 공격하는 미사일에서, 함정에서 땅 위의 목표물을 공격하는 미사일로 개조한 것이다. 2001년 개정된 한미 미사일 지침에 따라 탄도미사일의 사정거리는 300킬로미터 이내로 제한되지만 순항미사일은 사실상 사정거리의 제한을 받지 않아 우리 군 당국은 순항미사일 개발에 주력해왔다.

지대지 순항미사일은 사정거리 1,000킬로미터 미사일이 이미 실전배치되어 있고, 사정거리가 1,500킬로미터인 미사일은 최근 개발이 끝나 실전배치를 눈앞에 두고 있는 것으로 알려져 있다. '천룡' 미사일은 함대지 외에 잠수함에 탑재하는 잠대지형까지 개발, 통일 이후 중국·일본 등 주변국의 위협에 대처할 수 있는 전략무기로 활약할 전망이다. 세종대왕함에는 '천룡' 32발을 탑재한다.

잠수함을 잡는 '홍상어'는 19킬로미터 이상 떨어져 있는 적 잠수함을 공격할 수 있으며 16발을 탑재할 예정이다. 국산 함대함 미사일인 '해성' 16발도 수직발사기와는 별개의 원통형 4연장 발사관 4기에 들어 있다. '해성'은 150킬로미터 이상 떨어져 있는 적 함정을 공격하는 순항미사일이다. 세종대왕함에는 이밖에 KMk45 5인치(127mm) 함포와 국산 경어뢰 '청상어'를 탑재한 KMk32 어뢰발사관 등으로 무장하고 있다. 해군은 세종대왕함에 이어 이지스함 2번 함인 율곡이이함을 2008년 11월 진수했으며, 2012년까지 총 3척의 이지스함을 보유할 계획이다. 해군은 예산부족 등으로 세종대왕급

이지스함의 원조격인 미국의 타이콘데로가급 이지스 순양함.

이지스함보다 작은 5,600톤급 미니 이지스함 6척을 2019년부터 2026년까지 건조하는 사업도 추진 중이다.

각국의 이지스함 보유 현황

한편 '원조' 이지스함 국가인 미국은 세계에서 가장 많은 이지스함을 보유하고 있다. 타이콘데로가Ticonderoga급 순양함(22척)과 이보다 약간 작은 알레이버크급 구축함(50척 이상), 이렇게 두 종류를 보유하고 있다. 일본도 미국 알레이버크급, 우리나라 세종대왕급과 비슷한 크기의 곤고Kongo급 4척, 신형 아타고급 2척을 보유하고 있으며 2척을 추가 건조할 계획이다.

일본이 자랑하는 최신예 이지스함 '아타고'는 지난 2008년 2월 어선과 충돌해 총리가 사과하는 해프닝을 빚기도 했다. 아무리 최첨단 이지스함이라도 결국은 사람이 움직이는 것이며 허점이 생길 수 있다는 것을 보여준 좋은 사례다. 스페인은 이보다 작은 알바로 데 바산$^{\text{Álvaro de Bazán}}$급(5,800톤급) 4척을 보유하고 2척을 추가 건조할 예정이며 노르웨이는 스페인 것보다 약간 더 작은 난센^{Nansen}급(5,100톤급) 4척을 보유하고 1척을 추가 건조할 계획인 것으로 알려져 있다. 중국도 미국과 같은 이지스 시스템은 아니지만 위상배열(AESA) 레이더를 장착하여 '중국판 이지스함'으로 불리는 란저우^{蘭} ^{州}급(7,000톤급) 구축함을 실전배치하고 있다.

충무공이순신급 구축함

대양해군의 초석

김대영

충무공이순신급 구축함은 해군 최초의 함대 방공 구축함으로, 본격적인 대양작전능력을 보유하고 있는 함정이다. 지난 2003년 1번 함인 충무공이순신함이 취역한 이후, 2006년까지 총 6척이 건조되었다. 충무공이순신급 구축함은 2004년 환태평양 합동군사훈련인 림팩(RIMPAC)을 시작으로 청해부대에 이르기까지, 중요한 해외 훈련과 군사작전에 빠지지 않고 참가하고 있다. 특히 청해부대 소속 최영함의 경우 2010년 12월 29일 '아덴 만 여명'

충무공이순신급 구축함. 해군 최초의 함대 방공 구축함으로 4,500톤급이다. 1번 충무공이순신함부터 6번 최영함까지 총 6척이 건조되었다. 〈출처: 대한민국 해군〉

작전을 펼쳐, 소말리아 해적에 납치된 삼호주얼리호 선원들을 구출하기도 했다. 또한 2011년에는 리비아 반정부 시위로 인해 고립된 리비아 교민들의 철수를 도왔다. 해군에서는 충무공이순신급 구축함을 헬기 탑재 구축함(DDH)으로 분류하고 있다.

세계 최초로 다층 방공망을 적용한 군함

충무공이순신급 구축함은 해군 최초의 함대 방공 구축함인 동시에, 다층 방공망을 적용한 세계 최초의 군함이다. 다층 방공망이란 장거리 함대 방공 미사일, 단거리 함대공 미사일, 함정의 최종 방공 수단인 근접방어무기체계 Close-in weapon system;CIWS를 중첩해서 배열함으로써, 적기나 적의 대함 미사일에 대한 요격 확률을 높이는 방공망이다. 다층 방공망은 특히 대응시간이 짧은 초음속 대함 미사일의 요격에 적합하다는 평가를 받고 있다. 다층 방공망

충무공이순신함의 SM-2 미사일 발사 장면(연속사진). 〈출처: 대한민국 해군〉

충무공이순신급 구축함에 탑재한 근접방어무기체계(CIWS) 골키퍼. 〈출처: 대한민국 해군〉

충무공이순신급 구축함은 국내 최초로 스텔스 설계를 적용한 전투함이다.
〈출처: Thales Nederland〉

은 단순히 사거리에 따라 방공 무기 체계들을 나열한 것처럼 보이나, 이러한 무기 체계들을 배열하고 통제하는 것은 많은 시뮬레이션과 노하우가 필요한 기술이다. 충무공이순신급 구축함은 장거리 함대 방공미사일로 SM-2 미사일, 단거리 함대공 미사일로 RIM-116 램, 근접방어무기체계로 골키퍼를 채택했다.

스텔스 설계를 최초로 도입한 국산 전투함

충무공이순신급 구축함은 스텔스 설계를 최초로 적용한 국산 전투함이다. 우선 레이더 반사율을 최소화하기 위해 선체를 최대한 단순화했다. 선체 전체에 10도 정도의 경사각을 적용했다. 또한 6도의 경사각을 가진 컴팩트 마스트를 도입했다. 이러한 스텔스 설계를 통해 레이더 반사면적이 기존 구축함에 비해 80~90% 감소했다. 레이더 외에도 적외선에 대한 스텔스 설계도 이루어졌다. 적외선 방출률이 높은 연돌과 기관부에는 적외선 차단 차폐재를 사용했다. 또한 적외선 억압 시스템을 설치해 배출되는 적외선 양을 최소화했다. 적외선 억압 시스템은 엔진에서 발생하는 배기가스를 외부공기와 혼합하여 배출시켜, 적외선 방출양을 줄인다. 또한 적의 어뢰나 잠수함에 대비한 음향 스텔스 설계도 적용했다.

대양작전에 적합한 함정

충무공이순신급 구축함은 광개토대왕급 구축함에 비해 함정의 규모가 커짐에 따라, 대양에서의 임무수행 능력이 향상되었다. 특히 기존의 광개토대왕급 구축함에 비해 내파성耐波性*이 크게 향상되었다. 광개토대왕급 구축함의 경우 내파성이 4미터이나, 충무공이순신급 구축함은 9미터로 높아졌다.

아덴 만에서 작전하는 청해 부대에서도 충무공이순신급 구축함이 활약하고 있다. 사진은 문무대왕함. 〈출처: 대한민국 해군〉

---

* 배 따위가 파도의 충격을 견딜 수 있는 성질.

대양에서 거센 파도에 견딜 수 있는 능력을 강화한 것이다. 또한 충무공이순신급 구축함은 200여 명의 승조원이 탑승하지만, 추가로 100여 명의 인원이 탑승할 수 있다. 이러한 능력 때문에 충무공이순신급 구축함은 아덴 만에서 작전하는 청해부대의 기함으로 운용되고 있다. 충무공이순신급 구축함

KMk45 5인치 함포. 표준탄 사용 시 사정거리는 48킬로미터다.
〈출처: 대한민국 해군〉

국산 대함 미사일 해성. 사정거리는 150킬로미터다.
〈출처: 대한민국 해군〉

해군 주력 대잠헬기인 링스 헬리콥터. 최대 2대를 탑재할 수 있다.
〈출처: 대한민국 해군〉

사거리 19킬로미터의 한국형 대잠 미사일 홍상어.
〈출처: 대한민국 해군〉

의 추진체계는 디젤 엔진과 가스터빈 엔진을 복합적으로 사용한다. 최대 시속 29노트(54킬로미터)의 속력으로 운항할 수 있고, 항속거리는 시속 18노트(33킬로미터)의 속도로 항해 시 4,000해리(7,408킬로미터)에 달한다.

다양한 무장을 탑재한 함정

충무공이순신급 구축함은 다양한 무장을 탑재한 것으로도 유명하다. 우선 군함의 가장 기본적인 무기체계인 함포는 KMk45 5인치 함포를 채택했다. 미국에서 개발한 함포로 국내에서 면허생산하고 있다. 표준탄 사용 시 사거리가 48킬로미터에 달하며, 사거리 연장탄 Extended Range Guided Munition; ERGM을 사용하면 사거리가 117킬로미터로 향상된다. 대함 미사일로는 사정거리 150킬로미터의 국산 대함 미사일인 해성을 장착한다.

충무공이순신급 구축함 4번 함인 왕건함부터는 한국형 수직발사기(KVLS)를 장착했다. KVLS에서는 한국형 대잠 미사일인 홍상어를 탑재한다. 홍상어는 원거리에 있는 적 잠수함을 공격하는 무기 체계로, 사거리는 19킬로미터로 알려져 있다. 또한 해군 주력 대잠헬기인 링스Lynx 헬리콥터를 함당 최대 2대까지 탑재할 수 있다.

전략 기동부대 제7기동전단

지난 1945년 '해방병단'이란 이름으로 첫걸음을 내디딘 우리 해군은, 함정이 작고 낡아 한반도 근해에서 주로 작전할 수밖에 없었던 연안해군이었다. 그러나 2002년부터는 세계 어느 곳이든 출동해 작전을 벌일 수 있는 충무공이순신급 구축함과 세종대왕급 이지스 구축함까지 보유하게 되었다. 이러한 대형 함정들을 보유하게 되면서 지난 2010년 2월 1일 해군의 전략 기동부대인 제7기동전단을 창설했다. 제7기동전단은 이지스 구축함 세종대왕함과 충무공이순신급 구축함 등 7척의 대형 함정으로 구성되어 있다. 우리 해군이 갖고 있는 함정 중 가장 크고 강력한 전투함들이 모두 속해 있는 것이다. 제7기동전단은 유사시 남북 간의 충돌은 물론, 말라카Malacca 해협 등 주요물자 해상 수송로 보호 작전, 세계 주요 분쟁지역에서의 유엔 평화

유지활동(PKO) 지원작전을 펼 수 있는 부대이다. 평상시에는 우리 근해에서 작전을 펴다가 필요할 경우 세계 어디든 출동한다. 기동전단 창설은 우리 해군이 대양해군에 본격적으로 진입하고 있음을 알리는 신호탄이라 할 수 있겠다.

울산급 호위함

최초의 국산 호위함

김대영

1981년 1월 1일, 진해 해군기지에서는 최초의 국산 호위함^{Frigate} 울산함의 취역식이 거행되었다. 당시 해군은 미국에서 공여한 구축함을 들여와 주력 전투함으로 사용했다. 그러나 이날 선보인 울산함은 우리 손으로 만든 최초의 호위함이었다. 호위함이란 주로 선박이나 선단과 행동을 같이하면서 호위 임무를 수행하는 군함을 말한다. 울산함은 미국이 공여한 구형 구축함과 달리 최신의 사격통제장치와 자동화 함포, 먼 거리의 적 함정을 공격할 수

최초의 국산 호위함인 울산함. 〈출처: 대한민국 해군〉

있는 대함 미사일을 장착하고 있었다. 울산급 호위함**은 1993년까지 초도함인 울산함을 포함하여 총 9척이 건조되었으며, 해군의 주요전력으로 운용되고 있다.

한국형 호위함의 개발

남북간의 대립이 극에 달하던 1960년대 후반, 해군은 1963년 5월 16일

---

* 호위함이란 주로 선박이나 선단과 행동을 같이하면서 호위 임무를 수행하는 군함을 말한다. 현재 우리나라 해군은 1,500톤급 이상의 대양작전능력을 갖춘 군함을 호위함이라 하며, 광개토대왕급 구축함보다 작고 포항급 초계함보다 큰 군함이 이에 해당한다.

** 울산급 호위함 제원
   배수량 - 2,000톤
   크기 - 길이 102m, 폭 11.5m, 흘수 3m
   최대속력 - 34노트
   승조원 - 150명
   무장 - 76mm · 40mm 함포, 하푼 함대함 유도탄, 어뢰 등
   능력 - 대함전, 대공전, 대잠전

울산급 호위함은 구형 미제 구축함과 달리 최신의 사격통제장치와 자동화된 함포를 가지고 있다. 〈출처: 대한민국 해군〉

울산급 호위함은 1993년까지 초도함인 울산함을 포함하여 총 9척이 건조되었으며, 해군의 주요전력으로 운용되고 있다. 〈출처: 대한민국 해군〉

미국의 플레처급 Fletcher class 구축함을 도입하여 충무함이라 명명하고 구축함 시대를 열었다. 이후 기어링급 Gearing class 구축함을 추가로 들여와 주력 전투함으로 사용했다. 우리 해군에 비해 함정의 톤수 면에서 열세였던 북한 해군은 1967년부터 소련을 통해 스틱스 Styx 대함 미사일을 장착한 코마르 Komar/오사 Osa급 미사일 고속정을 도입했다. 북한 해군의 미사일 고속정이 새로운 위협으로 부상하자, 1975년 7월 한국형 호위함의 국내 건조를 추진한다. 그러나 당시 우리나라는 호위함과 같은 대형함 건조 경험이 전혀 없었다. 결국 외국 회사의 도움을 받아 함정 설계에 들어간다.

울산급 호위함은 북한 해군의 고속정을 상대하기 위해 특히 속도 부분에 많은 노력을 기울였다. 〈출처: 대한민국 해군〉

울산급 호위함에 장착한 LM2500 가스터빈 엔진. 울산급 호위함에는 2개의 가스터빈 엔진과 2개의 디젤 엔진을 장착한다. 〈출처: 대한민국 해군〉

시멘트를 부어 함정의 균형을 맞추다

1977년 설계팀이 구성되어 설계 작업을 시작했고, 1978년 4월 말에 기본설계를 완료했다. 1980년 4월 8일 한국형 호위함 1번 함인 울산함을 진수한다. 그러나 울산함의 시험 평가 과정에서 중량 밸런스가 맞지 않아 함정이 뒤로 기우는 현상이 발생했다. 결국 함수 부분에 시멘트를 부어 함정의 밸런스를 조정했으며, 이후 건조하는 함정들은 엔진실의 위치를 변경해 문제를 해결했다. 울산함은 취역 후에도 수많은 시행착오를 겪어야 했고, 2번 함인 서울함은 4년 뒤인 1985년 6월이 되어서야 취역할 수 있었다.

울산급 호위함의 주포인 76mm 함포. 총 2문을 장착했다. ⓒ 김대영

울산급 호위함 후기형에는 상부선체에 40mm 기관포를 장착했다. 〈출처: 대한민국 해군〉

속도를 우선시한 군함

울산급 호위함은 북한 해군의 고속정을 상대하기 위해 특히 속도 부분에 많은 노력을 기울였다. 높은 속력을 얻기 위해 상부 선체는 가벼운 알루미늄으로 제작하고, 하부 선체는 철제 함체로 되어 있다. 또한 작은 크기에도 불구하고 2개의 가스터빈 엔진과 2개의 디젤 엔진을 장착해 최고 34노트(시속 약 63킬로미터)의 속도를 낼 수 있다. 또한 1980년대 외국의 신형 호위함에 비해 많은 함포를 장착했다. 최대 분당 80여 발의 발사속도를 자랑하는 2문의 76mm 함포와 3~4문의 30mm 및 40mm 기관포 등을 장착했다. 당시 외국의 신형 호위함들은 미사일을 주요 무장으로 사용하고, 함포는 보조 무기로 사용했다. 반면 울산급 호위함은 함포가 주요 무장이었고, 특이하게도 상부 선체에까지 함포를 장착했다. 우리 해군의 여건상 고가의 미사일을 주

울산급 호위함은 개량을 통해 국방과학연구소가 개발한 국산 대어뢰대항체계(TACM)를 장착했다. ⓒ 김대영

울산급 호위함에는 적 함정을 원거리에서 공격할 수 있는 하푼 대함 미사일을 장착했다.
〈출처: 대한민국 해군〉

요 무장으로 하기에는 예산상 제약이 따랐고, 결국 미사일보다 비교적 저렴한 포탄을 사용하는 함포를 선택할 수밖에 없었다.

연안 작전의 핵심 함정

자동화된 함포와 함께 현대화된 전투 통제 체계도 도입했다. 울산급 전기형은 시그날Signaal사(현 탈레스 네덜란드Thales Nederland사)의 WM-28을 장착하고, 후기형의 경우 국산화 계획에 따라 국내에서 면허생산한 페란티Ferranti사(현 BAE 시스템스)의 WSA-423을 장착했다. 이들 체계를 통해 함포들은 높은 명중률을 자랑한다. 1990년 3월 림팩(RIMPAC)에 참가한 울산급 2번 함 서울함은, 그해 참가한 전투함 중 가장 뛰어난 포술 능력을 가진 함정에게 주는 탑건Top Gun상을 받았다. 한편 울산급 호위함에는 해군전술지휘통제시스템(KNTDS)을 장착한다. 주요 함정과 기지에 설치·운용하는 KNTDS는 함정과 육상 레이더 기지 간에 실시간으로 정보를 교환하여 해상전투능력을 향

울산급을 대체할 차기 호위함인 인천급 1번 함, 인천함.

상시킨다. KNTDS를 장착한 울산함은 초계함과 고속정들을 지휘·통제하는 기함 역할을 맡고 있다. 일부에서는 연안 작전의 기함으로 사용되는 울산급 호위함을 '연안제해함沿岸制海艦'으로 부르기도 한다.

퇴역을 앞둔 울산급 호위함

울산급 호위함은 1998년 한국형 구축함인 광개토대왕급 구축함이 취역하기 전까지, 각 함대의 기함으로 운용되었다. 또한 매년 실시하는 사관생도들의 순항훈련에도 동원되었으며, 1990년부터는 격년으로 미국 하와이 인근 해상에서 펼쳐지는 림팩에 참가하기도 했다. 그러나 울산급 호위함은 과도한 운용으로 강도가 약한 알루미늄을 사용한 상부 선체에 균열이 발생했다. 결국 지난 2002년부터 교대로 함정 상부 구조물에 신축성 연결부를 설치하고, 주 갑판과 선체 옆에 두께 12~24mm의 보강판을 붙이는 형태로 선체보강작업을 벌였다. 또한 적 어뢰에 대한 생존성 향상을 위해, 국방과학연구소가 개발한 국산 대어뢰대항체계(TACM)를 울산급 호위함에 장착했다. 해군은 노후화된 울산급 호위함을 대체하기 위해 차기 호위함 인천급을 건조하고 있다. 인천급 호위함의 1번 함인 인천함은 2011년 4월 29일 진수식을 가졌다.

유보트와 한국 해군 잠수함

발견하기 힘든 무기

유용원

미국 독립전쟁이 한창이던 1776년 9월 6일, 뉴욕 항 앞바다에 머물고 있던 영국 해군 전투함을 향해 계란처럼 생긴 독특한 철제 함정이 물속으로 소리 없이 접근해 갔다. 데이비드 부시넬 David Bushnell 이라는 의사가 만든 잠수정 '터틀 Turtle'이었다. 터틀은 지금 기준으로 보면 잠수정으로 부르기 힘들 만큼 볼품없는 배였지만 잠수 및 부상을 위한 밸러스트 탱크, 수평 및 수직 추진기, 잠망경까지 갖추고 있었다. 터틀은 영국 전투함 옆쪽에 폭약상자가 연결된 드릴 송곳을 박아 폭파시킬 계획이었다. 그러나 영국 함정의 하부 선체가 동판으로 보강되어 드릴로 뚫을 수 없었고, 결국 작전은 실패했다.

터틀의 실물크기 모형. ⓒ🛈🄾 Geni at Wikipedia

미국 독립전쟁에서부터 시작한 잠수함의 역사

그로부터 약 90년이 지난 1864년 드디어 실전에서 전과를 올린 사상 최초의 잠수함이 탄생했다. 남북전쟁 당시 남군에 소속돼 북군의 대형 함정을 격침한 헌리^{Hunley}호가 그것이다. 1864년 2월 17일 남군의 헌리호는 찰스턴^{Charleston} 항을 봉쇄 중이던 북군의 1,200톤급 호사토닉^{Housantanic}호를 함수 앞쪽에 장착한 40킬로그램의 폭약으로 침몰시키는 데 성공했다.

독일 잠수함 유보트

이런 과정을 거치면서 발전해온 잠수함은 어릴 때 누구나 한번쯤은 읽어봤을 쥘 베른Jules Verne의 소설 『해저 2만 리Vingt mille lieues sous les mers』를 꿈이 아닌 현실로 만든 무기다. 각종 첨단무기가 발달한 현대에 있어서도 잠수함은 가장 발견하기 힘든 무기로 꼽힐 정도로 은밀성이 가장 큰 강점이다. 초기의 잠수함이 가졌던 단점들은 과학기술의 발달, 제1·2차 세계대전 등을 거치면서 개선되어, 이제 잠수함은 전세에 큰 영향을 끼친 가공할 무기로 변신했다. 두 차례의 세계대전에서 가장 주목을 받았던 무기가 독일 잠수함 유보트U-boat다. 유보트는 그동안 많은 영화와 책의 소재가 되어 가장 널리 알려진 무기 중 하나다.

1914년 9월 5일 독일 해군의 U-21 잠수함은 영국 해군의 순양함 패스파인더Pathfinder를 격침하여 영국군 승조원 296명 중 259명이 사망했다. 이어 9월 22일엔 독일 잠수함 U-9이 1시간여 만에 영국 순양함 3척을 격침하여 2,200여 명의 승조원 중 1,459명이 전사하는 사건이 일어났다. 영국 해군이 스페인 무적함대에 대패한 이후 300여 년 만에 최대의 참패로 기록

제1차 세계대전에서 활약한 독일군 U-9.

제2차 세계대전에서 독일 잠수함대를 이끈 칼 되니츠 제독(위)과 유보트(아래).

된 사건이었다. 독일군의 유보트는 1915년부터 1918년 사이에 2,500여 차례에 걸쳐 총 1,218만톤의 선박을 격침한 것으로 알려져 있다. 당시 침몰한 영국 선박의 90%가 잠수함의 공격을 받아 침몰한 것이었다고 한다.

그러나 제1차 세계대전 패전으로 독일군 유보트는 역사의 뒤안길로 사라졌다. 대부분 자침하거나 승전국이 압류했기 때문이다. 독일 잠수함에 막대한 피해를 입은 연합국은 종전 후 독일 해군의 잠수함 보유를 금지했지만, 독일은 유령회사를 만드는 등의 방법으로 잠수함 건조기술을 유지했으며 비밀리에 잠수함을 실제로 건조하기도 했다.

제2차 세계대전 발발과 함께 독일 유보트는 다시 한 번 전쟁의 주역으로 떠오른다. 그 서막은 1939년 10월 독일 잠수함 U-47이 각종 장애물과 난관을 뚫고 영국 스카파플로 Scapa Flow 해군기지에 침투, 영국 전함 로열 오크 Royal Oak를 어뢰로 격침시키는 것으로 열렸다. 유보트들은 칼 되니츠 Karl Dönitz, 1891~1980 제독의 '이리떼 Wolf Pack' 작전에 따라 영국으로 각종 장비와 물자, 병력을 수송하던 연합국 수송선을 무차별 격침해 영국의 숨통을 바짝 조였다.

이리떼 작전은 독일군 잠수함들을 대서양 주요지역에 분산시켜 초계를 하다 잠수함 한 척이 연합국 수송선단을 발견하면 독일 잠수함사령부에 보고, 주변의 잠수함들을 불러 모아 동시다발적으로 공격하는 방식이었다. 독일군은 이 작전에 따라 한 번에 수십 척의 수송선을 격침하기도 했다. 제2차 세계대전 중 유보트들은 연합국 함정 148척과 상선 2,759척을 격침해 무려 약 1,400만 톤의 물자와 장비를 수장시켰고, 약 20만 명의 사상자를 초래한 것으로 알려져 있다.

영국을 승전으로 이끈 명수상 윈스턴 처칠이 회고록에서 "제2차 세계대전 기간 중 나를 가장 두렵게 한 것은 유보트였다"고 쓸 정도로 유보트는 위협적이었다. 제2차 세계대전 당시 유보트에는 여러 종류가 있는데 가장 대표적인 것이 '7형 Type VII'이다. 총 700여 척이나 건조된 이 함정은 당시로선 최고의 잠수함이었다. 길이 64~67미터, 배수량 620~860톤으로 직경 533mm 어뢰발사관 5문과 어뢰 11~14발, 88mm 함포 등으로 무장하고 있었다.

독일이 제2차 세계대전에서도 패전함에 따라 유보트는 다시 한 번 역사의 뒤안길로 사라졌다. 그러나 독일은 이내 209급 잠수함 등을 통해 재래식 잠수함 강국의 위상을 되찾는다. 현재 세계 각국이 보유한 재래식 잠수함의 상당수는 독일제다.

한국 해군의 잠수함

한국 해군의 주력 잠수함도 모두 독일에서 설계한 잠수함을 도입한 것이다. 현재 우리 해군은 구형인 209급(1,200톤, 장보고급) 잠수함 9척과 최신형 214급 잠수함(1,800톤, 손원일급) 3척을 보유하고 있다. 대부분은 국내 조선소에서 건조한 것이지만 우리 업체들이 독자적으로 건조한 것이 아니라 독일의 기술지원으로 만든 것이다.

해군의 209급 잠수함은 환태평양 각국 해군이 참가한 가운데 실시한 림

해군 214급 잠수함 손원일함.

해군 209급(장보고급) 잠수함.

팩 훈련에서 여러 차례 미 항공모함과 이지스함 등 가상 적군의 함정들을 '가상 격침'하는 데 성공해 훈련 참가국들을 놀라게 했다. 디젤전지로 추진되는 재래식 잠수함은 충전 등을 위해 하루에 한번 정도는 수면 가까이 부상해야 하는 것이 가장 큰 약점이다. 하지만 214급 잠수함은 'AIP(공기불요) 시스템*'을 장착, 최대 2주가량 물 위로 떠오르지 않고도 바다 속에서 작전할 수 있는 강점을 갖고 있다.

해군은 당초 214급 잠수함을 3척 도입하려다가 후에 6척을 추가 도입

---

* 공기불요(Air Independent Propulsion; AIP) 시스템은 원자력 추진이 아닌 재래식 잠수함에서 외부 대기의 공급 없이 지속적인 잠항을 위한 시스템이다. 방법으로는 연료전지, 스털링엔진, 폐쇄회로 디젤엔진 등이 있다.

키로 해 총 9척을 보유할 계획이다. 또 3,000톤급 '장보고-3'급 중(重)잠수함도 우리 기술로 건조, 총 18척의 잠수함으로 구성되는 잠수함 부대를 갖추려는 계획을 갖고 있는 것으로 알려졌다.

동북아 잠수함 전력

중·일·러의 보이지 않는 전쟁

유용원

지난 2009년 4월 23일 중국 해군은 창설 60주년을 맞아 산둥山東 성 칭다오靑島에서 대규모 국제관함식을 개최했다. 이 관함식엔 중국 해군의 최신예 함정들이 대거 참가해 세계 각국의 주목을 받았다. 그 가운데서도 가장 주목을 받은 것이 원자력 추진 잠수함(핵잠수함)이었다.

수적 우위에 핵잠수함도 보유한 중국

당시 퍼레이드에 등장했던 것은 전략 탄도미사일 탑재 핵잠수함인 창정長征 6호와 공격용 핵잠수함인 창정 3호 등 2척이었다. 창정 6호는 일명 '시아급'(092형)으로 불리는 잠수함으로 1988년 취역해 20여 년간 작전에 투입되었다. 원래 사정거리 2,000~3,000킬로미터에 불과한 JL-1 잠수함 발사 탄도미사일 12발을 탑재하고 있었지만, 1998년 사정거리가 8,000킬로미터로 늘어난 신형 JL-2를 탑재하는 개량을 이루어 전략 타격능력을 강화했다.

물속에서의 배수량은 6,500톤급으로 길이 120미터, 폭 10미터, 최고속력 22노트(시속 약 40킬로미터)이며 승조원은 140명 가량이다. 중국은 시아급

중국 시아급 탄도미사일 핵잠수함.

중국 신형(093형 추정) 공격용 핵잠수함.

잠수함 1척을 보유하고 있으며 이를 개량한 신형 탄도미사일 탑재 핵잠수함 '진급'(094형)도 건조해 실전배치한 것으로 알려져 있다. 진급은 수중 배수량 1만 2,000톤급으로 시아급보다 크고 미사일보다 JL-2 16발을 탑재, 타격능력도 강화했다고 한다.

국제관함식 때 함께 등장한 공격용 핵잠수함은 '한급'(091형)으로 불리는 함정으로, 총 5척을 보유하고 있는 것으로 전해졌다. 1974~1990년 취역해 구형 함정으로 분류한다. 길이 98~106미터, 수중 배수량 5,500톤급으로 직경 533mm 어뢰발사관 6문으로 무장하고 있다. 중국은 이를 개량한 신형 '상급'(093형) 공격용 핵잠수함을 2005년 이후 배치하고 있는 것으로 전문가들은 보고 있다. 중국의 핵잠수함은 총 10여 척인 것으로 평가한다.

중국은 디젤전지로 추진되는 재래식 잠수함 전력도 크게 강화하고 있다. '원급'으로 불리는 잠수함이 가장 최신형이다. 수중 배수량 2,600톤급으로 어뢰 및 대함 순항미사일로 무장하고 있다. 기존 잠수함에 비해 조용하고 다양한 무장을 싣고 있는 것으로 전해진다. 중국은 러시아의 대표적 재래식 잠수함인 '킬로Kilo급'도 12척이나 도입할 계획이다. 중국의 재래식 잠수함은 총 60여 척으로 아시아에서 가장 많은 규모를 자랑한다.

핵잠수함은 없으나 성능이 우수한 일본의 잠수함

중국의 군비증강에 민감한 반응을 보여 온 일본도 비록 핵잠수함은 없고 재래식 잠수함의 숫자도 적지만 세계 정상급의 우수한 잠수함을 보유하고 있다. 일본은 세계 재래식 잠수함 가운데 가장 큰 4,200톤급 SS-16 '소류蒼龍급' 디젤 잠수함 2척을 보유하고 있다. 소류급은 길이 84미터, 폭 9미터로 신형 어뢰와 대함 미사일로 무장하고 있다.

보통 재래식 잠수함이 전지 충전을 위해 하루에 한 차례 정도 수면 가까이 부상해야 하지만 소류급은 '스털링엔진' 방식의 AIP(공기불요) 시스템을

일본 소류급 잠수함.

일본 오야시오급 잠수함.

장착해 수중에서 지속적으로 2주 이상 작전할 수 있는 것으로 알려져 있다. 특히 일부 전문가들은 소류급을 소형 원자로를 탑재한 핵잠수함으로 비교적 쉽게 개조할 수 있다고 평가한다.

일본은 이밖에 오야시오Oyashio급(3,000톤급) 11척, 하루시오Harushio급(2,750톤급) 5척 등, 총 18척의 잠수함을 보유하고 있다. 이런 일본 잠수함의 강점은 다른 나라에 비해 훨씬 '젊다'는 것이다. 일본 잠수함의 평균 운용기간은 16년이다. 여느 국가의 경우 보통 25~30년 안팎이다. 그만큼 일본 잠수함들이 신형으로 첨단장비를 갖추고 있다는 얘기다. 일본은 다른 나라 같으면 한창 최일선에서 쓰고 있을 잠수함을 퇴역시켜 재고로 보관하다가 유사시 즉각 실전에 투입할 수 있는 체제를 유지하고 있다.

세계 최대 '타이푼'으로 대표되는 러시아 잠수함

중국, 일본과 함께 한반도를 둘러싸고 있는 러시아는 냉전 시절 미국과 맞설 때보다는 약해졌지만 아직도 강력한 잠수함 전력을 유지하고 있다. 러시아는 전략 탄도미사일 핵잠수함 15척, 각종 전술 잠수함 50여 척을 보유하고 있는 것으로 알려졌다. 전략 탄도미사일 핵잠수함 중에서는 '보레이Borey'급이 가장 최신형이다. 길이 170미터, 수중 배수량 2만 4,000톤의 대형 함정으로 SS-N-23/28 잠수함 발사 탄도미사일 12발을 탑재한다. 하지만 러시아 핵잠수함 가운데 가장 유명한 것은 뭐니 뭐니 해도 '타이푼급'이다. 수중 배수량이 2만 6,500톤에 달하는 세계 최대의 '괴물' 잠수함이기 때문이다. 타이푼급 잠수함은 톰 클랜시의 〈붉은 10월〉 등 여러 소설과 영화의 주인공으로 등장해 널리 알려져 있다.

북극의 두꺼운 얼음을 깨고 부상해 미사일을 발사할 수 있도록 선체를 내압선체와 외부선체로 나눠 2중으로 튼튼하게 건조한 것이 특징이다. 길이 171.5미터, 폭 24.6미터로 SS-N-20 미사일 20발을 탑재하고 있다. 1981년부터 1989년까지 6척을 건조했으나 예산문제 등으로 상당수가 퇴역하거나 해체되고 일부만 운용 중이다. 러시아는 이밖에 '델타-Ⅲ·Ⅳ급' 탄도미사일 탑재 핵잠수함 등도 갖고 있다.

러시아는 미국의 막강한 항공모함 전단에 대응하기 위해 SSGN이라 불리는 순항미사일 탑재 핵잠수함도 운용하고 있다. 2000년 8월 침몰해 100여 명의 승조원 전원이 사망해 큰 파문을 일으킨 쿠르스크Kursk호와 같은 '오스카Oscar Ⅱ'급이 대표적이다. 공격용 핵잠수함으로는 '야센Yasen'급이 가장 최신형으로 어뢰와 SS-N-27 순항미사일 24발 등으로 무장하고 있다. 수

러시아 타이푼급 탄도미사일 핵잠수함.

러시아 보레이급 탄도미사일 핵잠수함.

중 배수량 8,600톤, 길이 111미터로 기존 러시아 잠수함에 비해 소음이 작아 탐지가 어려운 것으로 알려져 있다.

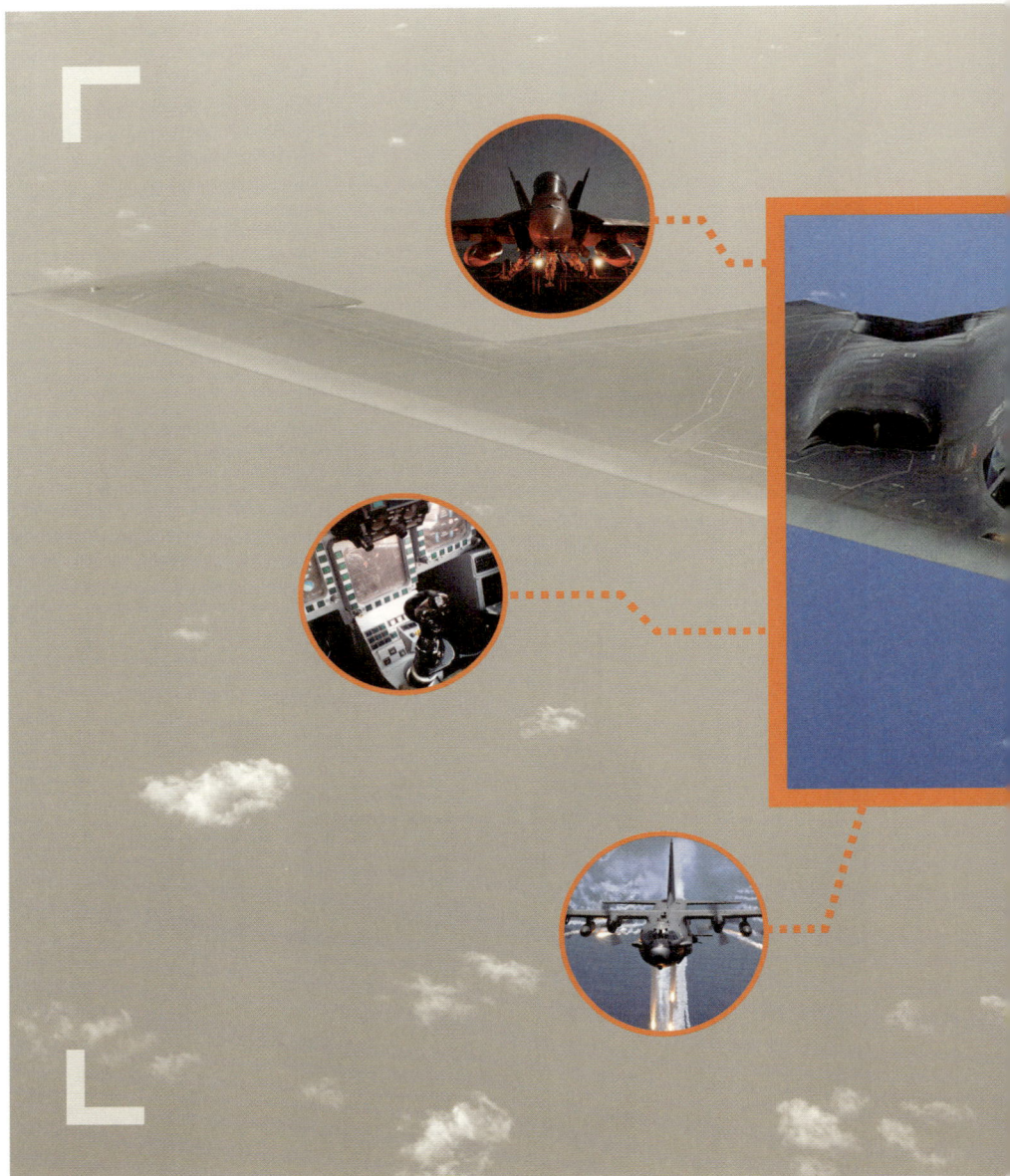

항공무기

F-35 라이트닝 II

다목적 스텔스 전투기

김대영

항공전력이 처음으로 맹위를 떨친 제2차 세계대전 이후로는 제공권 장악이 곧 전쟁의 승리를 의미했다. 제공권이란 항공전력이 적보다 우세하여, 적으로부터 방해를 받지 않고 육·해·공 작전을 수행할 수 있는 것을 의미한다. 특히 전투기는 제공권을 장악하는 핵심요소로, 각 나라 공군력의 척도이자 국방력의 상징이 되었다. 전투기의 중요성이 부각하면서, 세계 각국은 성능이 더 뛰어난 차세대 전투기 개발에 뛰어 들고 있다. 차세대 전투기 가운데

F-35 전투기는 JSF, 즉 3군 통합 전투기 프로젝트의 결과물이다. A/B/C형의 세 종류가 있으며, A형은 공군용, B형은 해병대용, C형은 해군용이다. 〈출처: USAF〉

가장 주목을 받는 것은 미 록히드마틴사가 개발한 F-35 전투기다. F-35 전투기는 차세대 전투기의 핵심이라 할 수 있는 스텔스Stealth 성능과 함께, 다양한 임무를 수행할 수 있는 다목적 전투기Multi-Role Fighter이다.

3군 통합 전투기

F-35 전투기는 JSFJoint Strike Fighter, '3군 통합 전투기'라고도 불린다. 미군은 전 세계에서 유일하게 3군, 즉 공군·해군·해병대에서 모두 전투기를 운용하고 있는 국가이다. 3군이 다양한 전투기를 운용하면서 국방예산의 많은 부분을 3군이 필요로 하는 전투기의 개발과 도입에 사용한다. 미 국방부는 그동안 예산 절감을 위해 많은 노력을 기울여 왔다. 1961년 미 국방부 장관으로 취임한 로버트 맥나마라Robert McNamara는 미 공군과 해군이 공통으로 사

용할 전술전투기 개발 계획 TFX^{Tactical Fighter Experimental}를 지시했다. 그 결과 F-111 전폭기가 탄생한다. 그러나 미 해군은 F-111이 항공모함에서 사용하기에 너무 무겁다는 이유로 도입을 포기하고, 이후 F-14 전투기를 개발한다. 미 공군은 500여 대의 F-111 전폭기를 도입했지만, 공중전 성능 부족으로 다시 F-15 전투기를 개발했다. 미 공군과 해군의 통합 전투기로 계획된 F-111 전폭기는 결국 실패로 끝났다.

세계 최대의 전투기 개발 계획

1990년대 구소련이 붕괴하고 국방예산은 대폭 줄어들었다. 1993년 미 국방부는 결국 3군의 각종 전투기를 통합하는 전투기를 개발하기로 결정했다. 개발 과정에서 보잉사의 X-32와 록히드마틴사의 X-35, 두 종류의 기체가 경쟁하여 X-35가 승리했고, 이를 발전시켜 3군 통합 전투기인 F-35 전투기가 탄생하게 된다. 미 공군의 F-16 전투기, A-10 공격기, 해군과 해병대의 F/A-18 호넷, 해병대의 AV-8B 해리어 II 등, 3군이 현재 운용 중인 전투기 대부분을 F-35 전투기로 교체할 예정이다. F-35 전투기는 세 가지 형태의 기체가 개발되었다. 기본형인 F-35A 전투기는 통상적인 이착륙방식의 공군용 전투기이다. 이밖에 단거리이륙 및 수직착륙^{Short Take-Off and Vertical Landing; STOVL} 모델인 F-35B 전투기와, 함재기인 F-35C 전투기가 있다. F-35 전투기는 하나의 전투기에서 세 가지 기체 형태로 개발되지만, 기체 간의 공통성을 80% 정도로 끌어 올려 생산 공정과 가격 상승을 최소화하려고 시도하고 있다. 미군이 도입할 F-35 전투기는 무려 2,243대로 그 가격은 모두 3,824억 달러(한화 약 459조원)에 달한다. 여기에 개발에 동참한 영국을 비롯한 8개 국의 소요와 수출까지 감안한다면, F-35 전투기의 생산 대수는 3,000여 대를 능가할 것으로 점치고 있다.

F-35B 전투기. 단거리이륙 및 수직착륙(STOVL)이 가능하다. 미 해병대의 AV-8B 해리어 II를 대체하는 용도이다. 〈출처: US Navy〉

F-35C 전투기. 미 해군의 F/A-18 호넷을 대체하는 F-35의 함재기형이다. 〈출처: US Navy〉

먼저 보고 먼저 쏘는 전투기

F-35 전투기는 F-22 전투기에서 사용했던 스텔스 성능을 향상한 전투기이다. 스텔스 성능을 발휘하도록 설계한 동체와 레이더 흡수 재료를 통해, F-35 전투기의 레이더 반사면적은 매우 작은 수준이다. F-35 전투기는 스텔스 성능은 레이더에 대한, 저탐지성에만 머물지는 않는다. 스텔스기를 탐

F-35 전투기는 스텔스 성능을 보편화하고, 적외선 탐지율도 개선했다.
〈출처: Lockheed Martin〉

지하는 기술이 발달하면서, 레이더 외에도 스텔스기를 탐지하는 수단인 적외선과 적의 전자정찰에 대해서도 스텔스 성능을 가져야 했다. F-35 전투기는 독특한 설계를 통해 적외선 탐지율을 낮추었다. 또한 F-35 전투기에 장착하는 AN/APG-81 레이더는 저피탐성 전파를 발산해, 적의 전자정찰에도 잘 잡히지 않는다. 다양한 스텔스 기술을 접목한 F-35 전투기는, '먼저 보고 먼저 쏘는' 스텔스 전투기의 기능에 충실한 전투기로 알려져 있다.

아이폰 세대를 위한 조종석

F-35 전투기는 다양한 임무를 수행할 수 있는 다목적 스텔스 전투기로 개발되었다. F-35 전투기는 공대공·공대지 임무 및 정찰 임무까지 소화한다. 이러한 임무를 보다 효과적으로 수행하기 위해, F-35 전투기는 전투기의 두뇌라 할 수 있는 조종석에 대변화를 주었다. 전투기 조종석에 설치된 기계식 계기판과 다기능 디스플레이Multi-function Display; MFD를 없애고, 직관적인 인터페이스를 위해 최초로 파노라믹 디스플레이Panoramic Display 방식을 채용했다. 즉 하나의 대형 디스플레이가 기계식 계기판과 다기능 디스플레이를 대체한 것이다. 또한 터치스크린 방식을 적용하여, 다양한 기능을 쉽게 사용할 수 있게 되었다. 전투기 조종석이라면 반드시 있어야 한다고 생각했던 전방시현기Head-Up Display; HUD도 없어졌고, 대신 그 기능은 헬멧장착시현기(HMD)로 옮겼다. 헬멧장착시현기(HMD)는 야간 투시경 기능과 함께 공대공 미사일과도 연동한다. 일부에서는 이러한 F-35 전투기의 조종석을, '아이폰 세대를 위한 조종석'이라고 평가하기도 한다.

F-35 전투기는 조종석에 대대적인 변화를 주었다. 다기능 디스플레이(MFD)는 터치스크린 방식의 파노라믹 디스플레이로 바뀌었고, 전방시현기(HUD) 대신 헬멧장착시현기(HMD)를 채택했다.

F-22 전투기보다 앞선 항공전자장비

F-35 전투기는 개전 초기에는 적의 레이더에 탐지되는 것을 피하기 위해 무장과 연료를 동체 내부에 탑재하고, 적진 깊숙이 침투하여 타격 임무를 수행할 수 있다. 표준 무장으로는 AIM-120C 암람 중거리 공대공 미사일과 2,000파운드 제이담(JDAM) 폭탄을 각각 2발씩 동체 내부 폭탄창에 탑재한다. 다른 구성으로 4발의 AIM-120C 또는 8발의 소구경 폭탄Small Diameter Bomb;SDB을 내부에 장착할 수도 있다. 경우에 따라서는 외부에 다양한 무장을 탑재할 수 있다. 한편 F-35A 전투기는 고정 무장으로 GAU-12 25mm 벌컨Vulcan포를 탑재한다. F-35B와 F-35C 전투기는 포드 형식으로 필요에 따라 GAU-12 25mm 벌컨포를 장착한다. 엔진은 미 프랫 앤 휘트니Pratt & Whitney사의 F-135 엔진을 탑재한다. F-35 전투기는 F-22 전투기에 비해 발전된 항공전자장비를 탑재한다. F-22 전투기의 AN/APG-77 레이더를 기

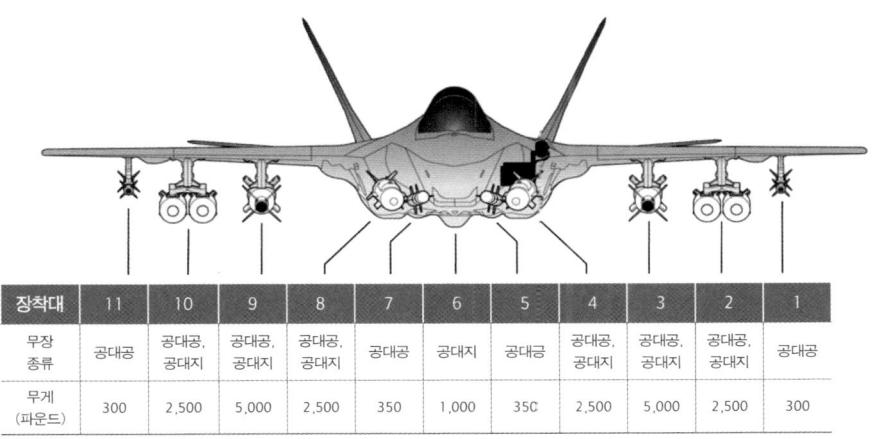

장착대	11	10	9	8	7	6	5	4	3	2	1
무장 종류	공대공	공대공, 공대지	공대공, 공대지	공대공, 공대지	공대공	공대지	공대공	공대공, 공대지	공대공, 공대지	공대공, 공대지	공대공
무게 (파운드)	300	2,500	5,000	2,500	350	1,000	350	2,500	5,000	2,500	300

공군형인 F-35A 전투기의 무장장착능력. 〈출처: Lockheed Martin〉

F-35 전투기의 작전 능력. 〈출처: Lockheed Martin〉

반으로 만든 AN/APG-81 레이더는 공대지 모드에서 매우 뛰어난 성능을 자랑한다. 여기에 최신형 표적획득 및 추적체계인 AN/AAQ-40 EOTS(광전자 표적장비)와 접근하는 미사일이나 공중 목표물을 식별하고 그 위치를 파악하는 6개의 적외선 센서로 구성된 AN/AAQ-37 DAS(분산형 개구장비)는, F-22 전투기에는 없는 최첨단의 광학 감시장비이다.

개발 지연과 가격 상승

최첨단의 성능을 자랑하는 F-35 전투기이지만, 개발 일정 지연과 생산 지연에 따른 비용 상승으로 커다란 비판을 받고 있다. 총 사업비용은 400조 원대로, 이는 8년 전보다 무려 65%나 증가한 것이다. 특히 2001년 JSF 기종 선정 당시 대당 가격은 5,020만 달러(한화 560억 원) 수준이었던 것이, 2010년에는 대당 9,240만 달러(한화 약 1,035억 원)로 84%나 비용이 증가했다.

그러나 F-35 전투기 개발 계획은 최근 각종 개발 일정을 빠르게 소화하

F-35 전투기 개발 사업은 사업 비용의 증가로 역경을 겪었다. 〈출처: Lockheed Martin〉

에글린 미 공군기지에 최초 배치된 양산형 F-35A 전투기. 〈출처: Lockheed Martin〉

면서, 전반적인 상황은 과거에 비해 호전되고 있다. 2011년 7월에는 미 플로리다 주의 에글린Eglin 공군기지에, 미 공군 최초의 양산형 F-35A 전투기가 배치되었다. 2011년 10월에는 미 해병대용 F-35B 전투기가 미 해군의 헬기강습양륙함 와스프Wasp호에서 이착륙 시험을 성공적으로 수행했다.

 한때 2년간 개발을 유예했던 단거리 이륙 및 수직착륙형 F-35B는 현재에는 개발을 정상 진행 중이며, 미국의 입장에서 F-35 전투기의 개발 중단 조치는 불가능하다고 보는 것이 전문가들의 대체적인 시각이다. F-35 전투기는 미군뿐만 아니라 해외 시장에 판매할 수 있는, 미국의 유일한 5세대 전투기이기 때문이다.

F/A-18E/F 슈퍼 호넷

다목적 함상 전투기

김대영

미군 공중 전력의 한 축을 담당하는 미 해군 항공대가 보유한 각종 항공기는 3,700여 대에 달한다. 이 가운데 전투기는 1,000여 대에 육박한다. 항공기의 숫자로만 보자면 웬만한 강대국의 공군보다 우세하다. 전 세계에서 미 해군 항공대를 상대할 수 있는 유일한 전력은, 아이러니하게도 미 공군뿐이다. F/A-18E/F 슈퍼 호넷은 21세기 미 해군 항공대의 핵심 공격전력으로 등장한 전투기이다. 슈퍼 호넷은 2002년 11월 이라크 남부에 설정된 비행

F/A-18E/F 슈퍼 호넷. 기존에 항공모함에 실려 있던 F-14 톰캣과 호넷을 대체하기 위해 개발된 전투기다.

금지구역을 감시하는 서던와치Southern Watch 작전에서, 이라크 방공망에 스마트폭탄인 제이담(JDAM)을 투하하며, 최초로 실전에 데뷔했다. 제2차 걸프전에서는 지상군에 대한 근접항공지원 및 적 방공망 제압 임무를 수행하기도 했다. 미 해군 항공대 외에도 호주 공군도 24대의 슈퍼 호넷을 운용할 예정이다.

슈퍼 호넷의 탄생

1990년대 초 미 해군은 전설적인 함상 공격기였던 A-6E 인트루더Intruder의 후계기로, A-12 어벤저Avenger 스텔스 공격기를 개발하기로 결정했다. 그러나 개발이 지연되고 비용이 천문학적으로 급증하자, 결국 계획을 중단했다. 이후 미 해군은 F-22 전투기의 함상형도 고려했지만, 동서냉전의 종식

호넷(위)과 슈퍼 호넷(아래). 외관상으로 공기흡입구 모양이 둥근 형태에서 사각형으로 바뀐 점이 눈에 띈다.

과 함께 국방예산이 축소되면서 유야무야되었다. 결국 미 해군은 운용중인 F/A-18 호넷 전투기의 후계기로 행동반경과 공격능력을 향상한 슈퍼 호넷Super Hornet 전투기 개발 계획을 결정하게 된다. 그리하여 1992년 6월 미 의회의 승인을 받아 맥도넬 더글러스McDonnell Douglas사(현 보잉)와 미 해군이 개발계약을 체결하면서 본격적인 개발에 돌입하게 된다.

호넷 VS 슈퍼 호넷

슈퍼 호넷은 기존 호넷보다 동체 중앙부가 86센티미터 길어졌다. 거기에 레이더가 장착되는 레이돔과 수평미익도 대형화되면서, 전체적으로 131센티미터가 길어진 18.3미터가 되었다. 기내 연료탱크의 용량은 수직미익까지 일체형 탱크로 사용하면서 28% 증가했다. 중량 증가에 대응하기 위해 주익은 기존 호넷 대비 25% 넓어졌다. 미 해군의 무장탑재능력 향상 요구에 맞추어, 슈퍼 호넷의 무장 탑재량은 최대 8톤으로 기존 호넷 대비 약 1톤이 증가했다. 엔진은 호넷에 사용한 F-404 터보팬 엔진을 개량해 새로 개발된 F-414로 변경했으며, 후부 연소기 사용 시 합계추력은 호넷 전투기의 14.5톤에서 20톤으로 약 40%가 향상되었다.

모든 면에서 업그레이드된 슈퍼 호넷

슈퍼 호넷은 F-22 전투기와 같은 완전한 스텔스 능력을 갖추지는 못하나, 레이더에 덜 잡히도록 개선된 전투기이다. 이를 위해 공기흡입구의 모양을 호넷의 반원형에서 사각형으로 바꾸어, 레이더 반사 단면적을 크게 줄였다. 또한 슈퍼 호넷은 좀 더 많은 무기를 단 상태에서 항공모함에 착륙할 수 있어, 무기를 바다에 버리는 일이 줄었다. 호넷의 경우 많은 연료를 소모하는 야간 착륙 시, 탑재한 공대지 무장을 버리고 항공모함에 착륙하는 경우가 발생하기도 했다. 일반 폭탄이라면 문제가 될 것이 없지만, 고가의 정밀유도무기라면 얘기가 다르다.

또한 고고도와 저고도에서의 무장 투하 능력에서 슈퍼 호넷이 호넷에 비해 뛰어나다는 평가를 받고 있으며 안전성 면에서도 슈퍼 호넷은 높은 평가를 받고 있다. 단순화한 안전장치로 호넷에 비해 선회 및 급강하가 안정적이고, 이륙 후 양력을 잃고 급강하하는 사례도 적은 것으로 알려져 있다.

항공모함 함상의 슈퍼 호넷. 기존 호넷에 비해 항속거리, 레이더 반사 단면적(RCS), 무장 탑재량, 레이더 탐지 능력 등의 성능을 대폭 향상한 현존 최강의 함재기다.

최강의 함상 전투기

2005년부터 생산된 F/A-18E/F 슈퍼 호넷 블록2부터는 AESA 방식의 APG-79 레이더를 탑재했다. APG-79 레이더는 공중에서의 감시 범위가 넓고, 기계식 레이더에 비해 높은 정확성을 자랑한다. 합성 개구 레이더 모드가 장착되어, 지상이나 해상의 목표물을 식별하는 능력도 우수하다. 또한 새로운 목표 탐지/조사 포드인 AN/ASQ-228 ATFLIR도 장착한다. ATFLIR은 3만 피트(약 9킬로미터) 상공에서도 목표물을 정확하게 잡아낸다.

복좌형인 F/A-18F 슈퍼 호넷 블록2는 후방석을 공격 전용 조종석으로 개조했다. 이전의 호넷 전투기의 경우, 복좌형은 전투기의 훈련 용도로 주로 사용했었다. F/A-18F 슈퍼 호넷 블록2 후방석에는 무장관제요원이 탑승하며, 전투기에 탑재한 각종 센서와 무장, 전자전 장비를 통합 관리하게 된다. 또한 후방석 중앙에는 슈퍼 호넷에 일반적으로 장착하는 디스플레이보다 3배 정도 큰 대형 디스플레이를 장착했다. 이 디스플레이를 통해 후방

F/A-18E/F 슈퍼 호넷 블록2에 탑재한 AESA 방식의 APG-79 레이더. 〈출처: Raytheon〉

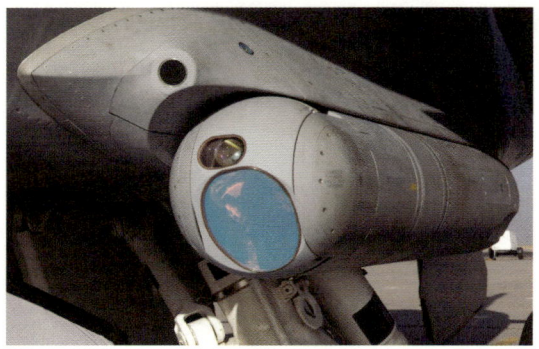

F/A-18E/F 슈퍼 호넷 블록2에 탑재한 목표 탐지/조사 포드 ATFLIR.

석의 무장관제요원은 전장 상황을 한눈에 파악하여 신속하게 대처할 수 있다. 미 해군에서 500여 대를 도입할 예정인 슈퍼 호넷은 절반 이상을 공격 전용 복좌기로 채울 예정이다.

슈퍼 호넷 복좌형(F/A-18F) 후방석에는 무장관제요원이 탑승한다.

슈퍼 호넷은 공중 급유 기능도 갖추었다.

유로파이터 타이푼

유럽 차세대 전투기

김대영

제1차 세계대전이 벌어지면서 유럽의 항공산업은 비행기를 전투기로 발전시켰다. 제2차 세계대전 당시에는 인류 최초의 제트 전투기인 Me262 전투기를 탄생시켰다. 전투기 개발에 대한 유럽인의 열정은 오늘날까지도 이어지고 있다. 대표적인 것이 영국·독일·이탈리아·스페인 4개 국이 공동 개발한 유럽형 차세대 전투기인 유로파이터 타이푼Eurofighter Typhoon이다. 유로파이터 타이푼 전투기는 유럽 주요 4개 국 공동개발이라는 상징성과 생산대수에서 유럽을 대표하는 차세대 전투기라 할 수 있겠다.

유럽을 대표하는 차세대 전투기

유로파이터 전투기 개발계획이 시작된 것은 1979년이다. 당시 서독, 영국, 프랑스는 유럽형 전투기 개발계획인 ECF^{European Combat Fighter}에 합의했다. 1982년 4월에는 이탈리아도 이 계획에 참여한다. 1981년 ECF 그룹 내 의견 차이로 프랑스가 계획에서 탈퇴했다. 프랑스의 탈퇴 이후 1986년 6월 ECF는 EFA^{European Fighter Aircraft}로 명칭을 바꾸고 스페인이 새롭게 개발계획에 합류하게 된다. 그러나 개발계획은 냉전의 종식, 독일의 경제불황, 기술적인 문제 등으로 우여곡절을 겪었다. 이후 개발계획은 1992년 12월 EFA에서 '유로파이터 2000'으로 명칭이 바뀌었다.

1994년 3월 독일의 DASA(현 EADS 도이칠란트)사가 제작한 시험기인 DA1이 첫 비행에 성공한다. 1998년에는 유로파이터 2000이란 이름은 사라지고 '유로파이터 타이푼'이라는 제식명칭을 갖게 된다. 2003년 8월부터 유로파이터 타이푼 전투기는 본격적인 양산에 돌입하여 같은 해 10월 스페인 공군을 시작으로 각국 공군에 배치되었다. 유로파이터 전투기는 총 620여 대를 생산할 예정이다. 그러나 최근 유럽에 불어 닥친 경제위기로 생산 대수가 줄어들 가능성이 있다. 개발에 참가한 4개국 외에도 오스트리아에 15대, 사우디아라비아에 72대가 수출되어 일부 운용 중에 있다.

가상 대결에서 F-15를 이긴 뛰어난 공중전 능력

유로파이터 타이푼 전투기의 성능상 가장 큰 특징은 뛰어난 공중전 능력이다. 구소련의 차세대 전투기인 Su-35/37에 대응하고자 근접교전과 가시거리 밖 교전 능력에 특화된 능력을 가지고 있다. 또한 장시간 초계비행이 가능하고 긴급발진 시 3분 안에 출격이 가능하도록 설계되었다. 생존성 향상을 위해 제한적이지만 기존 전투기보다 우수한 스텔스 성능을 갖추고 있다.

1994년 3월 첫 비행에 성공한 유로파이터 타이푼 전투기의 최초 시험기. 〈출처: Eurofighter〉

유로파이터 타이푼 전투기는 훈련에서 뛰어난 공중전 능력을 선보였다. 〈출처: Eurofighter〉

이를 위해 기체의 80% 이상을 비금속 재료인 복합재료를 사용하여 제작했고, 레이더 반사율이 가장 큰 엔진 공기흡입구 부분에는 레이더 전파를 흡수할 수 있는 레이더 전파 흡수재(RAM)를 사용했다.

유로파이터 타이푼 전투기의 뛰어난 공중전 능력은 세계 최강이라 할 수 있는 미 공군과의 훈련에서 빛을 발했다. 2005년 영국에서 벌어진 영국 공군의 유로파이터 타이푼 T1 복좌 훈련기 1대와 영국 레이큰히스Lakenheath 기지 주둔 미 공군 F-15E 전투기 2대의 공중전 훈련에서 유로파이터 타이푼 T1 복좌 훈련기가 F-15E 전투기 2대를 격추했다.

2010년에는 스페인 카나리아Canarias 제도 상공에서 벌어진 스페인 공군과 미 공군의 공중전 훈련에서 스페인 공군 소속의 유로파이터 타이푼 전투기 2대가 미 공군의 F-15C 8대와 맞서, 비공식 기록이지만 격추된 기체 수 0:7이라는 압승을 거두기도 했다.

상시 초음속 비행이 가능한 슈퍼크루즈 능력

유로파이터 타이푼 전투기에서 주목할 만한 점은 슈퍼크루즈 비행이 가능하다는 점이다. 일반적인 전투기는 일시적으로 초음속의 속력을 낼 수는 있지만 초음속 비행을 지속하는 것은 어려웠다. 음속 이상의 속력을 내려면 애프터버너afterburner라는 장치를 사용해야 하기 때문이다. 애프터버너란 제트 엔진을 통해 연소된 배기가스에 다시 한 번 연료를 투입하여 재연소시키는 장치이다. 애프터버너를 사용할 경우 빠른 속력을 얻을 수 있지만, 연료 소모량이 엄청나게 늘어나는 단점이 있다.

반면 슈퍼크루즈 비행이란 최신 기술을 이용해 애프터버너의 가동 없이, 정상적인 연료 소모 범위 내에서 초음속을 내는 것을 말한다. 이는 전투기 속력의 혁신적 변화라고 할 수 있다.

현재 실전 임무에서 슈퍼크루즈 비행을 할 수 있다고 말할 수 있는 전투

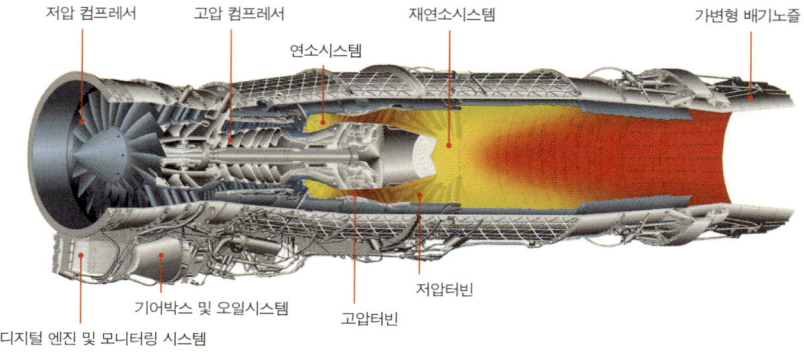

유로파이터 타이푼 전투기에 장착된 EJ200 터보팬 엔진 〈출처: Eurofighter〉

기는 F-22 전투기와 유로파이터 타이푼밖에 없다. F-22 전투기의 경우 효율이 좋은 제트 엔진과 무장을 동체 내부에 장착하는 방식을 통해 저항을 덜 받도록 제작된 기체 디자인에 그 비밀이 있다. F-22 전투기의 경우 마하 1.58의 속력으로 슈퍼크루즈 비행을 할 수 있다. 반면 유로파이터 타이푼 전투기는 무장을 동체 외부에 장착하는 기존 전투기의 형상을 유지하면서도, 뛰어난 항공 역학 설계와 작지만 강력한 엔진 덕분에 슈퍼크루즈 비행이 가능하다. 유로파이터 타이푼 전투기는 무장 장착 시 마하 1.2, 무장 미장착 시는 마하 1.5로 슈퍼크루즈 비행이 가능하다.

우수한 전자장비, 최첨단 조종석

슈퍼크루즈 비행 성능과 더불어 우수한 방어용 전자장비, 첨단화된 조종석도 특징이다. 유로파이터 타이푼 전투기의 조종사는 전투 시 조종석의 버튼 조작뿐만 아니라 음성으로도 레이더, 디스플레이, 항법, 통신장비를 직접 운용할 수 있다. 그리고 다기능 정보 분배 시스템(MIDS)을 통해 전투기 외부로부터 수집된 각종 정보가 전투기에 탑재된 각종 센서로부터 입수된 정보

유로파이터 타이푼 전투기는 우수한 방어용 전자장비, 첨단화된 조종석도 특징이다.
ReaL-FrienD at flickr.com

공대공 위주의 전투기로 태어난 유로파이터 타이푼은 점차 공대지 능력도 향상시키고 있다. 사진은 유로파이터에 탑재 가능한 각종 무기들. 〈출처: Eurofighter〉

와 서로 융합하여 조종사에게 시현된다. 융합된 정보는 조종석의 전방시현기(HUD)뿐만 아니라 조종사의 헬멧장착시현기(HMD)에도 시현되기 때문에 조종사는 신속하게 정보를 받아들여 판단을 내릴 수 있다. '센서 융합', '데이터 융합'이라 알려진 이 능력은 공중전이나 공대지 작전 시 조종사의 상황인식 능력을 크게 높여준다.

스윙롤 전투기로 진화하는 유로파이터 타이푼

뛰어난 공중전 능력을 가진 유로파이터 타이푼 전투기이지만, 공대지 능력이 부족한 것이 약점으로 꼽힌다. 부족한 공대지 능력 때문에 경쟁기종에 밀려 우리나라와 싱가포르의 차세대 전투기 선정 사업에서 고배를 마신 경험이 있다. 다양한 임무를 수행할 수 있는 멀티롤Multi-Role/스윙롤Swing-Role 전투기가 최근의 동향이기 때문이다. 즉, 시장에서 원하는 전투기란 어느 하나만 잘 하는 것이 아니라 모든 것을 잘하는 팔방미인형인 셈이다.

따라서 유로파이터 타이푼도 이런 동향에 맞추어 공대지 작전 능력을 추가해 나가고 있다. 이때 유로파이터의 넉넉한 기체 설계가 장점으로 작용할 것으로 보인다. 공대지 작전 능력의 강화는 현재 진행 중인 상태로, 사정거리 300킬로미터 이상의 스텔스 순항미사일인 스칼프SCALP/스톰섀도우Storm Shadow와 타우러스Taurus를 장착하며 스마트폭탄인 강화형 페이브웨이 Ⅱ/Ⅲ/Ⅳ 역시 장착한다. 이후에는 지상의 이동하는 표적을 공격할 수 있는 헬파이어Hellfire와 유사한 브림스톤Brimstone 공대지 미사일을 장착할 예정이다.

B-52 폭격기
최장수 폭격기

양 욱

전장에서 가장 위협적인 무기는 바로 폭탄이다. 이런 폭탄을 적에게 멀리 쏘기 위해 포탄을 개발했고, 혹은 폭탄을 짊어지고 적진에 설치한 후에 돌아오기도 했다. 그러나 폭탄을 짊어지고 적진으로 돌격하는 것은 한계가 있었고, 포탄이 날아가는 거리도 한정되어 있었다. 그래서 비행기가 등장했을 때 군에서 해야 할 일은 명백했다. 적의 머리 위로 날아가서는 폭탄을 떨어뜨리는 것이었다. 이렇게 폭격기가 등장했다.

폭격기 – 적의 머리 위에서 폭탄을 떨어뜨린다

폭격기란 지상과 해상의 목표물에 대하여 폭탄이나 미사일을 투하하는 군용기를 말한다. 폭격기는 전투기의 등장과 함께 제1차 세계대전 당시부터 발전하기 시작했다. 발전이라고 하지만 기구에서 비행기로 바뀌었을 뿐, 수류탄이나 박격포탄과 같은 조그만 폭탄을 항공기에서 직접 손으로 던지는 것이 전부였다. 그러던 것이 제2차 세계대전이 다가오면서 폭격이 중요한 전투형태로 부각했으며, 전략폭격을 위한 다양한 폭격기가 등장했다. 일례로 영국 폭격기 편대는 제2차 세계대전이 벌어진 6년간 약 20만 회 출격하여 95만 톤 이상의 폭탄을 투하했다. 심지어 폭격기가 전쟁을 종결시키기도 했다. 당시 미군 최강의 전략폭격기였던 B-29는 일본의 히로시마廣島와 나가사키長崎에 원자폭탄을 투하함으로써 '제2차 세계대전의 종결자'가 되었다.

B-52는 미 공군이 보유한 가장 강력하고도 효율적인 장거리 폭격기이다.

B-52, 덩치 큰 못난이 뚱보

이런 폭격기의 역사에 가장 큰 방점을 찍은 것이 바로 미 공군의 B-52이다. B-52 스트래토포트리스Stratofortress는 미군에서 가장 오래 운용해온 기종이다. 1952년 첫 비행을 한 이후에 거의 60년가량 비행해오고 있기 때문이다. 생산대수만 해도 744대에 이른다. 그런 이유로 B-52는 할아버지, 아버지, 아들이 대를 이어 타는 폭격기로 유명해졌다. B-52는 최대 27톤의 폭탄을 싣고 6,400킬로미터 이상의 거리를 날아가 폭격한 후 돌아올 수 있다. 무려 8개의 엔진이 달린 83톤짜리 대형 폭격기인 B-52는 출력, 항속거리, 이륙중량이라는 세 가지 측면에서 당대 최고를 기록한 역사의 산물이다. 무려 시속 1,000킬로미터에 이르는 속력으로 B-52는 개발 당시에는 전투기들조차 쫓아오기 힘들었고, 공중급유장치가 장착되면서 거의 무한정으로 계속 비행할 수 있었다. 이런 단순함으로 인하여 B-52 폭격기는 '스트래토포트리스'라는 정식명칭보다 '버프(BUFF)'라는 별명으로 더 많이 알려져 있다. 버프는 '덩치 큰 못난이 뚱보친구Big Ugly Fat Fellow'라는 의미이다.

1952년에 첫 비행을 한 YB-52 프로토타입 기체

B-52는 냉전 초기 핵폭탄을 탑재하고 북극 상공을 비행하던 비밀무기였다.

시대에 따라 임무도 각각

B-52는 미 전략공군사령부 Strategic Air Command에 소속되어 핵공격 임무를 수행했다. 이런 B-52들은 24시간 북극 상공을 비행하면서 소련이 핵공격을 가할 때에 보복타격이 가능하도록 언제나 초계비행을 하고 있었다. 그러던 것이 베트남에 미군이 본격적으로 참여하면서, 핵폭격을 전담하던 B-52가 재래식 폭격임무까지 수행하게 되었다. B-52D형의 경우 기체 개수 작업을 통하여 무려 108발의 폭탄을 탑재하게 되면서 융단폭격이 가능해졌다. 특히 B-52 폭격기 편대는 라인베커 II 작전*에서 729회 비행하면서 무려 1만 5,000톤 이상의 폭탄을 쏟아부었다. 심지어는 이 작전에서 B-52 폭격기들은 방어용인 후방의 50구경 4연장 기관총으로 2대의 MiG-21 전투기를

---

* 미군이 1972년 12월 북베트남에서 수행한 대규모 공습 작전.

B-52는 베트남 전쟁에서 재래식 폭탄을 투하하며 융단폭격의 대명사로 자리 잡는다.

B-52는 걸프전부터는 순항미사일 등 정밀유도무기체계의 플랫폼으로도 사용된다.

격추하면서 공대공 격추기록까지 세우기도 했다.

베트남 전쟁 이후에 B-52는 다시 핵폭탄을 투하하는 핵전쟁의 주역으로 활약하다가 수난을 맞이한다. 전략무기감축협정에 따라 무려 365대의 B-52 폭격기를 해체해야만 했다. 한편 걸프전 당시에도 B-52는 두드러진 활약을 했다. '사막의 폭풍' 작전 기간 동안 미 공군에 남아있던 B-52 80여 대가 1,600여 회의 비행하며 2만 5,000톤의 폭탄을 투하했는데, 이것은 다국적군이 투하한 폭탄의 약 40%에 해당한다. 또한 B-52G 7대가 미국 본토로부터 무려 35시간을 비행하여 AGM-86C 순항미사일을 발사함으로써 당시 최장의 전투비행기록을 세우기도 했다. 또한 B-52는 이라크군의 공항과 도로를 폭격하면서 300피트(약 90미터)까지 고도를 낮추면서 폭격을 하기도 했다.

B-52는 21세기 전쟁에서도 줄기차게 활약하고 있다.

2040년까지 현역

21세기에 들어서는 현역에서 물러날 듯 했던 B-52는 다시 일선의 부름을 받았다. 9·11 테러에 대한 보복으로 미군이 아프가니스탄으로 파견된 것이다. 특히 B-52 폭격기는 적의 지하시설을 파괴할 수 있는 2,000파운드(약 1톤) 폭탄을 최대 24발까지 탑재할 수 있었고, 항공모함에서 출격한 F/A-18들과는 달리 오랜 시간 체공하면서 지상의 특수부대가 지정한 목표에 대하여 정밀타격임무를 수행할 수 있었다.

대테러전쟁을 맞이하여 B-52는 근접항공지원을 위해 초계비행이 가능한 '하늘 위의 정밀포병'으로서 역할을 수행했다. 특히 아프가니스탄 전쟁 초기에 투하한 전체 폭탄 가운데 72%는 겨우 18대의 항공기(B-52 10대와 B-1 8대)에서 투하한 것이었다. 이 사실만으로도 B-52가 여전히 위협적인 존재라는 것은 충분히 입증한다. 미군은 여전히 B-52를 애용하고 있고 최소한 2040년까지는 사용하고 싶어 한다. B-52와 B-1을 대체할 차세대 폭격기는 아직도 실전배치까지는 요원한 현실이다. 게다가 B-52만큼 효율적이면서 운용비용이 저렴한 기체도 드물기 때문이다.

B-2 스피릿

스텔스 폭격기

김대영

미군의 공습이 시작되면 언론에서 가장 먼저 언급하는 군용기가 하나 있다. 바로 B-2 폭격기이다. B-2 폭격기는 레이더에 잡히지 않는 스텔스 폭격기로 유명하다. 스텔스 폭격기는 적 방공망을 몰래 뚫고 들어가 적의 중요 시설물에 폭탄을 투하하는 능력을 갖춘 폭격기를 말한다. 이러한 능력 때문에, B-2 폭격기는 항상 공습의 최일선에 나서게 된다. 그래서 미군에서는 B-2 폭격기를 날아가는 화살의 화살촉에 비유하기도 한다.

B-2 폭격기는 1988년 최초로 대중에게 공개되었다. ⓒⓘⓞ Goretexguy at Wikipedia.org

1979년부터 시작한 B-2 폭격기의 개발

동서냉전이 고조되던 1979년 미 공군은 운용중인 B-52 폭격기를 대체할 새로운 폭격기의 개발 사업을 시작한다. 선진기술폭격기Advanced Technology Bomber;ATB로 알려진 이 사업은, 록히드(현 록히드마틴)사와 노스럽(현 노스럽 그러먼)사가 참여해 경쟁을 벌였다. 1981년 노스럽사가 제안한 기체가 B-2 스피릿Spirit 폭격기로 선정되었다. 1982년부터 본격적인 생산을 시작했지만, 이 계획은 당시 존재 자체도 공개하지 않았을 정도로 극비리에 진행되었다. 1988년 11월 B-2 폭격기는 세상에 그 존재를 공개했으며, 1989년 7월 처음으로 공개적인 시험 비행을 했다. 미 공군은 132대의 B-2 폭격기를 구매할 예정이었지만, 구소련이 붕괴하면서 국방예산이 대폭 감축하여 어쩔 수 없이 구매 수량을 축소할 수밖에 없었다. 결국 B-2 폭격기는 총 21대만 양산되고, 2009년에는 사고로 1대를 잃어버리면서 현재는 20대를 미 공군이 운용 중이다. 생산대수가 줄어들면서 기체 가격도 급상승했다. 알려진 B-2 폭격기의 대당 가격은 한화 2조 원 이상이다.

B-2 폭격기의 놀라운 스텔스 성능

고도의 스텔스 기술을 사용한 B-2 폭격기의 스텔스 성능은 과연 어느 정도인가? 많은 사람들이 궁금히 여기고 있지만, 기밀사항이라 한 번도 공개된 적이 없다. 다만 알려진 바에 의하면 B-2 폭격기의 경우, 레이더 반사 단면적Radar Cross Section; RCS은 아이들이 가지고 노는 작은 유리구슬 하나 정도로 알려져 있다. 동급의 레이더 반사 단면적을 가진 다른 항공기로는 F-22 전투기가 있다. 참고로 F-117 전투기와 F-35 전투기는 골프공보다 조금 크거나 작은 크기(0.001m^2)이다. 스텔스기가 아닌 일반적인 전투기는 1m^2가 넘는 경우도 흔하다. 이렇게 뛰어난 스텔스 성능을 가진 B-2 폭격기이지만, 스텔스 성능을 운용··유지하는 일이란 결코 쉽지 않다. 다른 군용기와 달리 스텔스기는 피탐지성 즉 스텔스 성능을 지속적으로 유지·관리해 주어야 한다. 특히 레이더 전파 흡수재인 RAM의 도색상태를 점검해야 하고, 온도 및

B-2는 기체 전체가 날개인 전익기이다.

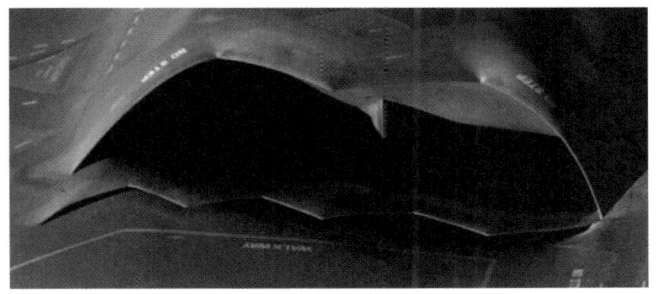

B-2의 공기흡입구 형태. 스텔스 성능을 위해 특별한 형태로 제작했다.

습도의 유지도 중요한 사항 중 하나이다. 경우에 따라서는 기체에 RAM을 재도색해야 한다. 또한 전익기全翼機, Flying Wing인 B-2 폭격기는 전폭은 넓고 전장이 짧아 일반적인 폭격기 격납고에는 수용이 불가능하다. 이러한 문제로 인해 B-2 폭격기는 에어컨 시설이 설치된 별도의 전용 격납고에서 운용하게 된다.

B-2 폭격기의 실전 참가

B-2 폭격기 최초의 실전 참가는 1999년 3월 나토(NATO)의 유고 연방 공습작전이다. 이 작전에서 총 6대의 B-2 폭격기가 45회 출격을 기록했다. B-2 폭격기는 유고 연방의 중요한 목표물에 656여 발의 갬(GAM)과 제이담(JDAM) 등의 스마트폭탄을 투하했다. 이후 B-2 폭격기는 2001년 9·11 테러가 발생하면서 시작된 대테러전쟁인 아프가니스탄 전쟁에도 참가했다. B-2 폭격기는 10월 7일 첫 공습을 시작으로 3일 동안 총 6회의 공습 임무를 수행했다. 개전 초기 적의 중요한 표적을 제거한 뒤에는, 알카에다와 탈리반Taliban 지도부의 뒤를 쫓아 이들을 제거하는 임무를 맡았다. 2003년 제2차 걸프전인 '이라크 자유 작전'에서는 총 4대의 B-2 폭격기가 참가했고,

B-2는 공중급유를 받으며 대양을 건너 폭격 임무를 수행하는 장거리 전략폭격기다.

583발의 제이담(JDAM)을 공습에 사용했다. 특히 미국이 '가능성 있는 목표물Target of Opportunity'이라고 부른, 사담 후세인Saddam Hussein과 그의 추종세력에 대한 공습에서 두각을 나타냈다. 최근에는 대對리비아 공습작전인 '오디세이의 새벽Odyssey Dawn'에도 참가했다. 작전 첫날 3대의 B-2 폭격기는 45발의 제이담을 나눠 싣고, 지구의 절반에 해당하는 8,300킬로미터를 날아 리비아에 공습을 감행했다. 공습 목표는 리비아에 위치한 가르다비야Ghardabiya 민군 겸용공항의 군사 시설물로, 미 해군에서 발사한 토마호크 순항미사일과 함께 목표물을 성공적으로 파괴했다. 이번 임무에 투입된 B-2 폭격기들은 25시간을 넘게 비행했으며, 이 과정에서 네 차례의 공중급유를 받았다.

한번에 80개의 목표물을 공격한다

B-2 폭격기는 재래식 공격능력과 핵 공격능력을 동시에 보유한 다목적 폭격기이다. 특히 재래식 공격능력은 전 세계의 어떤 군용기보다 강력하다. B-2 폭격기는 최대 23톤의 각종 무장을 탑재할 수 있다. B-2 폭격기 2대에 탑재한 스마트폭탄으로 일반 전투기의 72대에 해당하는 임무를 수행할 수 있다. B-2 폭격기는 고도 1만 2,200미터 상공에서 탑재된 APQ-181 컨포멀 레이더를 이용하여, 한번에 2,000파운드(약 907킬로그램)의 제이담 16발을 투하하여 16개의 개별 목표를 파괴할 수 있다. 이보다 작은 500파운드(약 250킬로그램)의 제이담 80발을 투하하여 80개의 개별 목표를 파괴할 수도 있다. 또한 무게만 약 14톤에 달하는 초대형 벙커 버스터 스마트폭탄인 GBU-57 MOP도 운용할 수 있다. 2009년 6월 미 공군이 도입을 결정한 이 폭탄은 일반적인 지표면에서는 지하 60미터, 콘크리트 표면은 8미터까지 관통할 수 있다. 지하에 있는 군사시설 파괴에 특히 효과적인 무기이다.

AC-130 건십

하늘의 전함

김대영

AC-130 건십Gunship은 중무장 지상 공격기로, '하늘의 전함' 혹은 '죽음의 천사'로도 불린다. 강력한 화력과 긴 체공시간은, 다른 공격기들에게서 볼 수 없는 AC-130 건십만의 장점이다. 특히 특수부대와 같이 소수의 병력이 다수의 적과 싸울 경우, AC-130 건십은 단비와 같은 역할을 한다. 건십이란 단어의 유래는 19세기 중반으로 거슬러 올라간다. 당시 미국과 영국의 해군에서는, 다수의 총포를 탑재하여 연안과 하천 작전에 특화된 군함을 '건

AC-130 건십은 중무장 지상공격기로 '하늘의 전함', '죽음의 천사'로 불린다. 사진은 대공 미사일 회피용 플레어 발사 장면.

보트^{Gunboat}' 혹은 '건십'으로 불렀다. 이후 베트남 전쟁에서는 중무장한 공격기와 무장헬기, 공격헬기 역시 다수의 기관총과 기관포를 탑재한 연유로 '건십'이라 불렀다. 그러나 오늘날에는 오직 AC-130을 지칭하는 단어로 사용하고 있다.

건십의 탄생

건십의 시작은 제2차 세계대전으로 거슬러 올라간다. 태평양 전쟁 당시 미군은 일본군의 수송선단을 공격하기 위해, B-25 중(中)폭격기에 12~18정의 12.7mm 기관포를 장착했다. 대량의 기관포를 장착한 B-25 폭격기는 상선들을 상대로 큰 전과를 올렸다. 이로써 방어력이 약한 목표물에는 폭탄보다 기관포가 더 효과적임이 증명되었다. 이러한 결과는 이후 B-26 중(中)폭

건십의 시조 격인 B-25 중폭격기. 대량의 기관포를 탑재하여 제2차 세계대전에서 활약했다.

기관포와 기관총을 장착한 B-26 폭격기. 6·25전쟁에서 맹위를 떨쳤다.
〈출처: USAF〉

격기로 이어졌다. 다수의 기관포와 기관총을 장착한 B-26 폭격기는, 뒤이어 벌어진 6·25전쟁에서 공산군의 수송부대를 상대로 맹위를 떨쳤다. 베트남 전쟁이 시작되던 1960년대 미 공군의 한 장교는 국방성에 새로운 아이디어를 내놓는다. 수송기의 동체 측면에 다수의 기관총과 기관포를 장착한 건십을 제안한 것이다. 당시 많은 사람들이 이 건십에 의심을 가졌지만 실험을 통해 기수에 기관총과 기관포를 탑재한 것보다 명중률이 더 높다는 결과가 나오면서 미군은 건십의 제작에 나선다.

베트남 전쟁에서의 건십

처음으로 등장한 건십은 C-47 수송기를 개조한 FC-47D 건십이다. '스푸키Spooky'란 별칭을 가진 건십은 C-47 수송기에 7.62mm 미니건Minigun 3정을 탑재했다. FC-47D는 이후 AC-47D로 개칭되었다. 미니건은 분당 3,000여 발에서 6,000여 발을 발사할 수 있으며, 3정의 미니건이 동시에 불을 뿜으면 분당 최대 1만 8,000여 발의 발사 능력을 자랑했다. 이후 등장한 AC-47D 건십 중에는 M1919 7.62mm 기관총 10여 정을 장착하기도 했다. 총 50여 대가 생산된 AC-47D 건십은 1965년부터 베트남에 배치되었다. AC-47D 건십은 북베트남군과 베트콩의 생명선이라 할 수 있는 호치민 루트 상공을 날아다니며, 이곳을 오가는 트럭을 상대로 혁혁한 전과를 기록했

AC-47D 건십이 만들어 내는 총탄의 비, 예광탄으로 인해 탄도를 확인할 수 있다. 〈출처: USAF〉

AC-47D 건십은 50여 대 생산되어 베트남에 배치되었다. 〈출처: USAF〉

다. 특히 귀신이라는 별칭답게 야간에 조명탄을 떨어뜨리며, 무시무시한 총탄의 비를 만들었다. 호치민 루트를 오가던 1만여 대의 공산 측 트럭들은, AC-47D 건십의 공격에 고철 덩어리가 되고 말았다.

AC-130 건십

AC-47D 건십으로 인한 피해가 커지자, 북베트남군은 각종 대공포를 갖추기 시작했다. 이 때문에 저속에서 기동성이 나쁜 AC-47D 건십은 50여 대 중 19대가 격추당할 정도로 심각한 피해를 입는다. 1966년 AC-47D 건십의 피해가 커지자, 미군은 AC-130 건십을 개발한다. AC-130 건십은 당시 최신예 수송기였던 C-130 수송기를 개조한 것으로, 무장은 7.62mm 미니건 4정과 20mm 벌컨포 4문을 장착했다. C-130 수송기는 비록 대형의 기체였지만, 소형 기체 못지않은 우수한 기동성을 가졌다. 또한 무장 탑재량에서도 AC-47D 건십과 비교가 되지 않았다. 생존성 향상을 위해 장갑판을 장착했고, 엔진에 자동소화장치를 도입했다. 이후 생산된 개량형들은 야간

AC-130H 스펙터는 베트남 전쟁 이후 발생한 각종 분쟁에서 혁혁한 전과를 기록한다.

AC-130H 스펙터에 장착된 M-102 105mm 야포. 〈출처: USAF〉

에도 대낮처럼 볼 수 있는 각종 야시 장비도 추가적으로 설치되었다. 무장 또한 강화되어 적의 대공포 사거리 밖에서 적을 공격할 수 있으면서, 강력한 화력을 자랑하는 40mm 보포스Bofors 기관포와 M-102 105mm 야포를 추가로 탑재했다.

최신예 AC-130U와 간이형 건십의 등장

베트남 전쟁이 끝나자 AC-47D를 비롯한 각종 건십은 퇴역하게 되고, AC-130 건십만이 남게 되었다. 베트남 전쟁 말기 개발된 AC-130H 스펙터Specter는 베트남 전쟁 이후 발생한 각종 분쟁에서 혁혁한 전과를 기록한다. 미국의 그레나다Grenada 침공과 파나마Panama 전쟁 등에 참가했고, 1991년 걸프전에도 참가했다. 걸프전 당시 이라크군의 휴대용 대공 유도 미사일에 1대가 격추되

AC-130U 건십의 25mm 벌컨포 발사 장면. 사격의 연기와 예광탄 줄기가 보인다.

고 탑승자 전원이 사망하기도 했지만, 그 위력은 절대적이었다.

걸프전 이후 등장한 AC-130U 스푸키Spooky는 이전의 AC-130H 스펙터에 비해 야시장비와 사격통제장비도 강화되었고, 적 방공망에서도 효과적인 작전이 가능하도록 전자전 장비도 충실하게 갖추었다. 또한 AC-130H 스펙터에 탑재했던 20mm 벌컨포를 보다 큰 구경을 자랑하는 25mm 벌컨포로 교체했다. AC-130U 스푸키는 9·11 테러 이후 일어난 아프가니스탄 전쟁과 이라크 전쟁에서 맹활약을 펼쳤다. 아프가니스탄 전쟁이 장기화하면서 AC-130 건십에 대한 작전 소요가 늘어나자, 미군은 간이형 건십도 운용 중에 있다. 대표적인 것이 미 해병대가 운용 중인 KC-130J 공중급유기에, 헬파이어 대전차 미사일과 30mm 체인건Chain-gun을 장착한 하베스트 호크Harvest HAWK가 있다. 평상시에는 공중급유기로 사용하다가 유사시에는 무장을 장착해 건십으로 활용하는 것이다. 미 공군 또한 MC-130W 특수전기를 활용한 드래곤 스피어스Dragon Spears를 계획 중이다.

항공무기 | 375

SR-71과 U-2

전략정찰기

유용원

'역사상 가장 빠른 제트기', '총탄보다 빠른 마하 3의 정찰기.' 미국의 전략 정찰기 SR-71 앞에 항상 따라 붙는 수식어다. 기체가 온통 검은색이어서 '블랙 버드Black Bird'라는 별명을 갖고 있는 SR-71은 1950년대 개발되어 이제는 퇴역한 항공기이지만, 주로 1970년대에 세운 신기록들이 여전히 깨지지 않고 있어 전설로 남아 있다. 1974년 9월 SR-71A는 런던London에서 로스앤젤레스Los Angeles까지 1시간 54분 만에, 평균 시속 1,435마일(약 2,310킬로미터)로 비행하는 기록을 세웠고, 1976년 7월에는 8만 5,000피트(약 25.9 킬로미터)의 순항고도를 기록했다.

역사상 가장 빠르고 높게 나는 제트기, SR-71

8만 5,000피트(약 25.9킬로미터)의 고공에서 음속의 3.3배에 달하는 순항속도로 비행할 수 있는 제트기는 지금까지 SR-71이 유일하다. SR-71보다 빠른 항공기로는 실험기인 X-15(시속 4,000마일 기록)가 있지만 이는 로켓엔진에 의해 비행했기 때문에 제트 엔진인 SR-71과 다르다. 구소련의 전투기 MIG-25가 '마하 3의 전투기'로 유명했지만 마하 3의 초고속으로 비행할 수 있는 것은 몇 분에 불과했다.

가장 빠르고 높이 나는 제트기, SR-71

50년 이상 최일선에서 활약하는 U-2 정찰기

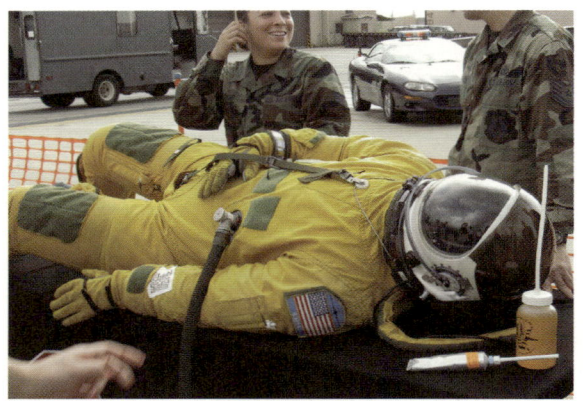

U-2의 조종사는 우주복과 비슷한 비행복을 착용한다. ⓒ 유용원

SR-71은 50여 년 전인 1950년대 중반 개발이 시작돼 1960년대 중반 실전배치되었다. 약 50년 전에 왜, 그리고 어떻게 이렇게 놀라운 항공기를 만들었을까. 1950년대 중반 미 공군과 중앙정보국 Central Intelligence Agency: CIA은 U-2 정찰기를 대체하여 적 방공망을 피해 더 높이, 더 빨리 비행할 수 있는 항공기를 원했다. 1955년에 등장한 U-2정찰기는 소련 요격기들이 상승할 수 있는 고도보다 높이 비행해 소련 영공을 드나들며 정찰활동을 하고 있었

지만, 소련의 대공 미사일이 급속히 발전하여 1950년대 후반이면 U-2를 격추할 수 있는 수준에 이를 것으로 예상했기 때문이다.

신형 항공기 개발은 'OXCART 프로젝트'라는 명칭이 붙었다. 이 프로젝트는 U-2 개발로 유명한 미 록히드사의 전설적인 극비 프로젝트팀 '스컹크 웍스Skunk Works'팀이 맡았다. 1960년 5월 U-2기가 소련의 대공 미사일에 격추되는 사건이 발생하면서 신형 정찰기의 중요성은 더욱 커졌다. 'OXCART 프로젝트'를 통해 등장한 SR-71의 요구성능은 순항속도 마하 3.29에 운용고도 9만 피트(약 27.5킬로미터)라는, 당시로서는 엄청난 수준이었다. 마하 3 이상의 고속비행에서는 대기와의 마찰열 때문에 기체 표면온도가 260도 이상으로 상승하고 엔진 배기부는 1,000도 이상까지 올라간다. 일반 항공기 소재는 이러한 온도에서 견딜 수 없기 때문에 SR-71은 기체의 대부분을 티타늄titanium으로 제작했다. 기체 표면에는 적 레이더 전파를 흡수하고 표면 마찰온도를 낮추기 위해 특수 검정 페인트가 칠해졌다.

마하 3의 초고속에서 작동할 수 있는 특수 신형엔진의 개발도 추진, 기존 터보제트 엔진 구조를 활용하여 추력을 극대화한 프랫 앤 휘트니의 J-58 터보램제트 엔진을 2대 탑재했다. SR-71은 빠른 속도만큼 놀라운 정찰능력을 자랑했다. 8만 피트(약 24킬로미터) 고공에서 시간당 10만 평방마일의 지구 표면을 정찰할 수 있었다. 탑재한 카메라를 통해 8만 피트 상공에서 골프장의 골프공을 촬영할 수 있을 정도였다고 한다. 광학 정찰장비 외에 전자정보 수집장비(ELINT), 적외선 정찰장비 등을 탑재해 임무에 맞게 사용했다.

SR-71은 총 31대가 생산되어 미 공군·해군 및 나사(NASA)에서 운용되었으나 사고로 12대를 잃었다. 높은 유지비용과 정찰위성의 발달로 26년간의 정찰임무를 마치고 1990년 퇴역했으며, 1995년부터 1997년까지 일시적으로 2대가 작전에 복귀했지만 결국 SR-71 프로그램은 1998년 완전 폐기되었다. SR-71은 1960~1980년대 한반도 긴장사태 발생 시에도 수시로 출동해 정찰활동을 벌인 것으로 알려져 있다. 1981년 8월 북한은 서해상을 비행 중이던 SR-71을 향해 SA-2 대공 미사일을 발사했으나 SR-71의 빠른 속도와 높은 고도 때문에 명중시키지 못했다고 한다.

현재도 최일선에서 활약하는 정찰기 U-2

SR-71과 함께 가장 널리 알려져 있는 정찰기는 U-2다. SR-71에 앞서 개발되었지만 50년이 넘은 지금까지도 최일선에서 활약하는 장수 항공기다. 2010년 11월 23일 북한의 연평도 포격 도발 이후 대북 정보감시태세 '워치콘Watchcon'이 격상함에 따라 더욱 바빠진 항공기가 주한미군의 U-2 정찰기다. 오산 기지에서 출동하는 U-2 정찰기는 매일 한 차례 비무장지대(DMZ) 인근 상공을 비행하면서 북한군 동향을 감시하고 있다. U-2기는 원래 고도의 정치적 목적을 위해 개발된 전략정찰기다. 적군 병력이나 장비의 배치, 이동상황 등을 정찰하는 전술정찰보다는 적국의 전략무기 배치상황, 군수산업 능력 등을 파악하기 위해 개발된 것이다. 이 때문에 U-2의 개발 자금을 댄 것도 미 공군이 아니라 미 중앙정보국(CIA)이었다. SR-71처럼 미 록히드사의 '스컹크 웍스'팀이 개발에 참여했다.

U-2기는 1955년 8월 첫 비행을 한 뒤 이듬해부터 동유럽과 구소련 영공 내에서 정찰비행을 시작했다. 보통 7만 피트(약 21킬로미터) 이상의 고공에서 비행했는데, 이는 당시 요격전투기나 지대공 미사일이 도달할 수 없는 고도여서 적대국 상공에 직접 날아들어 정찰을 할 수 있었던 것이다. 그러나 'U-2기 천하'는 오래가지 못했다. 1960년 5월 1일 프랜시스 게리 파워스Francis Gary Powers가 조종하는 U-2가 소련의 지대공 미사일에 격추되면서 큰 파문이 일었다.

그 뒤 소련 상공 비행은 전면 중단되었지만 쿠바·중국·베트남·북한·중동 국가 등을 상대로 한 정찰비행은 계속되었다. 중국 본토 정찰은 대만 공군 조종사에 의해 실시되었는데 일부 U-2기가 중국 대공 미사일에 의해 격

전략정찰기 RC-135 〈출처: USAF〉

추되고 그 잔해는 지금도 중국에서 전시되고 있다. U-2는 1962년 10월 쿠바 미사일 위기 때 소련 중거리 탄도미사일의 쿠바 배치에 대한 결정적인 증거 사진을 촬영해 다시 한 번 세계의 주목을 받았다. 미 공군은 현재 운용 중인 U-2기를 2012년까지 퇴역시키고 장거리 고고도 무인정찰기인 '글로벌 호크Global Hawk'로 대체할 계획인 것으로 알려지고 있다. 그럴 경우 U-2기는 마지막 유인 전략정찰기로 역사 속으로 사라질 전망이다.

전략정찰기 RC-135

U-2기와 함께 한반도 안보상황과 관련해 자주 등장하는 미국 전략정찰기는 RC-135다. RC-135는 여러 유형이 있는데 RC-135S '코브라 볼Cobra Ball'은 대포동2호 발사 등 북한 미사일 시험이 있을 때마다 동해상에 출동해 북 미사일의 궤적 등을 추적한다. RC-135V/W '리벳 조인트Rivet Joint'는 북한군 교신 등 신호 및 통신정보를 주로 수집한다.

아파치

공격헬기

양 욱

"마법의 카펫이나 천마를 타고 하늘을 나는 예로부터의 꿈을 가장 가깝게 실현시킨 수단이 바로 헬리콥터다."

시코르스키 항공의 창립자이자 헬리콥터의 아버지인 이고르 시코르스키Igor Sikorsky, 1889-1972의 말이다. '헬리콥터(helicopter)'라는 용어는 프랑스어 'hélicoptère'에서 비롯한 것으로, 이는 그리스어 'helix(회전하는)'와 'pteron(날개)'을 합친 합성어이다. 인류는 고정익 비행기를 이용해서 수십 세기를 머

대량생산된 최초의 헬리콥터인 시고르스키 R-4. 〈출처: USAF〉

릿속에 상상만 해오던 비행에 성공했다. 그러나 늘개가 돌아가는 회전익 비행기인 헬리콥터를 개발하려는 시도는 번번이 실패를 거듭했다. 1942년 시코르스키가 최초로 R-4라는 헬리콥터를 대량생산(그래 봐야 131대에 불과했다)하면서부터 인류는 비로소 회전익 비행기의 시대를 열게 되었다.

전쟁터에서 진가를 인정받다

헬리콥터가 그 진가를 발휘한 것은 얄궂게도 전쟁터였다. 고정익 비행기처럼 넓은 활주로를 필요로 하지 않으면서 산맥이든 사막이든 정글이든 종횡무진 이동할 수 있는 수단은 그리 많지 않았던 것이다. 헬리콥터는 곧바로 전쟁기계로 다시 태어났다. 제2차 세계대전부터 제한적으로 쓰이던 헬리콥터는 6·25전쟁에서는 관측 및 연락, 환자후송, 탐색구난 등의 임무에서 본격적인 활약을 하기 시작했다. 베트남 전쟁에서는 헬리콥터에 병력을 실어 전선으로 수송하기 시작했다. 바로 '공중강습'이란 작전개념이 등장한 것이다. 그리고 여기에 더하여 헬리콥터의 새로운 용도가 부각되었다. 바로 헬리콥터를 무장시켜 적을 공격한다는 생각이었다.

이에 따라 그저 병력이나 물자를 실어 나르던 수송수단인 헬리콥터는 기관총과 로켓포드를 장착한 무기체계인 무장헬기로 재탄생했다. 무장헬기는 예상보다도 뛰어난 존재였다. 빠른 속도로 지상을 스쳐 지나가는 전투기나 공격기와는 달리, 헬리콥터는 적절한 속도로 보병과 연계하면서 지상의 적군을 정확히 공격했다. 마음이 급해진 미 육군은 UH-1 '휴이Huey'나 OH-6A '카유즈Cayuse' 헬리콥터에 7.62mm 기관총이나 2.75인치 로켓탄을 대충 장착해서 실전에 투입했다. 무장헬기가 얼마나 뛰어난 근접항공지원 수단인지 깨닫게 된 것이다. 그리고 결국에는 공격용 헬리콥터Attack Helicopter(이하 공격헬기)가 등장했다.

공격헬기의 등장

1967년 최초의 공격헬기인 AH-1G 코브라Cobra 헬리콥터가 등장했다. 코브라는 당시 헬리콥터 기술의 결정체였지만 여기에도 단점은 있었다. 우선은 엔진의 출력이 부족해서 무장이나 탄약을 마음껏 싣고 다닐 수 없었으며, 대공화기에 무척 취약했다. 특히나 당시 소련이 현대적인 대공무기들을 유럽전선에 배치하자, 취약한 방어력은 코브라 공격헬기에게는 그야말로 아킬레스건이 되었다.

미군은 당장 1960년대 중반부터 코브라를 대체할 본격적인 공격헬기를 개발하기 시작했다. 개발된 모델은 록히드사의 AH-56A '샤이엔Cheyenne'이라는 모델이었다. 샤이엔은 시속 407킬로미터의 빠른 속도로 지상의 목표물을 스쳐 지나면서 공격하는 기존의 코브라 전술을 염두에 두고 개발되었다. 하지만 SA-7 등 휴대용 견착식 대공 미사일이 실전배치되자 미국은 이런 전술을 버리기로 했다. 샤이엔처럼 덩치 좋은 헬리콥터는 SA-7 미사일 공격을 피하여 지상으로 숨을 수 없었다. 결국 샤이엔 개발계획도 같이 버려졌다.

최초의 공격헬기 AH-1G 코브라.

코브라를 대신할 공격헬기를 어떻게 만들어서 어떻게 운용할까? 미군은 상당기간 고심을 거듭했다. 그 답은 역시 '원거리 타격의 탱크킬러'였다. 이런 무기체계를 사용하면 지상의 대공무기로부터 충분한 거리를 유지하면서도 바르샤바조약 회원국의 막강한 기갑전력을 격파할 수 있다는 논리였다. 그래서 전술도 바뀌었다. 헬리콥터는 포복비행하며 최대한 낮은 고도에서 대기하고 있다가 상승하여 대전차 미사일을 발사하면 그만이었다.

이런 새로운 교리를 바탕으로 미군은 신형공격헬기Advanced Attack Helicopter; AAH 프로그램을 1972년부터 시작했다. 특히 AAH는 고기동성에 강력한 방탄성능, 특수센서와 뛰어난 항법장치가 핵심이었다. 결국 2개 기종이 선정되어 휴즈Hughes 항공(이후 맥도넬 더글러스, 지금은 보잉)의 YAH-64와 벨의 YAH-63이 AAH의 자리를 놓고 대격돌을 벌였다. 그리고 치열한 경쟁 끝에 살아남은 기종은 바로 휴즈의 YAH-64였다.

AH-64 아파치의 등장

바르샤바조약 회원국의 기갑군단을 막을 수문장인 AH-64A 아파치는 그 품격부터가 달랐다. 레이저 조준으로 최대 8킬로미터의 거리에서 적의 전차나 벙커를 격파할 수 있는 헬파이어 미사일을 무려 16발이나 장착했다. 더욱 무서운 것은 두꺼운 장갑도 격파할 수 있는 30mm 체인건이다. 이 체인건은 전방좌석에 탑승하는 화기관제사의 헬멧과 연동되어, 고개를 돌려 목표물을 지정하고 발사하면 되므로 편리하고 정확하게 목표를 타격할 수 있다. 뿐만 아니라 대전차 미사일 대신에 70mm 히드라^{Hydra} 로켓포나 스팅어^{Stinger}, 사이드와인더 공대공 미사일을 장착할 수도 있다. 여기에 더하여 TADS/PNVS이라는 정교한 센서를 장착하여 밤에도 낮처럼 적군을 환하게 볼 수 있다.

현존 최고의 공격헬기 AH-64 아파치.

이렇게 등장부터가 화려했던 아파치였지만 처음에는 많은 비난을 받았는데, 가장 큰 이유가 바로 가격이었다. 워낙 최첨단장비와 무장을 끼워 넣다보니 보통 헬리콥터에 비하여 3배나 비싼 가격에 팔렸던 것이다. 그래서 원래 536대를 사려던 것이 436대까지 줄어들었다.

하지만 실전에 데뷔한 아파치는 기대 이상의 성과를 거두었다. 1991년 '사막의 폭풍' 작전에서 아파치로 구성된 특수부대는 적진을 뚫고 들어가 이라크군의 방공센터를 파괴하면서 본격적인 항공전을 개막했다. 특히 이라크군의 기갑차량과 전차들은 아파치의 먹이가 되어 어떤 교전에서는 불과 1시간 만에 32대의 전차와 100여 대의 차량을 파괴했다. 이렇게 뛰어난 활약을 벌이자 영국, 이스라엘, 사우디아라비아, 네덜란드 등의 국가에서 이 무시무시한 공격헬기를 구매하겠다고 덤벼들었다. 미군도 결국 아파치 전력을 증강하기로 결정하여 1996년까지 모두 821대의 AH-64A를 사들였다.

21세기의 최강자 롱보우 아파치

최강이라고 불리는 아파치는 더욱더 발전했다. 바로 롱보우 레이더를 장착한 AH-64D 롱보우 아파치Longbow Apache가 등장한 것이다. 롱보우 레이더는 아파치의 로터rotor 위에 버섯처럼 달린 전자장비로 사격을 통제하는 기능을 담당한다. 안개나 연무 또는 비를 통과할 수 있는 밀리미터 대역의 전파를 사용하는 롱보우 레이더는 ① 1,000개 이상의 지상목표물을 적과 아군으로 나누어 탐지할 수 있고, ② 그중에서 128개 목표의 움직임 추적이 가능하며, ③ 다시 그중에서 16개의 우선목표를 지정할 수 있는데, 여기에 걸리는 시간은 겨우 30초에 불과하다. 이런 뛰어난 탐색능력은 마치 축소판 AWACS(공중조기경보통제시스템Airborne Warning and Control System)에 해당한다.

여기에 더하여 헬파이어 II 미사일을 장착하면서 아파치는 더욱더 무서운 무기체계로 바뀌었다. 기존의 헬파이어 미사일은 레이저 유도방식으로

AH-64D 롱보우 아파치, 로터 위의 롱보우 레이더가 보인다.

OH-58D 카이오와Kiowa 정찰헬기나 무인기가 조준을 해주어야 정확한 사격이 가능했다. 그러나 헬파이어 II 미사일은 롱보우 레이더가 지정한 목표로 알아서 날아가므로, 아파치는 적군의 대공화기에 노출되지 않고 조용히 적군을 제거할 수 있어 진정한 스텔스 전술을 구사하게 된다.

AH-64D형부터는 눈도 밝아졌다. 2세대 FLIR(전방적외선감지장치Forward Looking Infrared)에 해당하는 M-TADS를 장착하면서 야간전투능력이 눈에 띄게 향상한 것이다. M-TADS에서는 해상도가 뚜렷해지면서 탐지거리는 150% 증가했고, 이전과는 달리 여러 개의 표적을 추적하는 능력이 부가되었다.

한편 무인기와의 연계능력은 21세기를 맞이하는 공격헬기에게는 필수조건이다. 특히 미 육군이 기대를 걸었던 RAH-66 코만치Comanche 헬리콥터 사업이 취소됨에 따라 아파치는 명실공히 차기 전투체계의 주력 공격헬기로 자리 잡았다. 그리하여 아파치는 무인기의 데이터를 공유하여 전투에 활용하는 능력까지 갖추었다.

아파치를 잡아라

이렇게 뛰어난 능력의 아파치라고 하지만 하늘 아래 완벽한 무기체계는 없다. 무적무패의 신화를 자랑하던 아파치였지만 제2차 걸프전의 초기에는 엄청난 실패를 기록했다. 2003년 3월 24일 이라크군의 공화국수비대 소속 기갑사단에 대한 대전차작전에서 무려 31대의 아파치가 손상을 입었고 1대는 추락했다. 그리하여 2009년까지 이라크 전선에서 무려 12대의 아파치가 적군의 공격을 받고 격추되었다.

그러나 현존하는 공격헬기 가운데 아파치처럼 다재다능한 기종도 드물다. 그래서 주요 군사강국이 아파치를 선택해왔다. 영국에서는 WAH-64D라는 이름으로 웨스트랜드Westland사에서 67대의 아파치 헬리콥터를 면허생산하여 실전배치하고 있다. 특히 영국제 아파치는 더욱 강력한 롤스로이스 엔진을 채용하고, 해군 상륙함에서 작전을 수행하기 위하여 접이식 로터를 채용한 것이 큰 특징이다.

이외에도 네덜란드 공군 AH-64D 30대, 사우디아라비아 공군 12대, UAE 30대, 쿠웨이트 16대, 그리스 32대, 싱가포르 20대 등 다양한 국가가

이라크 전쟁에서 격추된 아파치 공격헬기.

아파치를 보유하고 있다.

특히 기존의 A형을 구매했던 국가들도 D형 사양으로 재생산하고 있는 실정이다. 한편 일본도 AH-64D를 50대 발주했는데, 후지(富士) 중공업에서 면허생산을 하고 있으며 2006년 초에 초도기를 일본 육상자위대에 납품했다. 일본제 아파치 D형은 AH-64DJP로 불린다.

우리나라에서는 여러 차례 아파치 도입 움직임이 있었지만 매번 취소되고 있다. 심지어는 2008년 미 육군이 중고 아파치의 판매까지 제안했지만, 독자모델 개발로 방향을 전환했다. 단순히 성공적인 해외무기체계를 도입하는 것만이 능사는 아니겠지만, 미국의 성공사례를 바탕으로 진지한 고민 속에서 우수한 한국형 공격헬기가 탄생할 것을 기대해 본다.

타이거

유럽 스타일 공격헬기

김대영

미국의 아파치와 코브라가 독주하고 있는 공격헬기 세계에 새로운 경쟁자가 출현했다. 프랑스와 독일이 공동 개발한 유르콥터 타이거Eurocopter Tiger가 그 주인공이다. 타이거 공격헬기는 중형中型 공격헬기로, 아파치 공격헬기보다는 작은 편이다. 그러나 설계 단계부터 적 공격헬기와의 공대공 전투를 상정해 경쾌한 기동성을 자랑하며, 또한 C-130 수송기로도 수송할 수 있어 해외 파병이 용이하다. 최근에는 아프가니스탄 전쟁에도 참가해, 프랑스 지상군의 수호자 역할을 하고 있다.

헬리콥터, 무기로 거듭나다

본격적으로 헬리콥터를 군용으로 사용한 국가는 미국이다. 특히 6·25전쟁을 통해 미군은 헬리콥터의 군사적 활용가치를 확인하게 된다. 그러나 미군은 헬리콥터를 단순히 병력과 물자를 수송하는 기동수단으로 생각한 반면, 유럽에서는 헬리콥터의 운용개념을 공격 목적으로 활용하는데 큰 관심을 두었다. 1950년대 말 알제리 전쟁에서, 프랑스군은 세계 최초로 알루에트 Alouette II 헬리콥터에 SS-10 대전차 미사일을 장착해 무장헬기로 사용했다. 이들 헬리콥터들은 게릴라들의 거점으로 활용되던, 동굴이나 건물 등을 정밀 타격하는데 사용되었다. 프랑스군은 1962년 전쟁이 끝날 때까지 600대 이상의 헬리콥터를 작전에 투입했다. 미군은 알제리 주재 미 대사관의 무관을 전선에 파견하여, 프랑스군의 헬리콥터 운용전술을 상세하게 평가·분석했다. 이들 자료는 이후 베트남 전쟁에서 미군의 헬리콥터 운용전술에 큰 밑바탕이 되었다.

프랑스군은 알제리 전쟁에서 알루에트 II 헬리콥터에 SS-10 대전차 미사일을 장착해 무장헬기로 사용했다. ⓒ🅯🅸 Eric Gaba (sting at Wikipedia.org)

공격전용 헬리콥터의 필요성

베트남 전쟁 이후 유럽과 미국의 헬리콥터 운용개념은 명암이 엇갈렸다. 미국의 경우 본격적인 공격헬기인 코브라를 실전에 배치하고, 이후 아파치 공격헬기도 개발하게 된다. 반면 유럽은 공격전용 헬리콥터의 필요성은 공감했지만, 비용상의 문제로 무장헬기에 매달리게 된다. 그러나 1980년대 구소련과 바르샤바조약기구 기갑전력은 갈수록 정예화되어 갔다. 이들과 맞선 당시 서독과 프랑스는 적 기갑 전력에 효과적으로 대응할 공격헬기의 필요성을 느끼고, 1984년 공동으로 공격헬기를 개발하는데 합의한다. 1986년 비용상의 문제로 개발 계획은 주춤하다가, 1987년 다시 재개한다. 1991년에는 최초의 시제기가 비행에 성공하고, 이후 '타이거Tiger'라는 제식 명칭을 부여하여 2003년부터 본격적인 생산에 들어간다. 타이거 공격헬기는 프랑스 육군에 최초 배치를 시작한 이후 독일 육군에도 배치되었다.

타이거 공격헬기의 프랑스 버전. 지상군과 기동헬기를 호위 및 엄호하며, 경우에 따라 적의 공격헬기와 공중전을 벌일 수 있도록 개발되었다.
〈출처: Eurocopter〉

타이거 공격헬기의 독일 버전. 적 전차를 효과적으로 잡을 수 있는 대전차 임무 전용 공격헬기로 개발되었다. 〈출처: Eurocopter〉

다양한 형상을 가진 타이거 공격헬기

타이거 공격헬기는 개발 당시 프랑스의 HAP$^{Hélicoptère\,d'Appui\,Protection}$와 독일의 PAH-2$^{Panzerabwehrhubschrauber-2}$, 두 가지 형상으로 개발되었다. 공격헬기에 대한 양국의 작전요구사항이 달랐기 때문이다. 프랑스는 지상군과 기동헬기를 호위 및 엄호할 수 있고, 경우에 따라서는 적의 공격헬기와 공중전을 벌일 공격헬기를 원했다. 반면 독일은 적 전차를 효과적으로 잡을 수 있는, 대전차 임무 전용의 공격헬기를 원했다. 한 가지 형상으로 개발했다면 개발도 쉽고 비용도 절감할 수 있었을 것이다. 그러나 타이거 공격헬기는 각기 다른 형상간의 공통성을 최대한 추구해서, 다양한 형상 개발에 따른 개발비 상승을 나름대로 최소화했다.

이후 공격헬기의 다목적성이 중요시되면서, 독일은 PAH-2를 다목적 공

호주의 ARH 공격헬기는 헬파이어 대전차 미사일을 사용한다. 〈출처: 호주 국방부〉

스페인은 HAD 공격헬기를 채택했으며, 스파이크-ER 대전차 미사일을 사용한다. 〈출처: Eurocopter〉

타이거 공격헬기에 탑재하는 각종 무장. 〈출처: Eurocopter〉

격헬기인 UH-T^{Unterstützungshubschrauber-Tiger}로 명칭을 변경했다. 프랑스의 경우 운영 중인 HAP 공격헬기를, 대전차 임무가 포함된 HAD^{Hélicoptère d'Appui Destruction}로 개량할 예정이다. 타이거 공격헬기는 개발국인 프랑스와 독일 외에도, 호주와 스페인이 공격헬기로 운용할 예정이다. 호주는 HAP 공격헬기를 기반으로 개량한 무장정찰헬기^{Armed Reconnaissance Helicopter;ARH}를 채택하여, 2011년에 실전배치했다. 스페인은 HAD 공격헬기를 채택했다. 현재 프랑스군의 HAP 공격헬기 5대가 스페인군에 배치되어, 공격헬기 운용에 필요한 각종 교육에 사용되고 있다.

타이거 공격헬기의 선진화된 조종석

타이거 공격헬기는 기체의 80% 이상을 복합재료를 사용했으며, 선진화된 조종석을 가지고 있다. 특히 좌석의 배열은 기존의 공격헬기에서는 볼 수 없는 파격적인 것이다. 일반적으로 공격헬기는 전방에 사수석, 후방에 조종석을 가지고 있지만, 타이거 공격헬기는 전방에 조종석, 후방에 사수석을 설치했다. 이러한 좌석배열은 각종 센서류의 발달로 후방석에서도 충분히 사수가 제 역할을 할 수 있기 때문에 가능했다. 저고도 비행을 주로 하는 공격헬기의 경우, 조종사가 전방에 탑승하는 것이 조종에 유리하다는 점을 고려하면 상당한 장점이다. 또한 아날로그 시현장비가 아닌 디지털 시현장비

타이거 공격헬기는 전방에 조종석, 후방에 사수석을 설치하여 저공비행에 유리하다.
〈출처: Eurocopter〉

의 채용으로, 조종사의 상황대처 능력도 이전의 공격헬기에 비해 향상되었다. 선진화된 조종석과 함께 각종 첨단 항공전자장비도 장착했다. 항법장비로는 GPS/도플러 장비와 디지털 맵 digital map(전자지도) 등을 탑재했다. 사용하는 디지털 맵은 유로그리드 Euro Grid 다. 이와 함께 자동비행조종시스템 Automatic Flight Control System;AFCS 을 사용하여 조종사의 임무를 대폭 경감했으며, 필수적인 생존장비인 전자전 장비와 각종 통신체계를 탑재했다. 모든 항공전자장비는 디지털 버스 체계로 통합되어 있다.

Mi-24 하인드

사탄의 마차

김대영

공격헬기는 오늘날 지상군에게 가장 위협적인 두기이다. 지상전의 왕자인 전차도 공격헬기 앞에서는 한순간에 무력해진다. 그러나 공격헬기는 철저하게 공격용으로 설계되어, 다른 임무에는 사용할 수 없는 단점이 있다. 반면 구소련이 개발한 공격헬기인 Mi-24 하인드Hind는 공격뿐만 아니라, 병력과 물자의 수송도 가능한 공격헬기이다.

공중 장갑차의 개발

1964년에 베트남에서 벌어진 통킹Tongking 만 사건으로, 미군은 베트남 전쟁에 본격적으로 참전한다. 베트남에 도착한 미군은 본격적으로 헬리콥터를 전장에서 활용하기 시작한다. 특히 베트남 전쟁에서 첫선을 보인 UH-1 휴이Huey 헬리콥터는, 가스터빈 엔진을 장착한 최초의 헬리콥터였다. 피스톤 엔진을 장착한 이전의 헬리콥터들과 달리 고성능을 자랑했고, 병력 수송은 물론 무장을 장착하면 지상의 적을 공격할 수 있는 무장헬기로 운용할 수도 있었다. 이에 자극 받은 소련은 신형 헬리콥터 개발에 나선다. 당시 소련군이 원하던 헬리콥터는 적의 대공화기를 방어할 수 있는 장갑을 갖추고, 병력의 수송과 지상공격이 가능한 일종의 '공중 장갑차'였다. 소련을 대표하는 헬리콥터 제작사인 밀Mil사와 카모프Kamov사가 개발 경쟁에 참여했다.

무장헬기의 성격이 강했던 초기형 하인드 공격헬기. 조종석 형태가 조종사 2명이 나란히 앉는 사이드 바이 사이드 방식이다. 〈출처: 에티오피아 공군〉

베트남 전쟁에서 미군이 투입한 UH-1 휴이 헬리콥터. 하인드 공격헬기 개발에 촉매제가 되었다.
〈출처: US Army〉

공중 전차로 발전한 하인드 공격헬기

경쟁 끝에 밀사의 안이 채택되었고, 1969년 9월 Mi-24 공격헬기의 시제기가 첫 비행에 성공한 후 1972년부터 본격적인 양산에 들어갔다. 한동안 베일에 가려졌던 Mi-24 공격헬기는 동독 지역의 소련군에 배치되면서 서방세계에 알려졌다. 이후 나토(NATO)에서는 이 신형 헬리콥터에 '하인드'라는 암호명을 부여한다.

초기형인 Mi-24B 하인드A 공격헬기의 경우 무장헬기의 성격이 강했다. 그러나 중기형인 Mi-24D 하인드D 공격헬기에서는 조종석을 사이드 바이 사이드Side by side 방식에서 탠덤Tandem 방식으로 바꾸고, 포탑형 12.7mm 4연장 개틀링건Gatling gun를 장착해 공격헬기로서의 면모를 갖추기 시작했다. 후기형인 Mi-24P 하인드F 공격헬기는 공중 전차로 발전했다. Mi-24P 하

중기형인 Mi-24D 하인드D 공격헬기. 조종석 형태가 2명이 앞뒤로 앉는 탠덤 방식으로 바뀌면서 공격헬기의 모습을 갖추게 되었다.
ⓒⓕⓞ Grzegorz Polak

Mi-24P 하인드F 공격헬기. 동체 좌측에 전차의 장갑도 관통시킬 수 있는 강력한 30mm GSh-30K 기관포 2문을 장착했다. 〈출처: 미 국방부〉

인드F 공격헬기의 동체 좌측에는 전차의 장갑도 관통시킬 수 있는 강력한 30mm GSh-30K 기관포 2문을 장착했다.

'사탄의 마차', 하인드

Mi-24 하인드 공격헬기는 1977년 소말리아Somalia와 에티오피아Ethiopia의

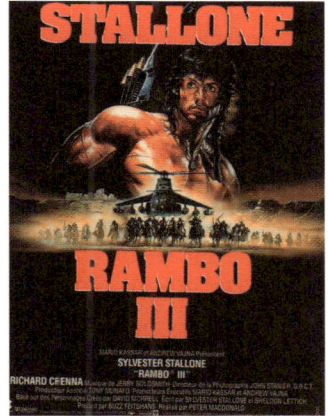

Mi-24 하인드 공격헬기는 1979년 소련의 아프가니스탄 침공에서 진가를 발휘했다. 아프가니스탄의 용감한 무자헤딘 게릴라들이 '사탄의 마차'로 부르면서 두려움에 떨 정도였다. 하인드 공격헬기의 위력은 영화 〈람보 2〉와 〈람보 3〉 등에 잘 나타나 있다.

분쟁에서 처음으로 실전에 투입되었다. 그러나 Mi-24 하인드 공격헬기가 진가를 발휘한 것은 1979년 구소련의 아프가니스탄 침공에서였다. 아프가니스탄 작전 초기 Mi-24 하인드 공격헬기는 기관포와 로켓탄, 각종 폭탄을 이용해 무자헤딘Mujāhidūn 게릴라들을 공격했다. 무자헤딘 게릴라들은 각종 대공화기로 대응했다. 그러나 Mi-24 하인드 공격헬기의 동체는 기본적으로 7.62mm 기관총 사격에도 견딜 수 있었고, 중요한 동체 부위는 12.7mm 기관포에 견딜 수 있도록 티타늄으로 특별히 제작되었다. 무자헤딘 게릴라들의 공격은 별 효과를 발휘하지 못했고, 혼비백산해 도망치기에 급급했다. 두려움에 떨던 무자헤딘 게릴라들은 Mi-24 하인드 공격헬기를 사탄의 마차로 불렀다. 무자헤딘 게릴라들을 지원하던 미 중앙정보국(CIA)은 당시 최신예 휴대용 지대공 미사일인 스팅어Stinger를 긴급 지원했다. 스팅어의 등장으로 일시적으로 Mi-24 하인드 공격헬기의 위력이 반감되었지만 소련군은 공격전술의 변화로 이를 만회했다.

하인드 VS 코브라

1980년 9월에 이라크의 이란 침공으로 발발한 이란-이라크 전쟁에서는, 이라크군의 Mi-24 하인드 공격헬기와 이란군의 AH-1J 시코브라Sea Cobra 공격헬기가 사상 최초로 공격헬기 간 공중전을 벌이기도 했다. 구소련과 미국을 대표하는 이들 공격헬기의 첫 대결은 1980년 9월 22일에 벌어졌다. 이란군의 AH-1J 시코브라 공격헬기 2대는 이라크 지상군을 지원하기 위해 나타난 Mi-24 하인드 공격헬기 2대를 토우 대전차 미사일로 공격한다. 토우 대전차 미사일을 맞은 이라크 군의 Mi-24 하인드 공격헬기는 모두 격추 당했다. 전쟁 초반에는 이란군의 AH-1J 시코브라 공격헬기가 압승을 거두었지만, 이후 공중전에서는 이라크 군의 Mi-24 하인드 공격헬기가 우세한 경우가 많았다. 1988년 종전 때까지 이라크군은 Mi-24 하인드 공격헬

이라크 군의 Mi-24 하인드 공격헬기. 이란-이라크 전쟁에서 이란군의 AH-1J 시코브라 공격헬기와 공중전을 벌였다. 〈출처: 미 국방부〉

이라크군의 Mi-24 하인드 공격헬기가 화학무기를 살포하는 상상도. 이라크 내 소수민족인 쿠르드(Kurd)족을 학살하는 모습을 그린 것이다.

기 6대를 손실했고, 이란군의 AH-1J 시코브라 공격헬기는 10대를 손실했다. 손실은 이란군의 AH-1J 시코브라 공격헬기가 많은 편이지만, 이 손실에는 대공화기와 전투기에 의한 손실도 포함되어 있다. 반면에 이라크군의 손실은 세부사항이 자세히 알려지지 않았다. 이 두 공격헬기의 공중전 결과는 자세하게 밝혀진 적이 없지만, 이후 소련은 병력 수송 능력을 생략하고 공격헬기 간 공중전에 특화된 Ka-50 블랙 샤크 Black Shark 공격헬기를 개발하게 된다.

분쟁지역에서 효과적인 하인드 공격헬기

Mi-24 하인드 공격헬기는 총 2,000여 대가 생산되었고, 개발국인 러시아를 포함하여 전 세계 50여 개 국가에서 운용 중이다. 북한도 Mi-24 하인드 공격헬기를 보유하고 있는 것으로 알려져 있다. 소련 붕괴 이후 Mi-24 하인드 공

Mi-24 하인드 공격헬기의 야간작전능력과 항공전자장비를 개량한 Mi-35 공격헬기.
ⓒⓘⓞ 베네수엘라 육군

Mi-24 Mk.V 슈퍼 하인드 공격헬기는 남아프리카공화국의 ATE사가 개발한 공격헬기로 알제리 공군이 운용 중이다. 〈출처: ATE〉

격헬기를 운용중인 동구권 국가들은 나토(NATO)에 가입하면서 Mi-24 하인드 공격헬기의 항공전자장비들을 서방 기준에 맞게 개량했다.

러시아는 Mi-24 하인드 공격헬기의 야간작전능력과 항공전자장비를 개량한 Mi-35 공격헬기를 개발했다. 남아프리카공화국의 ATE사는 Mi-24 하인드 공격헬기를 기반으로 서방제 항공전자장비와 자체 개발한 무장을 탑재한, Mi-24 Mk.V 슈퍼 하인드 공격헬기를 개발해 알제리 공군에 수출하기도 했다. 최첨단 공격헬기들이 속속 등장하면서 Mi-24 하인드 공격헬기는 과거와 같은 명성을 갖고 있지 못하지만, 중동과 아프리카 등의 분쟁 지역에서는 여전히 위력적인 공격헬기이다.

AH-1Z 바이퍼

미 해병대 차세대 공격헬기

김대영

역사상 최초의 공격헬기인 AH-1G 휴이 코브라Huey Cobra는 1967년 등장해, 베트남 전쟁에서 그 진가를 인정받았다. 이후 휴이 코브라 공격헬기는 미 육군과 해병대의 주력 공격헬기로 자리 잡으면서, 각 군의 특성에 맞게 다양하게 발전한다. 미 해병대의 코브라 공격헬기는 상륙전을 담당하는 해병대의 특성에 맞게, 해상에서의 안전성을 고려해 쌍발 엔진을 장착했다. 또한 헬리콥터 동체에 해수에 견딜 수 있는 피막처리를 했다. 이러한 특징 때문에 미 해병대의 코브라는 미 육군의 코브라와는 다른 모델로 분류한다. 오늘날 미 육군의 코브라 공격헬기는 모두 퇴역했고, 그 자리는 아파치 공격헬기가 대신하고 있다. 반면 미 해병대는 운용중인 AH-1W 슈퍼 코브라 공격헬기를 한층 업그레이드하여, 미 육군의 아파치와 대등한 성능을 가진 AH-1Z 바이퍼Viper 공격헬기를 운용할 예정이다.

바이퍼의 전신, AH-1W 슈퍼 코브라

미 해병대는 현재 AH-1W 슈퍼 코브라Super Cobra 공격헬기를 운용하고 있다. 1985년부터 배치된 슈퍼 코브라 공격헬기는 이전 형식의 미 해병대 코브라나 육군형 코브라와 달리, 헬파이어 대전차 미사일 발사 능력을 갖추고 있다. 다양한 작전능력을 요구하는 미 해병대의 요구 사항에 따라, 전투기

미 해병대용으로 처음 개발된 코브라 공격헬기 AH-1J 시코브라. 1970년대 말 한국군이 최초로 국외 도입한 공격헬기이기도 하다.

미 해병대가 현재 운용중인 AH-1W 슈퍼 코브라 공격헬기. 2매짜리 로터블레이드가 장착되어 있다.

나 공격기에 장착되는 사이드와인더 공대공 미사일이나 매버릭^{Mavercik} 공대지 미사일도 발사할 수 있다. 이러한 작전 능력을 바탕으로 슈퍼 코브라 공격헬기는 미 해병대와 함께 세계 각지에서 눈부신 활약을 펼치고 있다. 또한 미군의 첨병 역할을 맡고 있는 미 해병대의 부대 특성에 의해, 미군이 해외에 가장 먼저 전개시킬 수 있는 공격헬기이다. 1990년대 미 해병대 내에서 공격헬기의 활용도가 높아지자, 미 해병대는 슈퍼 코브라 공격헬기보다 강력한 차세대 공격헬기를 원하게 되었다.

기존 공격헬기를 재활용한다

이때 미 해병대가 생각했던 공격헬기는 미 육군의 차세대 공격헬기인 아파치 공격헬기였다. 그러나 해상운용을 전제로 하는 해병대의 특성상, 육군형

AH-1Z 공격헬기, 기존 코브라 공격헬기와 달리 4매짜리 로터블레이드를 장착한 점이 눈에 띈다. 〈출처: Bell Helicopter〉

으로 제작한 아파치 공격헬기는 부적합했다. 즉, 별도의 해병대용 공격헬기가 필요했다. 그러나 이 안은 개발비가 너무 많이 든다는 이유로 의회에서 거부했다. 결국 미 해병대는 고심 끝에 슈퍼 코브라 공격헬기를 재활용한 AH-1Z 공격헬기를 개발하기로 결정한다. AH-1Z 공격헬기는 기존의 슈퍼 코브라 공격헬기를 확대한 후, 4매짜리 신형 로터블레이드rotor blade(회전날개)와 개량형 엔진을 장착하고, 각종 신형 항공전자장비와 센서를 탑재한 후 재생산하여 만든다. 이런 재생산 과정을 택한 이유는 명확하다. 신형 기체 도입가의 절반도 안 되는 가격으로 최신형 기체를 도입하는 효과를 누릴 수 있기 때문이다. 고정익기와 달리 회전익기는 기체 피로도가 적어, 충분한 유지·보수가 이루어진다면 이론상으로는 반영구적으로 기체를 쓸 수 있기 때문에 가능한 일이다.

항공무기 | 411

새롭게 태어난 AH-1Z 바이퍼의 위력

'독사'라는 별칭을 얻은 AH-1Z 공격헬기는 기존의 슈퍼 코브라에 비해 항속거리는 3배, 탑재중량은 2배가 증가했다. 무장장착능력은 비약적으로 발전해 무려 16발의 헬파이어 대전차 미사일을 장착할 수 있다. 특히 AH-1Z

AH-1Z 공격헬기에 탑재되는 다양한 무장들. 〈출처: Bell Helicopter〉

AH-1Z 공격헬기에 장착한 AAQ-30 호크아이 목표조준장치.
〈출처: Lockheed Martin〉

공격헬기에 장착한 AAQ-30 호크아이(Hawkeye) 목도조준장치는 현존하는 공격헬기의 조준장치 중 가장 뛰어난 장비로 알려져 있다. 최신형 아파치 공격헬기나 타이거 공격헬기에 장착한 목표조준장치는 2세대 열영상 장비를 사용하고 있다. 반면 AH-1Z 공격헬기는 3세대 열영상 장비를 장착해 다른 공격헬기보다 훨씬 더 먼 거리에서 교전이 가능하며, 헬파이어 대전차 미사일을 효과적으로 운용할 수 있다. 높은 해상도로 인해 전장에서 발생할 수 있는 피아식별문제와 오폭 등에도 효과적으로 대처할 수 있게 되었다.

AH-X 사업의 후보기종인 AH-1Z

AH-1Z 공격헬기는 2019년까지 총 230여 대를 생산할 예정이다. 이 가운데 180여 대는 기존의 슈퍼 코브라를 재활용하고 나머지 50여 대는 신규 기체로 생산한다. 그 외 2008년 터키군이 차세대 공격헬기로 AH-1Z 공격헬기를 선정하여 총 140여 대를 생산할 예정이었지만, 이후 가격협상에 실패하면서 유야무야되었다. 따라서 아직까지 개발국인 미국 외에는 AH-1Z 공격헬기를 도입한 국가가 없는 상태이다. 그러나 AH-1Z 공격헬기는 우리 군의 AH-X 사업의 후보 기종 중에 하나라는 점에서 관심을 가질 만하다. AH-X 사업은 세계 최고 성능의 대형 공격헬기를 도입하여 전력화하는 것을 목적으로 하고 있다. AH-1Z 공격헬기 외에도 아파치 공격헬기와 타이거 공격헬기, T-129 공격헬기가 후보기종으로 꼽히고 있다.

F-15K 슬램 이글

대한민국 하늘을 지킨다

유용원

2010년 9월 8일 오전 대구 공군 제11전투비행단 활주로에 F-15K 전투기 3대가 차례로 내려앉았다. 꼬리날개에 '041', '042', '043' 숫자가 선명한 이들 전투기는 우리 군이 차기 전투기(F-X) 2차 사업으로 도입한 F-15K 최초 도입분 3대였다. 지난 2005~2008년 F-X 1차 사업으로 F-15K 40대를 도입한 뒤여서 41번부터 일련번호가 붙은 것이다.

대한민국 공군 투혼의 상징, F-15K 슬램 이글

첫 도입분 3대가 도착함에 따라 본격화한 F-X 2차 사업이 2012년 끝나면 우리 공군은 모두 60대의 F-15K를 보유하게 된다. 공군 보유 전투기 중 가장 최신형이면서 강력한 F-15K는 지난 2002년 기종 선정 때 프랑스의 라팔Rafale 전투기와 치열한 경합을 벌인 끝에 선정되었다.

원래 F-15는 공대공 전투를 주임무로 하는 제공형인 A/B, C/D형과, 우수한 대지공격 능력을 갖춘 전폭기인 E형이 있는데 우리 F-15K는 F-15E를 토대로 개량한 것이다. F-15A는 1972년 7월, F-15E는 1986년 12월 첫 비행을 했다. F-15E는 '스트라이크 이글Strike Eagle'이라는 별칭을 갖고 있다. 1991년 걸프전 때 처음으로 실전에 투입된 뒤 1999년 코소보 내전, 2001년 아프가니스탄 전쟁, 2003년 이라크 전쟁에서 위력을 발휘했다. 이라크 전쟁 초기에 F-15E는 이라크 방어의 핵심인 공화국 수비대 전력의 60%를 파괴하는 전과를 올린 것으로 알려져 있다. 이런 F-15E를 업그레이

대한민국 공군 F-15 슬램 이글, 동북아 최강의 전투기로 평가된다.

드한 F-15K는 '슬램 이글Slam Eagle'이라는 별칭을 갖고 있다. 지난 2005년 국민 공모를 통해 결정된 이 별칭은 '슬램Slam'이 '타격을 가하다'는 의미를 갖고 있는 점에 착안, 적을 보면 반드시 격추하는 조종사의 투혼을 상징하는 의미로 명명되었다.

F-15E를 업그레이드한 뛰어난 눈과 강력한 펀치

F-15K는 몇 가지 점에서 종전 F-15 전투기들에 비해 뛰어난 강점을 갖고 있는 것으로 평가받는다. 장거리 공대지 크루즈(순항)미사일인 SLAM-ER을 비롯한 각종 미사일 및 정밀유도폭탄, 적외선 탐색 및 추적장비(IRST), 최신 야간 저고도 항법 및 조준장비인 '타이거 아이Tiger Eyes', 조종사가 쓰고 있는 헬멧에 각종 표적 정보가 나타나고 조종사가 바라보는 방향으로 무기를 쏠 수 있도록 해주는 통합 헬멧장착 시현장치(JHMCS), 10개의 목표물을 동시에 추적할 수 있는 AN/APG-63(V1) 레이더, 강화된 엔진 등이 그것이다.

SLAM-ER 미사일은 하푼 대함 미사일을 공대지 미사일로 개조한 것으로 최대 278킬로미터 떨어진 목표물을 3미터의 정확도로 족집게처럼 정확히 공격할 수 있다. 서울 상공에서 발사해 평양 시내에 있는 건물 유리창의 창틀 안으로 날아 들어갈 수 있다는 얘기다. 미국을 제외하곤 이 미사일을 도입한 국가는 우리나라가 처음이었다.

사이드와인더 단거리 공대공 미사일 모델 중 최신형인 AIM-9X 미사일, 사정거리 64킬로미터의 AIM-120C 암람(AMRAAM) 중거리 공대공 미사일, 함정은 물론 땅 위의 목표물도 공격할 수 있는 최신형 하푼 블록 II 미사일, GPS로 유도되는 제이담(JDAM) 등이 F-15K의 주무장이다. F-15K가 탑재할 수 있는 미사일이나 폭탄 등 각종 무장은 구형 전투기의 2배 이상인 11톤에 달한다. 제이담의 경우 2,000파운드(900킬로그램)급 GBU-31은 7발, 500파운드(225킬로그램)급 GBU-38은 15발을 장착할 수 있다. IRST는 전

F-15K의 무기, SLAM-ER 공대지 순항미사일

F-15K의 무기, 제이담(JDAM) GBU-31

투기 레이더를 켜지 않거나 전자방해를 받는 상황에서도 열영상을 통해 적기의 위치를 파악할 수 있는 첨단 장비다.

독도는 물론 한반도 전역을 커버하는 전투행동반경

F-15K는 기존 한국 공군 주력 전투기(KF-16 등)에 비해 이처럼 뛰어난 '눈'

과 강력한 '펀치'를 갖고 있으면서 움직일 수 있는 범위도 넓다. 주요 무기를 탑재한 상태에서 비행할 수 있는 전투행동반경은 1,800킬로미터로 독도는 물론 한반도 전역을 커버할 수 있다. 종전 KF-16 전투기는 유사시 독도에서 공중전이 벌어졌을 경우 5분이면 연료가 떨어져 복귀해야 했지만 F-15K는 30분 이상 독도 상공에 떠 있을 수 있다고 한다. 또 중국·일본 등 주변 강국과 군사적 충돌이 생겼을 경우 이들 국가의 상당수 전략 목표물도 공격할 수 있다.

F-15K는 길이 19.43미터, 높이 5.6미터, 날개폭 13.05미터로 최고속도는 음속의 2.5배인 마하 2.5다. 조종사는 2명이며 엔진도 2개인 쌍발기다. 대당 가격은 1,000억 원 수준으로 지금까지 우리가 도입한 전투기 중 가장 비싸다. 40대를 도입한 F-X 1차 사업의 총규모는 약 5조 4,000억 원에 달한다. 첫 도입 직후인 지난 2006년 6월 동해상에서 F-15K 전투기 1대가 야간 요격훈련 중 추락해 파문이 일기도 했다. 군 당국은 조사 결과 기체 결함이 아니라 급격한 전투기 기동에 따라 생기는 높은 중력가속도에 의해 조

F-15K는 2명의 조종사가 탑승하는 쌍발 엔진의 대형 전투기. 전투행동반경 1,800킬로미터를 자랑한다. 〈출처: 대한민국 공군〉

종사가 순간적으로 의식을 상실해 추락한 것으로 추정한다고 밝혔다.

현존 동북아 최강 전투기의 미래

전문가들은 아직까지는 F-15K가 동북아 국가들에 실전배치된 전투기 중 최강이라고 말한다. 일본 항공자위대에도 F-15CJ/DJ 전투기가 있지만 이는 1980년대 초 도입된 제공전투기 F-15C/D의 일본형 모델이다. F-15K보다 구형인데다 땅 위의 목표물을 공격할 수 있는 대지 공격능력도 크게 떨어진다. 일본은 F-15CJ/DJ에 최신형 레이더를 다는 등 업그레이드 계획을 추진하고 있다.

중국의 경우 독자 개발한 전투기 J-10, 러시아에서 도입한 SU-27과 그 면허생산형인 J-11, 역시 러시아에서 도입한 SU-30MKK 등이 F-15K와 비교 대상으로 꼽힌다. 그러나 J-10은 F-15보다 한 체급 낮은 F-16과 비교할 수 있는 전투기이고 SU-27, SU-30MKK, J-11 등도 레이더 성능과

일본의 F-15J

중국의 SU-30MKK

각종 무장탑재능력 등을 고려할 때 F-15K에 다소 뒤진다는 평가가 많다.

    우리나라에 이어 싱가포르Singapore가 F-15 업그레이드형의 도입을 결정했고 이는 F-15SG라 불린다. F-15SG는 F-15K보다 강력한 첨단 위상배열(AESA) 레이더를 장착해 F-15K보다 우수한 것으로 알려져 있다. F-15 제조업체인 미 보잉사는 F-15의 스텔스 성능을 강화한 F-15SE '사일런트 이글Silent Eagle'의 개발을 추진하면서 우리 공군의 F-X 3차 사업에도 참여하려는 의사를 내비치고 있다. 그러나 F-X 3차 사업은 F-35 같은 본격적인 스텔스기를 도입해야 한다는 주장도 강하게 제기되고 있어 논란과 진통이 예상된다.

F-16 파이팅 팰컨

베스트셀러 전투기

김대영

현존하는 수많은 전투기 가운데, 베스트셀러 전투기는 무엇일까? 1만여 대가 생산된 구소련의 MiG-21 전투기, 5,000여 대가 생산된 F-4 팬텀^{Phantom} 전투기가 베스트셀러 전투기로 꼽힌다. 그러나 이들 전투기는 역사의 뒤안길로 사라지고 있다. 현역으로 활동하고 있는 전투기 가운데는, F-16 전투기가 단연 베스트셀러로 꼽힌다. F-16 전투기는 4,400여 대가 생산되었다. 또한 개발국인 미국을 포함하여 전 세계 25개 국에서 운용 중에 있다.

경전투기에서 다목적 중형전투기로

F-16 전투기는 1974년 2월 미국의 에드워즈 공군기지Edwards Air Force Base에서 첫 비행에 성공했다. 이후 1978년 8월 미 공군에 본격적으로 배치되기 시작했다. 초창기 F-16 전투기는 F-15 전투기를 보조하는 경(輕)전투기로 운용되었다. 그러나 이후 미 공군과 수출국의 요구사항이 더해지며, 다목적 중(中)형 전투기로 진화했다. 특히 F-16 전투기의 다목적성은 수출시장에서 성공을 거둔 핵심적인 이유였다. 지난 30여 년 동안 F-16 전투기는 다양한 파생형 기체가 만들어졌다.

F-16 전투기의 최초 생산형인 A/B형을 시작으로, C/D형까지 발전했다. 또한 세부적으로는 블록 1을 시작으로, 7번의 주요 블록 변경이 있었다. 주요 변경 내용으로는 전투기에 탑재되는 항공전자장비와 엔진의 변경 등이다. 더는 미군의 수요가 없지만 F-16 전투기는 여전히 수출을 위해 지속적으로 생산되고 있다. F-16 전투기의 공식적인 명칭은 파이팅 팰컨Fighting

F-16 전투기는 1974년 2월 미국의 에드워즈 공군기지에서 첫 비행에 성공했다. 〈출처: USAF〉

1980년대에 우리 공군도 F-16 전투기를 도입했다.

Falcon이지만, F-16 조종사들에게는 '바이퍼Viper'로 불린다. 바이퍼는 F-16 전투기의 제작사인 제너럴 다이내믹스(현 록히드마틴)사의 F-16 전투기 초기 개발 시, 프로젝트를 위한 일종의 코드네임이었다.

21세기의 F-16 전투기

F-16 전투기는 뛰어난 다목적성을 가진 전투기이지만, 항속거리가 짧다는 단점이 있었다. 그러나 2000년대 들어서 생산된 어드밴스드Advanced F-16 전투기들은, 기체 상부에 컨포멀Conformal 연료탱크를 장착한다. F-16 C/D 블록 50/52 플러스와 F-16 E/F 전투기가 어드밴스드 F-16 전투기로 불린다. 컨포멀 연료탱크란 기체에 장착하는 방식의 증가연료탱크이다. 전투기의 파일론Pylon에 장착하는 증가연료탱크에 비해 공기저항이 적으며, 더 많은 연료를 탑재할 수 있다. 어드밴스드 F-16 전투기에 장착한 컨포멀 연료탱크에는 1,684리터의 연료를 추가로 탑재할 수 있다. 기존의 F-16 전투기

2000년대 생산된 F-16 전투기에는 1,684리터의 연료를 추가로 탑재하는 컨포멀 연료탱크를 장착할 수 있다. 사진에서 날개 위쪽 기체에 불룩 튀어나온 부분이 컨포멀 연료탱크다.

F-16 E/F 전투기는 컨포멀 연료탱크와 함께 AESA 레이더를 장착해, 정밀한 탐색기능을 갖추고 있다.

는 500킬로미터 이상의 전투행동반경을 가진다. 그러나 컨포멀 연료탱크를 장착한 어드밴스드 F-16 전투기는 전투행동반경이 1,000킬로미터 이상으로 확대되었다.

F-16 전투기의 특징

F-16 전투기는 항공기 중 최초로 전자식 조종 방식인 플라이 바이 와이어 Fly-by-wire 조종 시스템을 채택했다. 항공기의 속도가 점점 빨라지고 대형화하면서, 조종사의 힘과 감각으로 작동시키는 기계식 조종 시스템은 한계에 부딪히게 된다. 결국, 보다 조종이 용이한 전자식 조종 방식이 개발된다. 전자식 조종 방식인 플라이 바이 와이어는 항공기를 기계적으로 제어하는 것이 아니라, 전기 신호와 컴퓨터로 제어한다. 또한 기계적 조종 시스템과 달리 구조적으로 가볍고 간단하면서도, 컴퓨터의 도움으로 인간 감각의 한계를 넘는 기동성을 가능케 한다.

F-16 전투기 기체의 외형은 동체와 주익이 부드러운 곡선으로 이어지는 블렌디드 윙 바디 Blended Wing Body 스타일로 설계되었다. 블렌디드 윙 바디의 적용으로 F-16 전투기는 비교적 적은 공기 저항을 받으며, 동시에 기체 내부에 많은 연료를 탑재할 수 있게 되었다. 또한 콤팩트하고 스마트한 기체

F-16은 플라이 바이 와이어 조종 시스템 덕에 이전 전투기를 압도하는 기동성을 갖추게 되었다.

F-16 전투기 기체의 외형은 동체와 주익이 부드러운 곡선으로 이루어지는 블렌디드 윙 바디 스타일이다.

에 강력한 터보팬 엔진을 조합해, 우수한 근접 공중전 능력을 가지고 있다.

단발 엔진을 채용한 F-16

F-16 전투기는 단발 엔진 전투기임에도 불구하고, 쌍발 엔진을 장착한 전투기들과 비교해 큰 차이가 없는 안전성을 자랑한다. 과거에는 엔진의 신뢰도가 낮아 쌍발 엔진을 선호했으나, 최근에는 엔진의 신뢰성이 대폭 향상되었다. 또한 다른 전투기와 달리 F-16C/D 전투기 블록 30/32부터는, 미 제너럴 일렉트릭General Electric;GE사의 F110 계열 엔진과 미 프랫 앤 휘트니사의 F100 계열 엔진을 선택해서 장착할 수 있게 했다. 만일 한 엔진에서 결함이 발견되더라도 다른 엔진을 탑재한 전투기가 임무를 수행할 수 있도록 한 것이다.

참고로 2003년 국방과학연구소(ADD)의 「엔진 수에 따른 전투기 특성 비교분석연구」에 따르면, 현실적으로 명확한 결론을 내기는 어려우나 안전

F-16에 장착되는 프랫 앤 휘트니사 F100 계열 엔진(위)과 제너럴 일렉트릭(GE)사의 F110 계열 엔진(아래).

성과 취약성, 최대이륙중량 등은 쌍발기가, 피격률과 신뢰성, 정비성 등은 단발기가 다소 우수하여, 저급 전투기에는 단발기가 중급 이상의 전투기에는 쌍발기가 유리할 것으로 판단한다. 미 공군이 쌍발기인 F-15와 단발기인 F-16 조합을 쓰다가 역시 쌍발기인 F-22와 단발기인 F-35 조합으로 미래를 대비하려는 점을 이해할 수 있는 대목이다.

74:0의 스코어

세계 각국에서 벌어진 공중전에서, F-16 전투기는 지난 30여 년 동안 총 74대의 적기를 격추했다. 반면 알려진 F-16 전투기의 손실은 대공화기나

이스라엘 공군 F-16전투기. 베카 계곡 공중전에서의 성과가 유명하다.

사고로 격추된 것을 제외한다면, 공중전에서의 피격 수는 '제로(0)'다. 국가별로 요약하면, 이스라엘 공군의 F-16 전투기가 총 52대의 격추기록을 올려 1위를 기록 중이다. 파키스탄 공군과 미 공군이 2위와 3위로 순위를 잇고 있다. 특히 이스라엘 공군 F-16 전투기의 활약상은 지금도 전설로 남아있다. 1982년 레바논 전쟁에서 이스라엘 공군은 베카^{Bekaa} 계곡 상공에서 시리아 공군과 대규모 공중전을 벌였다. 당시 공중전에서 이스라엘 공군은 시리아군의 MiG-21/23 전투기와 Su-22 전폭기 84대를 격추하는 대전과를 올렸다. 이 전과 가운데 44대가 F-16 전투기에 의한 전과였다.

한반도의 F-16 전투기

우리나라는 동아시아 국가 중 가장 많은 F-16 전투기를 보유하고 있다. 사

공중 급유를 준비하는 미 공군 F-16 전투기.

고로 잃은 10대를 제외하면, 총 170여 대의 F-16 전투기를 운용하고 있다. 1986년 공군은 피스 브릿지Peace Bridge 사업을 통해, 총 36대의 F-16C/D 블록32 전투기를 도입했다. 이후 환율 변동에 따라 예산의 여유가 생겨, 4대의 복좌형 F-16D 블록32 전투기를 추가 도입했다. 1991년 4월 한국형 전투기 사업Korean Fighter Program에서 F-16C/D 블록52 전투기가 선정되었

한국 공군은 F-16과 KF-16 전투기를 합쳐 약 170여 대를 운용하고 있다.

다. 공군의 요구에 맞게 개조된, F-16C/D 블록52 전투기는 KF-16 전투기로 명명된다. 이후 직도입과 국내 면허생산을 통해 총 120대가 생산되었다. 2000년 7월에는 추가로 20대를 도입했다.

T-50
첫 국산 초음속 훈련기

유용원

2011년 5월 25일 저녁, 해당 업체는 물론 우리 정부와 군에서 오랫동안 학수고대하던 소식이 인도네시아로부터 전해졌다. 첫 국산 초음속 고등훈련기인 T-50의 인도네시아 수출 계약을 체결했다는 소식이었다. 세계에서 여섯 번째 초음속 항공기 수출국이 된 것이다. 앞서 인도네시아는 2011년 4월 T-50을 인도네시아 고등훈련기 도입사업의 우선협상 대상자로 선정했다. 인도네시아에 수출할 T-50은 16대, 4억 달러 규모다. 이번 선정은 지난 수년간 UAE, 싱가포르 등의 고등훈련기 사업에서 잇따라 고배를 마신 끝에 나온 것이어서 더욱 값진 것으로 평가된다.

국산 초음속 고등훈련기 T-50. 〈출처: 대한민국 공군〉

T-50, 초음속 고등훈련기

그러면 이렇게 주목을 받고 있는 T-50은 어떤 항공기일까. T-50은 경공격기로도 활용할 수 있는 고등훈련기다. 한국항공우주산업(KAI)과 미 록히드마틴사가 지난 1997년부터 2006년까지 약 2조 원을 들여 공동 개발했다. 개발비는 우리 정부가 70%, 한국항공우주산업이 17%, 록히드마틴이 13%를 부담했다. 2005년 10월부터 2010년 5월까지 총 50대가 공군에 납품되어 광주 제1전투비행단에 배치되었다. T-50은 최신예 첨단 전투기는 아니지만 부품은 32만 개, 내부배선 총 길이는 15킬로미터에 달할 정도로 정교한 항공기다. 대당 가격은 2,500만 달러 안팎이다. 실전배치된 2005년 이후 2011년 5월까지 3만 1,000여 시간의 무사고 비행을 기록하고 있는데, 이런 무사고 비행기록은 인도네시아 고등훈련기 선정사업에서 러시아 훈련기와 경합한 T-50 승리의 한 요인이 되었다.

T-50은 길이 13.14미터, 폭 9.45미터, 높이 4.94미터로 기체 중량은 F-16전투기의 77% 수준인 6.3톤이다. 엔진은 미국 FA-18 항공기에 들어가는 F404-GE-102 엔진을 장착했다. T-50의 강점 중 하나는 훈련기로는

T-50은 마하 1.5의 고속을 자랑하며, 디지털 비행시스템을 갖춘 우수한 훈련기다. 〈출처: 대한민국 공군〉

드물게 마하 1.5의 최고속력을 자랑한다는 것이다. 또 최신 항공전자기술을 적용한 디지털 비행제어시스템을 장착해 F-35, F-22 등 이른바 5세대 전투기들의 훈련기로 적격이라는 것도 강점이다. T-50의 최대 항속거리는 2,592킬로미터, 최대 비행고도는 16킬로미터다.

TA-50, 제한적 무장을 갖춘 전투입문 훈련기

T-50이 무장능력이 없는 순수 훈련기인 데 반해 TA-50 전투입문 훈련기

는 제한된 공대공·공대지 무장운용 능력을 갖추고 있는 경공격기라는 점에서 차이가 있다. 공군은 2011년 6월 TA-50 전투입문 훈련기 22대를 차례로 도입하기로 했다고 발표했다. TA-50은 60킬로미터 밖의 적기를 탐지하는 이스라엘제 EL/M-2032 레이더를 장착, 40킬로미터 밖의 적기를 추적해 가면서 공대공 미사일을 발사할 수 있다. 이 레이더는 국내 방산업체인

TA-50, 제한된 무장을 갖고 있는 전투입문 훈련기이다. 날개 위의 벌컨포가 눈에 띈다. 〈출처: 대한민국 공군〉

LIG넥스원이 기술이전을 받아 생산하게 된다.

주요 무장은 조종석 우측에 단 20mm 벌컨포 1문을 비롯, 단거리 AIM-9 '사이드와인더' 공대공 미사일, 매버릭 공대지 미사일 외 MK82 등 각종 재래식 폭탄 등을 장착할 수 있다. 그러나 현대 정밀무기의 대명사격인 제이담(JDAM)은 장착하지 못한다. 공군은 주력 전투기인 TA-50이 KF-16과 대등한 전투기동 성능을 갖추고 있다고 홍보하고 있다. 공군 내년 전반기에 TA-50 전투기 입문과정이 시작되면 연간 80여 명의 정예 전투조종사를 배출해 F-15K, KF-16을 운용하는 비행단에 배치한다는 계획이다. 현재 T-50 고등훈련과정 이후에 KF-16 조종사를 양성하는 데 27주가 걸리는데, TA-50의 도입으로 이 기간은 8주로 줄어들게 된다.

FA-50, 본격적인 경공격기

FA-50은 TA-50을 본격적인 경공격기로 더욱 개량·발전시킨 항공기다. 2011년 5월 KAI는 FA-50이 첫 비행에 성공했다고 공식 발표했다. FA-50은 TA-50의 레이더 탐지거리를 60킬로미터에서 100킬로미터 이상으로

FA-50. TA-50을 본격적인 경공격기로 더욱 개량·발전시킨 항공기다. 〈출처: 한국항공우주산업(KAI)〉

확장하고 정밀유도폭탄 투하능력, 항공기 자체 보호능력과 야간 임무수행 능력도 갖고 있다. 공대공·공대지 미사일과 함께 TA-50에는 없는 JDAM 투하능력도 갖추고 있다. 최대 4.5톤의 각종 무기를 탑재할 수 있다. 데이터 링크도 갖추고 있어 한반도 전체를 작전반경으로 해서 F-15K 등 다른 공군 전투기들과 유기적인 작전을 펼칠 수 있다.

공군과 KAI는 2012년까지 시험평가를 마친 뒤 2013년부터 FA-50을 실전배치, 1960~1970년대 도입된 낡은 F-5 등을 대체할 계획이다. 총 60대를

곡예비행을 선보이는 블랙이글스의 T-50B. ⓒ 손민석(KODEF 사무국장)

도입할 예정이지만 한국형전투기 사업이 어떻게 되느냐에 따라 도입 수량이 달라질 수 있다.

공군 특수비행팀 블랙이글스의 T-50B

앞서 2010년 9월 28일 서울 광화문 상공에 T-50 훈련기를 검은색과 흰색, 노란색으로 도색(도장)한 공군 특수비행팀 '블랙이글스'의 T-50B가 나타나 국민들에게 첫선을 보였다. T-50B는 노후한 A-37 경공격기 뒤를 이어 블랙이글스의 '주전 선수'가 된 항공기다. 기존 T-50을 곡예비행에 적합하게 약간 개조하고, 기체 도장도 네티즌 등의 여론을 수렴해 완전히 새로 한 것이다. T-50B 블랙이글스 항공기는 2010년 12월까지 공군에 총 10대가 납품되어 2011년부터 각종 행사에서 본격적인 곡예비행을 선보이고 있다.

KT-1 웅비

국산최초 수출항공기

김대영

1949년 10월 1일, 육군으로부터 독립한 대한민국 공군은 미국에서 L-4/5 연락기를 도입하여 보유하고 있었다. 비록 전투기 한 대 없는 미약한 출발이었지만, 60여 년이 지난 지금 우리 공군은 세계에서도 손꼽히는 공군으로 발전했다. 그러나 공군 전력의 핵심이라 할 수 있는 항공기는, 외국에서 직도입하거나 국내 면허생산을 통해 우리의 하늘을 날았다. 이러한 점은 지금도 크게 달라지지 않았지만, 그 속에서도 당당히 국산 항공기의 자긍심을

KT-1 웅비. 국내 최초로 양산에 성공했고, 수출된 항공기이다.
〈출처: 대한민국 공군〉

높이고 있는 항공기가 있다. 바로 KT-1 웅비雄飛다. 국내에서 개발된 항공기 가운데 최초로 양산에 성공해, 공군에서 운용 중에 있다. 또한 우수한 성능을 인정받아 외국에도 수출되는 국산 항공기다.

최초의 국산 항공기 부활호

6·25전쟁 후 국산 항공기의 필요성을 절실히 느낀 공군은, 항공기 폐기 부품을 이용한 최초의 국산 항공기를 개발한다. 당시 제작된 국산 항공기는 길이 6.6미터, 날개폭 12.7미터의 소형 경비행기로, 1953년 6월 28일 사천 공군기지에서 제작에 들어간다. 같은 해 10월 10일 제작을 마치고, 다음 날 시험비행을 마쳤다. 시속 180킬로미터로 비행이 가능한 이 경비행기는, 1954년 4월 김해 기지에서 당시 이승만 대통령으로부터 '부활復活'이라는 휘호를 받았다. 부활호는 처음에는 공군에서 관측·연락 및 조종사들의 초등 훈련용으로 사용되었다. 1955년 오늘날 한국항공대학교의 전신인 국립항공대학이 부활호를 인수하고, 1960년까지 학생들의 연습기로 사용했다.

최초의 국산 항공기 부활호. 시속 180킬로미터로 비행이 가능했다. 〈출처: 대한민국 공군〉

새매에서 여명까지

최초의 국산 항공기인 부활호가 등장했지만, 이후 10여 년 동안 신형 국산 항공기의 개발은 이루어지지 않았다. 1972년 7월 20일 경비행기 새매호 시제기를 제작한 이후 3대를 더 제작했으나 새매호는 아쉽게도 양산으로는

1972년에 제작된 새매호. 총 4대가 생산되어 군의 첩보 목적으로 사용되다 퇴역했다. 〈출처: 대한민국 공군〉

KT-1 웅비. 1991년 첫 비행에 성공한 KTX-1 여명의 엔진을 업그레이드 하는 등 개선하여 개발한 기체이다. 〈출처: 한국항공우주산업(KAI)〉

이어지지는 못했고, 군의 첩보 목적으로 사용되다 퇴역했다.

1980년대 우리나라는 외국산 항공기의 국내 면허생산을 통해 항공기 제작 기술을 축적하게 된다. 범정부 차원에서 항공산업을 육성할 대안을 찾고 있었고, 비교적 기술 난이도가 낮은 저속 초중등 훈련기를 개발대상으로 확정한다. 1986년부터 개념 연구를 시작했고, 연구 결과 복좌식 터보프롭 항공기를 개발하기로 결정한다. 이렇게 개발된 항공기가 오늘날 KT-1 웅비의 전신이라고 할 수 있는 KTX-1이다. KTX-1은 550급 마력 엔진을 탑재한 중등 훈련기로, 1991년 12월 12일 첫 비행에 성공한다. 1992년 초에는 명칭공모를 통해, '여명黎明'이라는 명칭을 갖게 된다.

여명에서 웅비로

KTX-1은 시험 비행 도중 사출 좌석 오작동으로 시제기가 추락하고, 빠른 전력화를 원했던 공군이 국내 개발이 아닌 해외 도입으로 방향을 선회하면서 사업을 중단할 위기도 겪었다. 이후 KTX-1은 엔진을 950마력으로 업그레이드하고, 명칭도 '웅비'로 변경했다. 1999년 공군은 당시 대우중공업

KT-1 웅비는 우수한 비행 능력을 갖추어, 우리 공군의 조종사 훈련기로 쓰이고 있다. 〈출처: 한국항공우주산업(KAI)〉

[현 한국항공우주산업(KAI)]과 총 80여 대의 KT-1을 도입하는 계약을 체결한다. 2000년 11월부터 공군에 인도된 KT-1은 노후한 T-37 중등훈련기를 대신해 공군 조종사 양성에 사용되고 있다.

KT-1의 성능

KT-1은 동급 기종 가운데 처음으로 100% 컴퓨터 설계를 적용했으며, 그 결과 미군사규격분류 클래스IV 및 FAR/JAR 23 곡예비행 카테고리를 충족시키는 우수한 성능의 항공기로 태어나게 되었다. KT-1은 동급 항공기 중에서 최고의 회전성능과 낮은 실속속도를 갖고 있다. 또한 편대비행, 야간비행, 계기비행, 저·중고도 항법비행, 그리고 기본 훈련에 요구되는 기동 비행이 가능하다. KT-1은 일체형 날개를 사용하여, 날개 일부가 파손되더라도 기체 하중을 지탱할 수 있어 신뢰성 높은 기체로 알려져 있다. 또한 KT-1은 지상에서도 비상시에 신속하게 조종석으로부터 탈출할 수 있는, 제로-제로 사출좌석을 사용해 안전성 면에서도 높은 점수를 받고 있다. 1998년 KT-1 시승 후 영국의 항공전문지 《플라이트 인터내셔널 Flight International》은 "성능과 안전성에서 우수한 기체"라는 평가를 내렸다.

인도네시아와 터키에 수출한 KT-1

KT-1은 우수한 성능을 증명하듯, 국산 항공기 최초로 해외 수출에 성공한다. 2001년 2월 KT-1의 제작사인 한국항공우주산업(KAI)은 인도네시아 공군에 7대의 KT-1을 수출하는 계약을 체결하고, 이후 10여 대를 추가로 수출했다. 인도네시아 공군에 수출한 KT-1B와 KT-1의 차이점은 KT-1은 계기판이 군용 사양인데 비해 KT-1B는 상용 항공기에 사용하는 계기판을 사용했다는 것이다. 또한 인도네시아 공군의 요구 사항에 따라 일부 항공전

인도네시아에 수출한 KT-1B. 〈출처: 한국항공우주산업(KAI)〉

터키에 수출하는 KT-1T. 〈출처: 한국항공우주산업(KAI)〉

자장비와 항법장비를 교체했다. 항공기에 장착하는 안테나의 위치도 동체 하부에서 상부로 이동했다. 지난 2007년 8월에는 터키 공군과 KT-1 40대의 수출계약을 체결했다. 터키에 수출하는 KT-1T는 KT-1을 기본 형상으로 터키 공군이 요구한 여압장치, 디지털 조종석, 산소발생장치, 일체형 조종간 등 최첨단 항공 시스템을 추가 반영했다. 2009년 10월 KT-1T 1호기를 출고하고, 2012년까지 총 40여 대를 터키 공군에 납품할 예정이다.

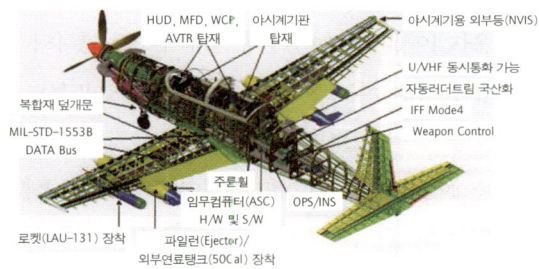

KT-1을 기반으로 전장에서 전술 통제 임무를 수행하도록 개발한 KA-1 저속 통제기. 기체 외부에 무장 및 증가연료탱크를 장착할 수 있으며, 공대지 임무를 위해 무장 제어 장치와 개량된 항공전자장비를 탑재한다. 〈위 사진: 대한민국 공군, 아래 사진: 방위사업청〉

저속 통제기 KA-1

중등 훈련기인 KT-1을 기본 형상으로, 전장에서 전술통제 임무를 효과적으로 수행할 수 있는 KA-1 저속 통제기가 개발되었다. KA-1은 KT-1과 달리 기체 외부에 무장 및 증가연료탱크를 장착할 수 있으며, 공대지 임무를 위해 무장 제어 장치와 개량된 항공전자장비를 탑재한다. 특히 조종석에는 전방시현기(HUD)와 다기능 디스플레이를 장착하여, 조종사의 업무 부담과 전투 수행 능력을 향상시켰다. 또한 야시계기시스템(NVIS)을 장착해, 조종사가 야시 장비를 착용하고도 각종 계기판을 볼 수 있게 되었다. KA-1은 주익 아래에 파일론 4개를 장착해, 12.7mm 기관포 포드와 로켓탄 등의 무장을 장착할 수 있다. 이들 무장은 국내에서 개발한 임무컴퓨터로 제어한다. 2005년 7월 양산 1호기가 출고되었고, 2006년 12월까지 20여 기를 생산했다.

피스아이

공중조기경보통제기

김대영

공중조기경보통제기Airborne Early Warning & Control; AEW&C는 고성능 레이더로 원거리에서 비행하는 적 항공기를 포착해 지상기지에 보고하고, 아군의 전투기를 지휘·통제하는 항공기이다. 이 때문에 '공중의 전투지휘사령부'라는 별칭을 갖고 있다. 공중조기경보통제기에 탑재하는 레이더는 지상의 레이더보다 우수한 수색 및 탐지능력을 가지고 있다. 360도 전방위 수색이 가능함은 물론, 저고도에서 비행하는 항공기도 잡아낼 수 있다. 일반적으로 산 정상에 위치한 지상 레이더는 전시에는 적의 일차 공격목표로, 일단 파괴되면 아군의 방공 통제가 한순간에 무력화할 수 있다. 반면 공중에서 비행하는 공중조기경보통제기는 고정된 지상의 레이더에 비해 생존성이 월등히 높다.

공중조기경보통제기의 대명사 E-3 센트리 에이왁스

최초의 공중조기경보통제기는 제2차 세계대전 말에 등장한다. 미 해군은

공중조기경보통제기로 대표적인 E-3 센트리 에이왁스. 〈출처: USAF〉

일본군의 가미카제神風, Kamikaze 특공대에 대비하여 레이더를 비행기에 탑재한 TBM-3W라는 공중조기경보기를 운용했다. 이후 레이더와 컴퓨터 디스플레이 기술의 발전으로, 지휘·통제 기능을 추가한 공중조기경보통제기가 개발된다. 공중조기경보통제기로 대표적인 것이 미 공군이 운용 중인 E-3 센트리 에이왁스Sentry AWACS다. E-3 센트리 에이왁스는 1977년부터 68대가 생산되었다. 개발국인 미국을 포함하여, 나토(NATO)와 영국, 프랑스, 사우디아라비아가 E-3 센트리 에이왁스기를 운용 중이다. E-3 센트리 에이왁스는 걸프전 당시 눈부신 활약을 펼쳤다. 다국적군이 기록한 총 40대의 격추 기록 가운데, 38대는 E-3 센트리 에이왁스의 지휘·통제하에 격추되었다.

공군의 피스아이 공중조기경보통제기

걸프전 이후 우리 공군도 공중조기경보통제기 획득 사업인 E-X 사업을 시작했다. 1990년대부터 시작한 사업은, 1998년에는 외환위기로 사업을 일시 보류하기도 했다. 결국 2006년 11월, 공군의 공중조기경보통제기로 미국 보잉사의 737 공중조기경보통제기를 선정했다. 737 공중조기경보통제기는 우리나라 외에도 호주와 터키가 운용할 예정이다. 2008년 4월 공군은 737 공중조기경보통제기에 '피스아이Peace Eye'라는 제식 명칭을 부여했다. 피스아이는 한반도의 평화를 수호하는 감시자라는 의미를 담고 있다. 피스아이 공중조기경보통제기는 2012년까지 총 4대를 도입할 예정이다. 일반적으로 공중조기경보통제기는 동체 상부에 원반 형태의 레이더를 장착하나, 피스아이는 바Bar 형태의 레이더를 장착하는 점이 눈에 띈다.

피스아이의 눈, 톱해트 레이더

피스아이 공중조기경보기에는 미국 노스럽 그러먼사가 제작한 톱해트Top Hat

피스아이 737 공중조기경보통제기, 바 형태의 레이더를 장착하는 것이 특징이다. 〈출처: Boeing〉

레이더를 장착한다. 레이더 모양이 서양의 중절모와 비슷해서, '톱해트'라는 이름이 붙여졌다. 톱해트는 L밴드 송수신 모듈을 탑재한 AESA 레이더로, 현존하는 공중조기경보통제기 레이더 중 가장 발전한 레이더이다. 일반적으로 공중조기경보통제기에 탑재한 레이더들은 360도 전방위 탐색만 가능하다. 반면 톱해트 레이더는 레이더 빔의 방향을 순간적으로 바꿀 수 있는 AESA 레이더의 장점을 활용해, 360도 전방위 탐색과 특정지역의 집중 감시도 가능하다. 또한 이 두 가지를 동시에 사용할 수도 있다. 톱해트 레이더는 3,000여 개의 표적을 동시에 추적할 수 있고, 일반적인 360도 전방위

일본 항공자위대의 공중조기경보통제기, E-767 에이왁스.

중국의 쿵징 2000 공중조기경보통제기. 〈출처: 중국 인민해방군〉

탐색 시 탐지거리는 약 370킬로미터다. 집중 감시 때의 최대 탐지거리는 약 740킬로미터로 알려져 있다. 피스아이 공중조기경보기에는 톱해트 레이더 외에도, 지휘 통제를 위해 LINK 11/16 데이터 링크와 다양한 통신장비를 갖추고 있다.

주변국의 공중조기경보통제기

일본 항공자위대는 1980년대부터 13대의 E-2C 호크아이 공중조기경보기를 운용했다. 1990년대에는 레이더와 지휘 통제 기능을 강화한 E-767 에이왁스를 4대를 도입했다. 보잉사가 제작한 E-767 에이왁스는 767 여객기를 플랫폼으로, 노스럽 그러먼사의 AN/APY-2 PESA 레이더를 탑재했다. AN/APY-2 레이더의 최대 탐지 거리는 약 800킬로미터로 알려져 있다. 중국도 다수의 공중조기경보통제기를 운용 중이다. 2006년 1월 콩징空警 2000 공중조기경보통제기와 콩징 200 공중조기경보기로 구성된 공중조기경보통제기 부대를 발족했다. 중국은 1990년대부터 이스라엘에서 공중조기경보통제기 도입을 추진했으나, 미국의 반대로 무산되었다. 이후 이스라엘과 비밀리에 기술 구매 방식으로, 공중조기경보통제기를 자체 개발하게 된다. 중국 인민해방군이 운용 중인 콩징 2000 공중조기경보통제기는 러시아 일류신Ilyushin사의 IL-76 수송기를 플랫폼으로 한다. 레이더의 최대 탐지 거리는 약 470킬로미터로 알려져 있으며, 5대를 생산하여 운용 중이다.

P-3C

해상초계기의 대명사

유용원

2010년 2월 23일 경북 포항 해군 제6항공전단에선 해군참모총장 등 해군 고위관계자들이 참석한 가운데 의미 있는 행사가 열렸다. 신형 해상초계기 P-3CK 인수식이 열린 것이다. 총 8대를 도입할 P-3CK는 현재 해군이 8대를 보유하고 있는 P-3C 해상초계기보다 강화된 성능을 갖고 있어 우리 해군의 대잠수함 작전 등 해상초계 능력이 한 단계 업그레이드된 것이다.

해군의 신형 P-3CK와 하푼 미사일, 경어뢰, 기뢰 등 각종 무장. 〈출처: 대한민국 해군〉

잠수함 킬러, P-3C

P-3C는 흔히 잠수함을 잡는 '잠수함 킬러'로 알려져 있다. 하지만 그 임무와 능력은 잠수함을 잡는 데 국한되지 않는다. 작전해역에 대한 광역 초계와 대수상함전은 물론 조기경보와 정보수집 임무도 수행할 수 있다. 특히 P-3C는 전 세계에서 가장 널리 사용되는 해상초계기다. 우리나라는 물론

일본의 P-3C. 일본은 P-3C 약 100대를 보유하고 있다.

하푼 미사일 등으로 무장한 미 해군의 P-3C. 〈출처: US Navy〉

미국·일본·캐나다·호주·네덜란드 등 16개 국에서 400여 대를 운용하고 있다. 미국이 240여 대로 가장 많고 일본이 약 100대로 두 번째다. 독도를 둘러싸고 계속 우리나라를 자극하고 있는 일본이 우리나라(총 16대)보다 6배나 많은 규모의 P-3C를 보유하고 있는 셈이다.

P-3C의 탄생은 50년대 말 P-3A서부터

P-3C의 기원은 50여 년 전인 1950년대까지 거슬러 올라간다. 1950년대 미 해군의 주요 해상초계기로는 P-2와 P-5가 있었는데, 이들 항공기는 비행 성능, 승무원의 근무환경 측면에서 부족한 점이 많았다. 이에 따라 1950년대 말 후속 해상초계기로 미 록히드사의 P-3A를 채택한다. 이어 P-3B, P-3C 등 P-3 계열 항공기들이 나왔는데 가장 널리 운용된 항공기가 P-3C이다. 4,910마력의 터보프롭 엔진 4개로 추진되는 P-3C는 어뢰나 하푼 미사일을 탑재하고 12시간 이상 임무 수행이 가능하다. 최대속도는 시속 750킬로미터이며 항속거리는 5,556킬로미터에 달한다. 길이 35.6미터로 승무원 12명이 탑승할 수 있다. 한국 해군이 1995~1996년 1차 도입한 업데이트-Ⅲ형(8대)은 1984년 개발된 것이다. P-3는 대잠수함전, 대수상함전을 목적으로 하는 기본형 외에도 전자전 임무를 수행하는 EP-3, VIP 인원 수송을 목적으로 하는 UP-3 등 다양한 파생형이 생산되었다.

첨단 탐지 장비를 갖춘 P-3C

P-3C를 초계기의 대명사로 만들어주는 것은 각종 첨단 레이더와 전자전 장비, 탐지장비들이다. 최대 370킬로미터 떨어진 목표물의 형상을 식별할 수 있는 레이더(AN/APS-137), 잠수함으로 인한 온도차를 영상화해 표적을 식별하는 적외선 탐지체계(IRDS), 위협 전자파를 탐지·식별·경고하는 전자

P-3C에 사용하는 음파탐지용 소노부이〈출처: 대한민국 해군〉

미 해군 P-3C. 날개 뒤쪽에 검은 점들이 장착된 소노부이를 투하하는 곳이다.
ⓒ④ Mark Wagner

전 장비(ESM), 잠수함에 의한 자장의 변화를 탐지하는 자기탐지기(MAD) 등을 갖추고 있다. 필자가 지난 2005년 2월 동남해상을 초계비행한 해군의 P-3C를 탑승했을 때 P-3C의 레이더는, 비행기에서 100여 킬로미터 떨어진 북한 장전항 앞 14킬로미터 해상에 떠있는 북한 함정이 어떤 종류인지를 파악해 내는 능력을 보여주기도 했다.

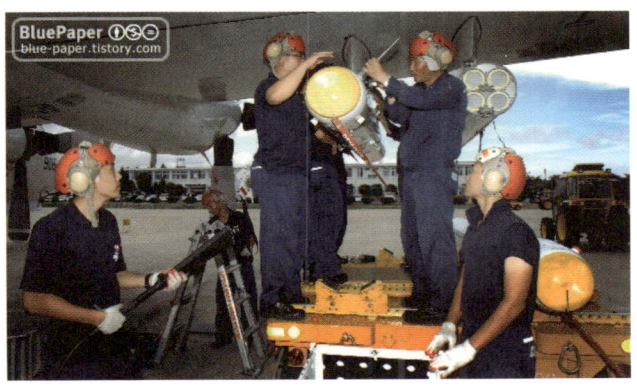

해군 제6전단 장병들이 P-3C에 하푼 공대함 미사일을 장착하고 있다.
〈출처: 대한민국 해군〉

해군 P-3C에 어뢰를 장착하는 장면. 〈출처: 대한민국 해군〉

2010년부터 우리 해군에 도입 중인 P-3CK는 P-3C에 비해 성능이 개선된 장비들을 갖추고 있다. P-3C가 넓은 바다에 있는 표적만 탐지할 수 있었던 것에 비해 P-3CK는 항구에 정박 중인 함정과 움직이는 땅 위의 표적을 식별할 수 있는 다목적 레이더를 장착했다. 또 P-3C에 비해 5배 이상 향상된 고배율의 적외선 및 광학 카메라를 갖추고, 개량된 디지털 음향수집/분석장비, 자기탐지장비 등을 탑재하고 있다.

P-3C는 단순히 해양을 감시하고 정보를 수집하는 데 그치지 않고 강력한 공격능력도 갖추고 있다. 하푼 대함 미사일, 어뢰(MK-44, MK-46, 국산어뢰 청상어) 등으로 함정이나 잠수함을 공격할 수 있다. 기뢰 부설도 P-3C 임무 중의 하나다. 어뢰 4발을 장착하면 15시간, 하푼 대함 미사일 2발을 장착하면 14시간을 계속 비행하며 체공할 수 있다. 사정거리가 278킬로미터에 달하는 SLAM-ER 장거리 공대지 미사일, 매버릭 공대지/공대함 미사일 등도 탑재할 수 있다. P-3C는 탑재할 수 있는 각종 무기가 9톤에 달해, 웬만한 구형 폭격기에 버금간다.

알려지지 않은 P-3C의 활약상

지난 1995년 우리 해군에 P-3C를 처음 도입한 뒤 16년 동안 P-3C는 유형·무형의 많은 활약을 해왔다. 해군 함정이나 섬·해안에 있는 레이더가 놓친 북한의 표류 소형 선박을 발견, 작전부대에 알려준 경우도 적지 않다. 1997년 11월에는 서해 소흑산도 근해에서 중국의 밍(明)급 잠수함을 발견, 11시간 35분 동안 추격전을 벌이기도 했다. 잠수함 잠망경으로 보이는 수상 물체를 발견했다는 어민 신고로 현장에 출동한 P-3C는 물속에 숨은 밍급 잠수함 인근에 소노부이 등을 투하, 결국 물 위로 끌어냈다. 잠수함은 물속에 숨는 은닉성이 생명이기 때문에, 물 위로 부상하면 상대방에게 '항복'하는 것과 마찬가지다. 2001년 6월 북한 상선 영해 침범 사건 때 대한해협

P-3C 조종석과 멀리 보이는 독도의 모습. 〈출처: 대한민국 해군〉

통과를 시도하는 북한 상선을 처음 발견하여 계속 추적한 것도 P-3C다.

P-3C는 구조·구난, 마약단속을 비롯한 해양 감시에서도 뛰어난 능력을 발휘해왔다. 2005년 1월 우리 화물선이 북한 수역에서 침몰했을 때에도 P-3C는 언론에는 보도되지 않았지만 큰 활약을 했다. 마침 동해 NLL 인근을 비행하던 P-3C가 화물선 인근의 러시아 선박이 구조 활동을 하는 것을 레이더 등으로 파악한 뒤 러시아 구조선과 교신에 성공, 이 사실을 해경에 알려 해경 구조 작전에 큰 도움을 주었던 것이다.

해상초계의 힘든 현장을 지키는 P-3C와 승무원

그러나 임무 특성상 승무원들이 겪는 어려움도 적지 않다. 수상한 선박이 보이면 비행 고도를 최저 60미터까지 낮추어 선회 비행하면서 눈으로 확인해야 하는 등, 비행시간 내내 낮은 고도의 비행을 지속하면 난기류를 만난 것처럼 기체가 끊임없이 흔들리게 된다. 지난 2005년 5시간 동안의 P-3C

초계비행에 동승했던 필자는 자동차가 자갈이 많은 비포장도로를 주행하는 듯한 느낌을 받았다. 이에 따라 10명의 승무원들은 비행 중 밥을 제대로 먹기 힘들어 만성적인 위장·척추 질환에 시달리고 있다고 한다. 해군은 P-3CK의 추가도입으로 종전에 비해 여유를 갖게 되었지만 동·서·남해를 24시간 초계하기 위해서는 20대 이상의 P-3C가 필요하다고 강조하고 있다.

무인전투기

조종사 없는 전투기

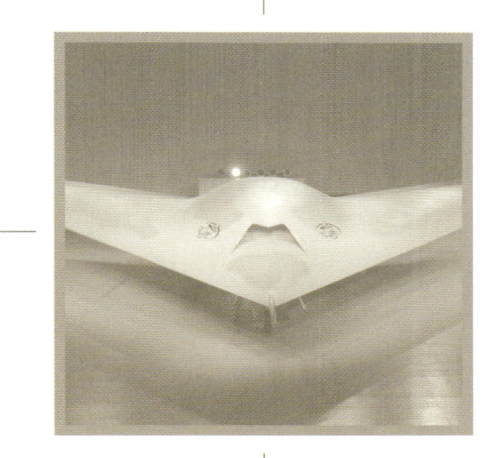

유용원

지난 2005년 개봉한 영화 〈스텔스Stealth〉에는 인공지능을 가진 스텔스 무인전투기가 등장한다. 레이더에 잘 잡히지 않는 이 스텔스 무인전투기는 단순히 인간의 명령에 따라 수동적으로만 움직이지 않고 능동적으로 사고하면서 독자적인 공격을 감행하기도 한다. 먼 미래에나 실현할 수 있는 공상과학 영화 속의 얘기 같지만 이런 영화가 현실화할 날이 점점 가까워지고 있다.

미국의 팬텀 레이와 X-47

세계 유수의 항공기 제조업체인 미 보잉사는 2010년 5월10일 미 미주리Missouri 주 세인트루이스Saint Louis 공장에서 무인 공격기(전투기) '팬텀 레이 Phantom Ray'를 일반에 공개했다. 이날 공개된 팬텀레이는 지금까지의 여느 무인기와 달리 본격적인 전투임무를 전제로 설계된 스텔스 무인전투기다. 무인전투기는 말 그대로 무장을 장착한 무인기로, 조종사 없이 공대공 또는 공대지 임무를 성공적으로 수행할 수 있는 항공기를 의미한다. 팬텀 레이는 정찰 외에도 적 방공망 제압, 전자전 공격 등에 사용할 수 있다. 길이 10.97미터, 너비 15.24미터로, 각종 무장을 기체 내부에 탑재하여 레이더에 잘 잡히지 않도록 한다.

보잉은 이에 앞서 공군 프로그램에 따라 1999년부터 X-45 UCAS Unmanned Combat Air System 무인전투기를 개발해왔으나 2006년 개발이 취소되었

보잉사의 무인전투기 팬텀레이. 〈출처: Boeing〉

항공모함에 탑재하기 위해 개발 중인 무인전투기 X-47.

다. 팬텀 레이는 X-45와 비슷한 외형을 갖고 있어 X-45 개발경험이 팬텀 레이 개발에 큰 도움이 되었을 것으로 분석한다.

　항공모함에 탑재하기 위한 함재기용 등으로 개발 중인 무인전투기도 있다. 미 노스럽 그러먼사가 미 해군 프로그램(UCAS-N)에 의해 개발 중인 X-47은 스텔스 설계를 중시해 탄소 복합소재를 이용한 다이아몬드 형태로 만들어졌다. 초기에 만들어진 X-47A와 이보다 크고 형태도 달라진 X-47B가 있다. X-47B는 길이 11.6미터, 날개폭 18.9미터이고 항속거리는 6,500킬로미터에 달한다.

유럽·러시아·중국 등의 무인전투기

미국뿐 아니라 유럽·러시아·중국 등에서도 무인전투기를 개발 중이다. 영국 BAE 시스템즈사는 2010년 7월 영국의 첫 무인전투기로 세계에서 가장 큰

영국의 무인전투기 '타라니스'. 〈출처: BAE Systems〉

무인항공기 중의 하나인 '타라니스^{Taranis}'를 공개했다. 타라니스는 여러 종류의 정밀유도폭탄을 탑재해 목표물을 정확히 공격할 수 있고 적 항공기의 공격으로부터 스스로를 방어할 수 있게 설계되었다. 길이 11.35미터, 너비 9.94미터, 높이 4미터이고 중량은 8톤이며 대륙간 비행이 가능하다. 영국 국방부는 이 타라니스 프로젝트에 2007년부터 1억 2,400만 파운드의 예산을 투입했다.

프랑스의 경우 '뉴론^{Neuron}'이라 불리는 무인전투기를 개발 중이다. 다소^{Dassault}사를 중심으로 스페인 EADS CASA사, 스웨덴 사브^{Saab}사 등이 공동개발에 참여하고 있다. 미국과의 무인전투기 개발경쟁에서 뒤지지 않기 위해 개발 중인 '뉴론'은 땅 위의 목표물을 공격하는 공대지 임무에서 정밀폭격 무기를 싣고 스스로 목표물을 찾아가 공격하는 능력과 유인 전투기의 통제를 받아 공격하는 능력을 시험 중이다.

독일에선 '바라쿠다^{Barracuda}'라는 무인전투기를 개발 중이며 2006년 첫

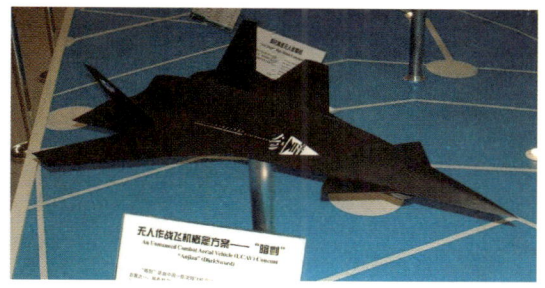
중국이 개발 중인 무인전투기 '암검'.

비행에 성공했다. 바라쿠다는 미국의 X-47이나 프랑스의 뉴론처럼 완전한 스텔스 성능을 목표로 한 것이 아니라 제한적인 스텔스를 목표로 했다. 길이 8.25미터, 날개폭 7.22미터이고 최대 이륙중량은 3.2톤이다. 이탈리아에선 알레니아Alenia사가 'SKY-X'라 불리는 무인전투기를 개발 중이다. SKY-X는 2004년 12월 첫 비행을 했다. 항공기 동체 아래 부분에 있는 무장창에 500파운드 폭탄 2발을 실을 수 있다.

비겐Viggen, 그리펜Gripen 전투기로 유명한 스웨덴의 사브사도 '샤크SHARC' 축소 기술시범기 등을 시험했다. 러시아도 미국의 X-45, X-47과 유사한 무인전투기를 개발 중이며 중국은 '암검暗劍'이라 불리는 무인전투기 모형을 2007년 파리 에어쇼에서 공개하기도 했다.

무인전투기의 뿌리는 베트남 전쟁에서부터

이 같은 무인전투기의 뿌리는 1970년대까지 거슬러 올라간다. 베트남 전쟁에서 정찰임무에 무인기를 활용한 미군은 여기서 한 걸음 더 나아가 적 방공망을 제압하는 무인공격기를 개발하려 했다. 미 공군은 1970년대에 '해브 레몬HAVE LEMON' 프로젝트를 통해 '파이어비Firebee' 무인기를 개조, 매버릭 공대지 미사일과 TV유도폭탄을 장착해 지상 방공망을 공격할 수 있도록 했다. 테스트 결과가 성공적이어서 실전배치형까지 개발되었지만 결국 1979년 취소되었다. 당시만 해도 데이터링크 등 통신기술이 지금처럼 발달하지 않았으므로, 무인전투기를 멀리 떨어져서 통제하는 문제, 표적이 적군인지 아군인지 구분하는 문제 등이 완전히 해결되지 않아 취소한 것이다.

그 뒤 정보통신 기술의 괄목할 만한 발전으로 정찰용 무인기에 이어 무인전투기까지 개발하는 시대를 맞게 되었다. 무인전투기는 대당 1억 달러가 넘는 최첨단 고성능 유인 전투기에 비해 가격이 싸고, 적이나 사고에 의해 조종사가 희생되는 부담이 없다는 것이 강점이다.

무인전투기의 전망과 미래

하지만 무인전투기 시대에 본격적으로 진입하려면 아직도 넘어야 할 산이 남아 있다. 우선 적군의 전파방해 등 통신장애 환경에서도 데이터링크를 유지하는 것이 필수적이다. 또 무인전투기를 효율적으로 운용하려면 미리 입력된 비행경로 외에 무인전투기 스스로 상황변화에 대응해 비행경로를 변경하는 자율항법 능력도 갖추고 있어야 한다. 생존성을 높이기 위해 스텔스화 및 경량화도 중요하다. 전문가들은 기술발전 추세를 감안할 때 현재 무인기는 적 방공망을 제압하는 임무 등 지상공격 임무 수행 중심으로 개발 중이지만, 2020년대에는 공대공 전투까지 가능한 명실상부한 무인전투기가 본격 등장할 것으로 예상하고 있다. 우리나라도 이런 세계적인 추세에 뒤지지 않기 위해 무기개발 총본산인 국방과학연구소(ADD)를 중심으로 2030년대를 목표로 스텔스 무인전투기에 대한 연구를 진행하고 있다.

5세대 전투기

진정한 스텔스 전투기

양 욱

전투기란 도대체 무엇이기에 말도 많고 탈도 많은가? 전투기 선정이 국가적 관심을 끄는 것은 국방예산에서 차지하는 비중이나 국방에서 갖는 상징성이 크기 때문이다. 전투기는 국방의 '스타'인 셈이다.

    전투기는 영어로 'Fighter aircraft'라고 부른다. F-16이니 F-15니 하는 명칭의 'F'는 여기에서 온 것이다. 전투기는 우선 공중에서 다른 항공기를 격추하는 임무를 수행한다. 여기에 더하여 지상의 목표물을 공격하는 임무를 수행하기도 한다. 과거에는 공중전 전문인 전투기와 폭격 전문인 공격기로 나누어 개발되었다. 하지만 요즘 대세는 공중전뿐만 아니라 폭격도 척척 수행하는 다목적 전투기이다.

5세대 전투기란 스텔스 전투기!

그렇다면 신문이나 뉴스에서 소리를 높이는 '5세대 전투기'는 도대체 무슨 뜻일까? 5세대가 되기 전에 분명 1세대가 있었을 것이다. 전투기의 세대는 제트기 시절부터 구분하는데, 차분히 정리하면 다음 그림과 같다. 한 마디로 5세대 전투기는 스텔스 전투기다.

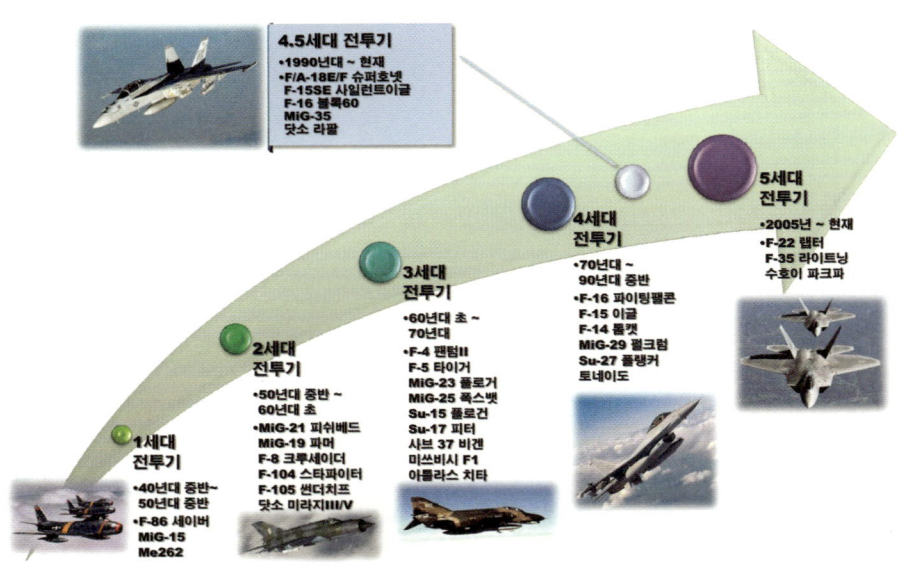

전투기의 세대 구분. 세대 구분은 제트엔진을 장착한 전투기 이후에 적용한다. 〈출처: IntelEdge〉

보이지 않는 스텔스 전투기, 먼저 보고 먼저 쏜다

전투기는 공중에서 모든 적을 제압할 수 있어야 한다. 싸움에서 적을 제압하기 위해서는 어떻게 해야 할까? 아주 단순히 말하자면 먼저 보고First-look, 먼저 쏘고first-shot, 먼저 떨어뜨릴 수 있는first-kill 능력을 갖추어야 한다. 그래서 각국의 국방연구자들은 '자신은 보이지 않으면서 남을 먼저 볼 수 있는 기술'을 확보하기 위해 안간힘을 쓰고 있다. 이것이 바로 스텔스 기술이다.

스텔스 기술은 1962년 한 러시아 과학자의 논문에서 시작했다. 약 10년 후에 이 논문을 접한 미국의 엔지니어가 '보이지 않는 비행기'를 만들겠다고 덤벼들었다. 그리고 또 10년이 지나서 만들어낸 것이 바로 최초의 스텔스 전투기인 F-117 나이트호크Nighthawk다. 스텔스 기술을 활용하면 적의 레이더에 걸리지 않고 접근하여 적지 어떤 곳이라도 타격할 수 있다. 즉, 스

F-117 나이트호크는 최초의 스텔스 전투기로서 걸프전과 코소보 내전 등에서 활동해왔다. 실제로는 공중전 능력이 없어서 공격기에 불과했던 F-117은 '진짜 스텔스 전투기'인 F-22가 실전배치된 이후 2008년 4월 22일부로 퇴역했다. 〈출처: USAF〉

텔스 전투기나 폭격기를 가진 나라는 마음만 먹으면 어느 나라의 국가 지휘망이라도 붕괴시킬 수 있게 되었다. 이제 스텔스 기술은 발달을 거듭하여 F-22 같은 진정한 스텔스 전투기가 탄생하기에 이르렀다.

5세대 전투기의 선두주자 F-22 랩터

5세대 전투기의 시대를 연 것은 록히드마틴/보잉의 F-22이다. F-22는 전 세계의 영공에서 우위를 점하기 위해 미 공군이 야심차게 개발한 제공전투기(공중전을 수행하기 위한 전투기)이다. F-22 랩터Raptor의 능력은 배치된 지 6개월 만에 드러났다. 2006년 6월 '노던 엣지Northern Edge' 훈련에 랩터 12대가 참가했다. 여기서 랩터들은 수차례의 모의 공중전에서 가상적기를 108대나 격추했다. 특히 랩터가 속한 블루포스는 대항군 레드포스에 대하여 '241 대 2'의 승리를 기록했다. 물론 랩터는 단 한 대도 격추되지 않고 말이다.

이것은 5세대 전투기가 얼마나 무서운 존재인지 잘 보여주는 사례였다. 특히 5세대 '스텔스 전투기'들은 스텔스 능력을 특징으로 하여, 레이더에 거의 탐지되지 않는다. F-22 랩터는 레이더 탐지율과 함께 적외선 탐지율도 현저히 낮추어 진정한 스텔스 성능을 발휘한다.

게다가 F-22는 더 나아가서 '초소형 조기경보기'로도 활약할 수 있다. F-22는 최첨단 기능을 갖춘 AN/APG-77 AESA 레이더*를 통하여 정밀한 탐색기능을 갖추고 있다. 비록 미사일과 총탄을 다 쓰고 더 이상 싸우지 못해도 조용히 전방에서 비행하면서 AWACS(공중조기경보기)가 탐지하지 못하는 지역까지 훑어주면서 적군의 위치를 다른 아군기에게 알려줄 수 있다.

---

* 능동형 전자주사 레이더(Active Electronically Scanned Array). 레이더 빔의 방향을 순간적으로 바꿀 수 있어 다수의 표적을 실시간으로 추적하여, 조종사의 상황 인식 능력을 혁신적으로 향상시킬 수 있다. 스텔스 관점에서도 기존 레이더 대비 매우 유리하다.

F-22 랩터는 세계 최초의 5세대 전투기로서, 세계최강의 전투력을 갖추고 21세기의 하늘을 지배할 것으로 전망한다. 미국은 모두 187대의 랩터를 구매할 예정이다. 〈출처: USAF〉

필요에 따라서는 다른 F-22가 발사한 미사일을 더 좋은 위치에서 유도하여 정확히 목표를 공격할 수도 있다. 미군이 자랑하는 '네트워크 중심전 Network Centric Warfare'을 F-22는 훌륭히 수행할 수 있다.

원래 미 공군은 F-22 랩터를 무려 750대나 도입하려고 했다. 하지만 냉전이 끝나고 예산이 줄어듦에 따라 대당 1억 5,000만 달러(한화 약 1,800억 원)짜리 전투기를 마음대로 사는 것은 부담스러웠던 모양이다. 구매 대수는 648대, 438대, 339대, 279대, 183대 등으로 해가 갈수록 줄어만 갔다. 그러다가 결국 2009년 10월, 187대를 구매하는 것을 끝으로 F-22는 생산을 종료하는 것으로 결론이 났다.

항공무기 | 471

5세대 전투기의 보급판, F-35

F-22의 생산은 끝났지만 스텔스 전투기는 여전히 만들어진다. 미국은 현재 주력 전술기를 모두 스텔스 기종으로 바꾸고 있다. 냉전이 끝나자 예산이 줄어든 미군은 각 군의 차세대 전투기 사업을 한 기종으로 통합한 JSF를 만들기로 했다. 그 결과 만들어진 것이 바로 F-35 라이트닝Lightning Ⅱ 전투기다.

미국의 공군·해군·해병대뿐만 아니라 영국 해군도 같이 참여한 이 사업은 공군의 F-16 전투기, A-10 공격기, 해군과 해병대의 F/A-18 호넷, 해병대의 AV-8B 해리어 Ⅱ 등 미군이 보유한 모든 기종을 교체하는 야심찬 사업이다. 미국이 사들일 F-35는 무려 2,443대로 모두 3,824억 달러(한화 약 459조 원)에 해당하는 분량이다. 그래서 일각에서는 '더 이상의 차세대 전투기 사업은 없다'는 말까지 나온다.

F-35의 교체 대상 기종. 〈출처: IntelEdge〉

F-22 랩터의 능력이 언론을 통해 너무 과장되는 바람에 F-35는 그보다 한 단계 떨어지는 기종으로 알고 있는 사람도 많을 것이다. 그러나 실은 그렇지만도 않다. 오히려 F-35는 조종계기에 풀 스크린 방식을 채용하여 더욱 조종환경이 편리하다. 여기에 비하면 F-22의 계기판은 21세기다운 품격이 느껴지지 않는다. 게다가 슈퍼사이드와인더 미사일과 연동하는 통합헬멧장착 시현장치(JHMCS)는 F-22에도 아직 장착하지 않은 최신기술이다. F-35는 A·B·C의 세 형태로 생산되는데, 기본형인 F-35A는 F-16과 A-10을 대체하는 공군형이다. 해병대의 AV-8B 해리어 II를 대체하는 것은 수직이착륙형인 F-35B이다. 해군의 주력인 F/A-18C/D 호넷을 대체하는 것은 함재기형인 F-35C이다.

F-35는 현재 개발지연과 비용 상승으로 고전 중인데, 특히 대당 가격은 2001년 5,000만 달러(한화 600억 원)에서 2010년 9,240만 달러(한화 약 1,100억 원)로 80% 이상 증가했다. 하지만 현재 생산되는 유일한 스텔스 전투기이므로, F-35를 전 세계의 상공에서 계속 찾아볼 수 있을 것이다.

미국의 지배에 대항하는 파크파

5세대 전투기는 미국만 보유하고 있는 것이 아니다. 지금 개발이 거의 막바지에 접어든 파크파PAK-FA(차세대 일선 전투기)가 바로 그 주역이다. 수호이Sukhoi T-50 전투기를 원형으로 개발 중인 파크파는 개발이 완료되면 MiG-29와 Su-27을 대체하여 러시아 영공을 지킬 것이다. 러시아는 이미 1980년대 후반부터 기존의 미그MiG와 수호이 전투기를 대치할 차세대 전투기를 준비해왔다. 미코얀Mikoyan사의 프로젝트 1.44와 수호이의 Su-47의 두 기종이 경쟁을 펼쳤는데 여기서 선정된 수호이사가 내놓은 것이 바로 T-50이다.

파크파는 2010년 1월 29일 처음으로 시험비행을 실시했으며, 지난 6월 17일에는 블라디미르 푸틴Vladimir Putin 총리의 관람 하에 제16회 시험비행

러시아의 5세대 전투기는 바로 수호이 T-50 파크파이다. 현재 한참 시험비행 중인 파크파는 2013년부터 초도양산을 시작할 전망이다. 〈출처: Sukhoi OKB〉

을 마쳤다. 비행을 관람한 푸틴 총리는 5세대 전투기인 T-50은 다른 나라의 동급 전투기보다 2.5배에서 3배까지 싼 가격이라고 자랑을 아끼지 않았다고 한다. 여태까지 러시아는 파크파의 기체 개발에 약 300억 루블(한화 1조 1,691억 원 상당)을 투입했다. 앞으로 남은 것은 엔진, 항전장비 및 무장 개발로, 추가로 300억 루블이 쓰일 것이다.

파크파는 아직 5세대 전투기로서 완성하지는 못한 상태이다. 5세대에 걸맞는 항전장비는 아직 장착하지 않고 있는데, 보도에 따르면 인도의 힌두스탄 항공(HAL)에서 항법장비와 임무컴퓨터를 개발할 것이라고 한다. 또한 현대화된 스텔스 엔진의 개발과 함께 새로운 무장체계의 도입이라는 기나긴 과정도 남아 있다.

한국의 5세대 전투기는?

우리 공군은 5세대 전투기를 보유하고 있을까? 물론 아니다. 현재 5세대 전투기를 운용하고 있는 것은 F-22를 운용하는 미 공군뿐이다. 그러면 4.5세대의 전투기라도 보유하고 있을까? 공군 최강의 전투기인 F-15K 슬램 이글Slam Eagle은 아쉽게도 4.5세대 전투기는 아니다. 물론 F-15K가 현재 동북아에서 가장 강력한 전투기이긴 해도 AESA 레이더도 없는데다 스텔스 성능도 그다지 고려하지 못했기 때문이다.

현재 5세대 전투기에서 가시적인 성과를 내놓은 것은 군사강국인 미국과 러시아뿐이다. 한참 군비확충에 열을 올리고 있는 중국의 경우 J-XX를 개발 중이고, 일본은 시험실증기로 ATD-X를 선보였다. 우리나라는 한때 KF-X라는 이름으로 한국형 스텔스를 검토하기도 했으나, 현재는 구형 F-4/F-5를 대체하는 보라매 사업에서 4.5세대 전투기가 탄생할 것으로 기대한다. 이래저래 명품 무기체계를 만들면서 방위산업에서 주목받는 한국이지만 아직 항공분야에서는 괄목할 만한 성과를 올리지 못하고 있다. T-50 훈련기를 놓고 시장에서 분투하고 있지만 UAE나 싱가포르에서 성과를 올리지 못했다. 그러나 항공산업의 종주국인 미국도 라이트 형제의 비행 후 100년 만에 스텔스 전투기를 만들었다. 우리도 비싼 수업료를 물어가면서라도 5세대 전투기의 노하우를 얻기를 기대한다.

BEMIL총서는 '유용원의 군사세계(http://bemil.chosun.com)'와 도서출판 플래닛미디어가 함께 만드는 군사·무기 관련 전문서 시리즈입니다. 2001년 개설된 '유용원의 군사세계'는 1일 평균 방문자가 10만 명, 2012년 2월 말 현재 누적 방문자가 1억 9,700만 명에 달하는 국내 최대·최고의 군사전문 웹사이트입니다. 100만 장 이상의 사진을 비롯하여 방대한 콘텐츠를 자랑하고, 특히 무기체계와 국방정책 등에 대해 수준 높은 토론이 벌어지고 있습니다.

BEMIL총서는 온라인에서의 이 같은 활동을 토대로 대한민국에서 밀리터리에 대한 이해와 인식을 넓혀 저변을 확대하는 데 그 목적이 있습니다. 여기서 BEMIL은 'BE MILITARY'의 합성어이며, 제도권 전문가는 물론 해당 분야에 정통한 군사 마니아들도 집필진에 참여하고 있는 것이 특징입니다.

BEMIL 총서 ❷
현대 과학기술의 구현, 국내외 무기체계와 장비

무기 바이블 1

초판 1쇄 발행 2012년 2월 27일
초판 7쇄 발행 2020년 6월 10일

지은이 | 유용원·김병륜·양욱·김대영
펴낸이 | 김세영

펴낸곳 | 도서출판 플래닛미디어
주소 | 04029 서울시 마포구 잔다리로71 아내뜨빌딩 502호
전화 | 02-3143-3366
팩스 | 02-3143-3360
블로그 | http://blog.naver.com/planetmedia7
이메일 | webmaster@planetmedia.co.kr
출판등록 | 2005년 9월 12일 제 313-2005-000197호

ISBN 978-89-97094-08-0 03550